彩图1　菵草种子

彩图2　菵草幼苗

彩图3　菵草危害小麦田

彩图4　日本看麦娘种子

彩图5　日本看麦娘幼苗

彩图6　日本看麦娘危害小麦田

彩图7　看麦娘种子

彩图8　看麦娘幼苗

彩图9　看麦娘危害小麦田

彩图10　多花黑麦草种子

彩图11　多花黑麦草幼苗

彩图12　多花黑麦草危害小麦田

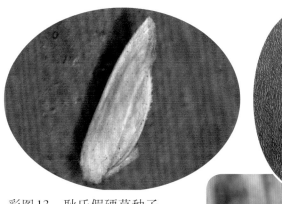

彩图14　耿氏假硬草幼苗

彩图13　耿氏假硬草种子

彩图15　耿氏假硬草危害小麦田

彩图16　棒头草种子

彩图17　棒头草幼苗

彩图18　棒头草危害小麦田

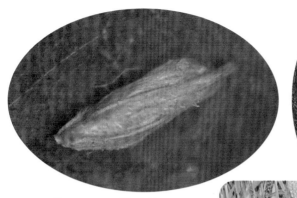

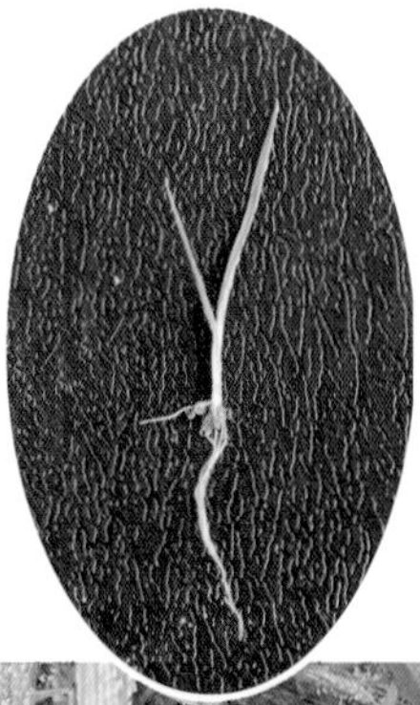

彩图20　早熟禾幼苗

彩图19　早熟禾种子

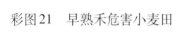

彩图21　早熟禾危害小麦田

杂草 对精噁唑禾草灵的 抗药性及其治理

董立尧 王红春 徐洪乐 潘 浪 李 俊 等 编著

中国农业出版社
北京

　　国家自然科学基金"茵草抗精噁唑禾草灵相关代谢酶基因的挖掘及其机理解析（31572021）"、国家重点研发计划"长江流域冬小麦化肥农药减施技术集成研究与示范（2018YFD0200500）"、公益性行业（农业）科研专项"杂草抗药性监测及治理技术研究与示范（201303031）"资助

编著者人员名单

董立尧（南京农业大学）

王红春（江苏省农业科学院）

徐洪乐（河南省农业科学院）

潘　浪（湖南农业大学）

李　俊（南京农业大学）

张　佩（河南科技学院）

杨彩宏（广东省农业科学院）

汤怀武（国家知识产权局专利局专利审查协作苏州中心）

饶　娜（天津保税区海关）

艾　萍（山东齐都药业有限公司）

吴希宝（山东省农药科学研究院）

高海涛（江苏诺丽慧农农业科技有限公司）

张　迪（河南南阳烟草公司）

吴　宪（常州市武进区农业农村局）

王凌越（宁夏石嘴山市大武口区新海镇政府）

张　腾（河北省水文工程地质勘察院）

张　健（苏州药明康德新药开发有限公司）

白从强（青岛清原抗性杂草防治有限公司）

于佳星（南京农业大学）

自人类开始农业生产以来，病虫草鼠等农田有害生物就开始对农业生产造成不同程度的损失。杂草与作物争夺光照、水分及土壤肥力，平均能够造成作物产量损失34%，已严重威胁现代农业生产。

小麦是全世界分布范围最广、种植面积最大、总产量最高的最主要粮食作物。小麦的安全生产对世界经济乃至人类发展至关重要。据联合国粮食及农业组织统计，世界范围内小麦的总种植面积大约为 22 556 万 hm²，年均总产量大约为5.72 亿 t，约占所有谷物产量的 30%，而小麦田杂草危害严重影响小麦生产。据报道，我国小麦田杂草有 200 多种，全国小麦田草害面积达 30% 以上，每年造成小麦损失近 50 亿 kg，严重影响了我国小麦的安全生产。

目前，除草剂仍是防除杂草最有效、最经济的方法。我国幅员辽阔，不同小麦产区杂草优势种不同，而禾本科杂草则是其中危害最为严重的一类杂草。芳氧基苯氧基丙酸酯类（Aryloxyphenoxypropionates，APPs）除草剂的作用靶标是乙酰辅酶 A 羧化酶（Acetyl coenzyme a carboxylase，ACCase），具有活性高、杀草谱广和选择性强等优点，自 20 世纪 80 年代在我国油菜田和小麦田使用以来，一直是防除油菜田和小麦田一年生禾本科杂草的主导药剂。其中主要代表性药剂精噁唑禾草灵（fenoxaprop-P-ethyl）是防除小麦田禾本科杂草的当家药剂。在生产中，69 g/L 精噁唑禾草灵水乳剂每亩*使用50～60 mL 即可有效防除小麦田多种禾本科杂草，如看麦娘（*Alopecurus aequalis*）、日本看麦娘（*Alopecurus japonicus*）、菵草（*Beckmannia syzigachne*）等，为小麦田禾本科杂草防控做出了重要贡献。

然而，伴随着除草剂长期单一使用，杂草抗药性问题也逐步产生，并日趋严重，杂草化学防控面临重大威胁。自 20 世纪 50 年代在加拿大和美国分别发现抗 2,4 - 滴的野胡萝卜（*Daucus carota*）和铺散鸭趾草（*Commelina diffusa*）以来，全球各地陆续出现大量关于杂草抗药性的报道。据 www.weedscience.org 统计，截至 2019 年 10

---

* 亩为非法定计量单位，1 亩≈666.7m²。——编者注

月，全球已有256种（149种双子叶，107种单子叶）杂草的500个生物型（biotype）对23种（已知26种作用机制）不同作用机制的167个除草剂产生抗药性。其中，乙酰乳酸合酶抑制剂（ALS inhibitors）、光系统抑制剂（PS inhibitors）、乙酰辅酶A羧化酶抑制剂（ACCase inhibitors）是抗性发展最为迅速、抗性报道最多的3类除草剂。

1982年澳大利亚发现首例抗ACCase抑制剂类除草剂的瑞士黑麦草（*Lolium rigidum*）。截至2019年10月，全球已有42个国家的48种杂草对此类除草剂产生了抗药性。其中，鼠尾看麦娘（*Alopecurus myosuroides*）、瑞士黑麦草（*Lolium rigidum*）和野燕麦（*Avena fatua*）的抗性发生最为严重。南京农业大学除草剂毒理及抗药性实验室最早报道了抗ACCase抑制剂类除草剂的日本看麦娘，随后国内相继报道了稗（*Echinochloa crusgalli*）、看麦娘、茵草、耿氏假硬草（*Sclerochloa kengiana*）、多花黑麦草（*Lolium multiforum*）、千金子（*Leptochloa chinensis*）、马唐（*Digitaria sanguinalis*）和棒头草（*Polypogon fugax*）对多种ACCase抑制剂类除草剂产生了抗药性。

杂草对ACCase抑制剂类除草剂的抗药性机理，主要分为靶标抗药性机理和非靶标抗药性机理。关于靶标抗药性机理，到目前发现杂草ACCase不同位置的氨基酸取代是杂草对ACCase抑制剂类除草剂产生抗药性的重要机制。到目前为止，已经发现ACCase羧基转移酶（CT）区7个不同氨基酸位点的12种氨基酸取代与抗药性相关。而关于非靶标抗药性机理，目前研究相对较少，多数研究认为杂草体内与除草剂解毒代谢相关的细胞色素P450氧化酶或谷胱甘肽-S-转移酶（GST）的活性升高导致了杂草对ACCase抑制剂类除草剂的非靶标抗药性。

精噁唑禾草灵是ACCase抑制剂类除草剂的代表，自20世纪80年代上市以来，一直是防除小麦田禾本科杂草的主导品种，归纳其抗性现状、解析其抗性机理、探究其治理措施对治理抗精噁唑禾草灵杂草、指导除草剂的科学使用与小麦等作物的安全生产具有重要的理论与实践意义。

本书主要根据南京农业大学植物保护学院除草剂毒理及抗药性实验室近20年来杂草抗药性研究工作，结合部分国内外相关研究进展进行梳理、归纳和总结，在介绍杂草抗药性基本概念、研究内容、方法与现状的同时，重点阐述我国小麦田主要禾本科杂草对常用ACCase抑制剂类除草剂精噁唑禾草灵的抗药性程度、机理及其治理策略，为我国从事杂草抗药性研究的科研人员和在农业生产一线的植保人员提供杂草抗药性研究与治理的理论基础和实用技术。全书分为五章。第一章为杂草抗药性概述，主要介绍杂草抗药性相关概念、抗药性发生假说、发生历史以及现状；第二章介绍抗精噁唑禾草灵杂草，主要介绍精噁唑禾草灵的作用与机理、抗精噁唑禾草灵杂草以及耐精噁唑禾草灵杂草的种类及抗（耐）药性程度；第三章介绍杂草抗精噁唑禾草灵的机理，主要介绍杂草抗精噁唑禾草灵的靶标及非靶标机理；第四章介绍抗精噁唑禾草灵杂草种群的适合度，主要介绍杂草适合度概念、适合度代价的研究内容与方法以及抗精噁唑禾草灵杂草的适合度代价；第五章介绍抗精噁唑禾草灵杂草的治理，主要介绍抗药性杂草的治理原则、检测方法、交互抗性与多抗性、除草剂复配联合作用评价方法以及抗精噁唑禾草灵杂草的治理方法。

感谢国家自然科学基金项目（30971928、31572021）、公益性行业（农业）科研专项（201303031、201303022）、国家重点研发计划项目（2018YFD0200500）、教育部博士点基金项目（20090097120046、20120097110038）、江苏省自然科学基金青年基金项目（BK2012360）等对本书中研究的资助；感谢王红春、徐洪乐、潘浪、张佩、杨彩宏、汤怀武、饶娜、艾萍、吴希宝、高海涛、张迪、吴宪、王凌越、张腾、张健、白从强等本实验室研究生的科学研究；感谢本书编写人员的积极工作和无私奉献；感谢中国农业出版社王凯主任的悉心指导和认真审阅！

由于时间仓促，且编著者的水平和经验有限，书中难免存在疏漏和错误之处，恳请读者和同行提出宝贵意见，批评指正。

董立尧

2019 年 10 月于南京

CONTENTS
目 录

第一章

杂草抗药性概述

一、杂草抗药性概念

杂草，是指能够在人类试图维持的某种植被状态生境中不断自然延续其种族，并影响到这种人工植被状态维持的植物。简单地说，就是"生长在不该生长的生境中的植物"均为杂草。这里所说的"不该生长的生境"，是指生长在不是人们主观意愿希望生长的地方。例如，小麦是人类栽培的重要作物，但是前茬落到田里的麦粒，在后茬玉米田或旱直播稻田中可能萌发生长，结果对玉米或水稻萌发生长造成危害，在这种生境中小麦便成了杂草。再例如，荠菜是小麦田普遍发生的杂草，但其也可食用，所以，在人们主观进行栽培的地方，荠菜便成了蔬菜而不是杂草了，收获加工后即可成为餐桌上的美食。由此可见，杂草并不是确定了某些植物就是杂草，只是在某个地方、某种情况下被定义成杂草。杂草实际上包括了种子植物、孢子植物，也包括了低等植物中的藻类。杂草不都是草本，它还包括一些小灌木。全世界生长在农田里的杂草大约有 8 000 种，不仅直接危害作物生长，还能传播农作物病虫害。其中，可作为病虫害寄主的杂草大约有 1 200 种。我国农田杂草有 500 多种，总体危害严重，而且还在呈上升趋势。

自一万年前人类开始农业生产以来，农田有害生物就开始对农业生产带来不同程度的损失。杂草常年稳定大量发生，与作物争夺光照、水分及土壤肥力，因而成为有害生物中较严重的威胁。据报道，杂草能够造成作物平均减产 34%，高于害虫和病原物造成的18% 和 16% 的损失。在美国，杂草每年平均造成约 260 亿美元的经济损失。我国常年受杂草危害的农作物面积已超过 9 000 万 hm^2，严重受害面积约 4 500 万 hm^2，在现有防治水平下，由杂草危害造成的直接经济损失每年高达 900 多亿元。

20 世纪 40 年代以 2,4 -滴为代表的化学除草剂的问世，对农田杂草防除方式带来了革命性的变革。农田化学除草成了当今农民最为依赖的除草措施，目前，我国农田化学除草面积已超过 9 000 万 hm^2。什么是除草剂？除草剂是指能够杀死杂草或抑制杂草生长而不损害作物的化学药剂或生物药剂。它有选择性、非选择性（灭生性），触杀型、内吸传导型之分。虽然除草剂在杂草防除上取得了巨大成功，但是正如杀虫剂没有完全杀死害虫、杀菌剂没有完全控制病原物一样，除草剂也没有完全控制住杂草的发生与危害。

杂草的遗传多样性使得杂草在除草剂多年的选择压下仍能够继续存活，并且引发了杂草防除的新问题——抗药性。所谓杂草抗药性，广义的植物抗药性是指在田间剂量条件下，植物能抵抗除草剂的遗传能力，包括原先存在的不敏感特性（天然抗药性，即耐药性）和由于除草剂的选择压而丧失敏感性以及基因工程赋予作物的抗药性（即耐除草剂转基因作物）。狭义的杂草抗药性是指由于除草剂的选择压导致杂草丧失敏感性而形成的抵抗除草剂的遗传能力。天然抗药性（耐药性）是植物自身具备的能够抵抗除草剂伤害而保存自己的遗传能力。

由于杂草对除草剂产生抗药性的机理不同，抗药性杂草还可能形成交互抗性与多抗性。交互抗性是指某种抗性杂草或抗性杂草生物型对与已产生抗性的除草剂作用机理相同的其他除草剂产生的抗性。例如，在长期使用除草剂精噁唑禾草灵后，小麦田菵草的某地区生物型对该药产生了抗性后，对与精噁唑禾草灵作用机理相同的炔草酯也产生了抗性，即该菵草生物型对炔草酯产生了交互抗性。多抗性是指某种抗性杂草或抗性杂草生物型对与已产生抗性的除草剂作用机理不同的其他类型除草剂产生的抗性。例如，在使用除草剂精噁唑禾草灵后，菵草的某生物型对精噁唑禾草灵产生了抗性后，对与精噁唑禾草灵作用机理不同的除草剂甲基二磺隆也产生了抗性，之前未使用过除草剂甲基二磺隆对该菵草生物型进行防除，可以认定该菵草生物型对甲基二磺隆产生了多抗性。杂草抗药性的形成是一个过程，经由稀少的个体抗药性发展成为绝大多数的种群抗药性，即抗药性种群。

二、杂草抗药性发生假说及影响因素

1. 杂草抗药性发生假说 杂草抗药性的发生有两种假说，分别为"选择性学说"与"诱导学说"。

（1）"选择性学说"。"选择性学说"认为杂草群体内本来就存在极少数具有抗性基因的个体，从敏感生物型到抗性生物型只是除草剂选择作用的结果。在除草剂使用之前，杂草种群中已经存在抗性特性。当经过多年大面积使用除草剂后，所有敏感杂草都被除草剂防除了，而具备抗性基因的极少数个体存活了下来，这极少数个体再经过年复一年的繁殖，田间抗该除草剂的某种杂草或某几种杂草逐渐成为优势植物（图1-1）。

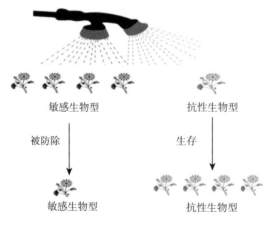

图1-1 杂草抗药性形成过程

2013 年，Délye 等人的研究支持了杂草抗药性的选择学说。鼠尾看麦娘是欧洲麦田危害十分严重的抗性杂草。研究者收集了采自法国等 32 个国家的 734 份鼠尾看麦娘标本。这些标本最早采自 1788 年，最晚采自 1975 年。该时间段 ACCase 抑制剂类除草剂还未在市场上使用。利用衍生酶切多态性扩增（dCAPS）技术，研究者对这 734 份标本进行了抗性突变位点（Ile-1781-Leu）检测，其中有 685 份样本检测成功。结果发现，有一份采自 1888 年的鼠尾看麦娘存在杂合的抗性基因突变，也就是说鼠尾看麦娘在 ACCase 抑制剂类除草剂施用之前，已经存在抗性突变。

（2）"诱导学说"。"诱导学说"认为由于长期单一使用某种除草剂，除草剂的选择压诱发了杂草的靶标基因突变，导致杂草产生抗药性。董立尧研究团队对抗精噁唑禾草灵杂草的 ACCase 基因研究发现，靶标基因突变是其产生抗药性的主要原因。研究抗精噁唑禾草灵日本看麦娘的 ACCase 基因发现，抗性种群 AHFD-1 和 AHFD-2 的 AC-Case 2027 位由密码子 TGG 突变为 TGC 导致色氨酸突变为半胱氨酸（Trp-2027-Cys），抗性种群 AHFD-3 的 ACCase 2078 位由密码子 GAT 突变为 GGT 导致天冬氨酸突变为甘氨酸（Asp-2078-Gly），抗性种群 JCJT-1、JCJT-2、JCJT-3 的 ACCase 1781 位异亮氨酸突变为亮氨酸（Ile-1781-Leu），抗性种群 JZJR-1 的 ACCase 2041 位异亮氨酸突变为天冬酰胺（Ile-2041-Asn），抗性种群 JLGY-4 的 ACCase 1999 位色氨酸突变为半胱氨酸（Trp-1999-Cys），进一步研究抗性种群 ACCase 基因突变与其抗药性的关系发现，靶标基因突变是日本看麦娘对精噁唑禾草灵产生抗药性的主要原因。通过抗精噁唑禾草灵茵草与敏感茵草 ACCase 基因序列的比对，发现抗精噁唑禾草灵茵草种群上存在 5 个突变，分别为 Ile-1781-Leu、Trp-2027-Cys、Ile-2041-Asn、Asp-2078-Gly、Gly-2096-Ala，这 5 个突变是茵草种群对精噁唑禾草灵产生抗性的重要靶标酶分子机理。抗性发生初始阶段因为其突变频率极低，不容易被检测到。例如，地肤（Kochia scoparia）对乙酰乳酸合酶（ALS）抑制剂类除草剂的抗性突变频率为 10^{-7}，地肤密度为 100 万株/hm²，那么在 100 hm² 的土地中也仅有 10 株抗性个体。

2. 杂草抗药性发生的影响因素　杂草与作物相比，传播途径多样，且具有远缘亲和性和自交亲和性，易产生变异。大多数杂草为一年生杂草，存在结实期长、繁殖量大，有些杂草又具有无性繁殖和有性繁殖 2 种类型。另外，很多杂草还具有多倍性和杂合性。对德国被子植物的研究发现，具有多倍性的杂草占总数的 62%。麦田常见杂草多花黑麦草就有二倍体和四倍体，而日本看麦娘和耿氏假硬草均为四倍体，野燕麦和早熟禾（poa annua）均为六倍体。大多数杂草由于异花授粉和基因突变的原因，个体基因型是杂合的而不是纯合的，因此，易适应新的环境和发生新的变异类型。杂草种群中，个体的多实性、易变性、遗传多样性以及长期对不断变化环境和人类农事活动的干扰而产生的高度适应性是杂草抗性种群出现和产生的基础。

影响抗药性形成的原因很多，也很复杂，不同杂草在不同生境下抗药性形成速度和程度也不尽相同。但总的来说，抗药性形成主要有 4 个方面的原因（表 1-1）。

表 1 - 1　影响杂草抗药性形成的因素

因素	内　容
基因	抗性基因的频率、数量、显隐性和适合度
杂草生物学特性	授粉方式、种子产量、土壤种子库中的种子寿命、种子及花粉传播能力
除草剂	化学结构、作用位点、残留活性
农事操作	除草剂的施用剂量和施用时间、技术、耕作方式

（1）基因方面，主要包括抗性基因的频率、数量、显隐性和适合度。这些因素是植物抗药性的内在"本质"属性，一般不随外界环境等因素的变化而变化，而这些因素对除草剂抗性发生的影响也是巨大的。例如，Délye 等对鼠尾看麦娘研究发现抗性突变 Ile - 1781 - Leu 的发生频率为 7.3×10^{-4}，而且已有研究表明这种突变是显性抗性突变，也几乎不导致杂草发生适合度的下降，那么这种突变导致的抗性就极易在杂草中出现。这与目前杂草抗药性突变研究结果一致，即该突变是目前杂草抗 ACCase 抑制剂发现最早、最多、危害最为严重的突变之一。

（2）杂草生物学特性方面，主要包括杂草的授粉方式、种子产量、土壤种子库中的种子寿命、种子及花粉传播能力。这些因素是植物抗药性的外在"本质"属性，一般也不随外界环境等因素的变化而变化。一般来说，异花授粉、种子产量大、种子寿命长、种子及花粉传播能力强的杂草易产生抗药性。稗是在世界上危害严重的杂草之一，目前在全球抗药性极为严重，已有报道 44 例抗性生物型。稗是异花授粉杂草，每株稗可产 2 000～4 000粒种子，种子可随土壤、水流、气流和鸟类等进行传播，也可混在稻种中进行传播，种子埋在土中 13 年仍具有发芽能力。

（3）除草剂方面，主要包括除草剂的化学结构、作用位点、残留活性。农田生态系统中杂草在除草剂的选择压下逐渐产生抗药性。因此，除草剂是影响杂草抗药性形成的重要外在因素。例如，磺酰脲类除草剂苯磺隆是防除小麦田阔叶杂草的重要药剂，长期在麦田大量使用。该药剂作用位点单一，活性高，抗性问题发生十分严重。截至 2019 年 10 月，全球已经有 5 443 种杂草生物型对其产生了抗药性。

（4）农事操作方面，主要包括除草剂的施用剂量和施用时间、技术、耕作方式等。如果某一除草剂（如野燕枯）仅在较小区域内使用，且使用次数很少，而该除草剂可防治的杂草数目也较少，那么即使杂草本身抗该除草剂的突变频率很高，也不太可能会有很多抗该除草剂杂草的产生。相反，如果某类除草剂，如草甘膦，被大范围频繁使用，且该除草剂可防除田里几乎全部植物，那么即使该区域内的杂草并不带有抗该除草剂的突变，也很快就会产生对抗该除草剂的杂草。最糟糕的情况则是某区域内杂草就存在频率很高的可以对某类除草剂产生抗性的突变，而该类除草剂还被大面积使用，用来防除田间多种杂草，这样就会使杂草对该类除草剂抗性的发生及发展非常迅速。

三、杂草抗药性发生历史

根据全球杂草抗药性发生的情况，可将杂草抗药性的发生历史分为 2 个阶段。

第一阶段是杂草抗药性发现阶段，时间为 1942 年除草剂问世至 20 世纪 80 年代。该阶段杂草抗药性发生数量较少，频率较低，在全球范围内也只是零星报道，为杂草抗药性的发现阶段（图 1-2）。1942 年，除草剂 2,4-滴的问世揭开了化学除草的序幕。20 世纪 50 年代初就有学者提出，同一作用机理单一靶标的除草剂连续使用，可能导致杂草产生抗药性；但也有部分学者认为植物生命周期较长，基因组杂合程度高，不必担心杂草像昆虫一样产生抗药性。但在除草剂 2,4-滴从 1945 年商业化使用 5 年的时间抗药性杂草就产生了。1950 年，研究人员在美国夏威夷的甘蔗田发现了抗 2,4-滴的铺散鸭跖草（*Commelina diffusa*），随后 1957 年，在加拿大安大略省又发现了抗 2,4-滴的野胡萝卜（*Daucus carota*）。起初的几十年间，杂草抗药性发生较少，抗药性没有引起人们的重视及关注。1970 年 Ryan 报道了华盛顿西北地区松柏苗圃中的欧洲千里光（*Senecio vulgaris*）对三氮苯类除草剂西玛津和莠去津产生抗药性，经过 4 年时间，欧洲千里光种群就遍布了美国加利福尼亚州和加拿大不列颠哥伦比亚省。随后，全世界报道的抗药性杂草种类不断快速增加，导致抗药性在全球范围内普遍发生，对农业生产造成了严重影响，杂草抗药性进入第二阶段。

第二阶段是杂草抗药性快速上升阶段，时间为 20 世纪 80 年代至今。该阶段杂草抗药性发生数量较多，频率较高，是杂草抗药性数量的快速上升阶段（图 1-2）。从 20 世纪 80 年代开始，除草剂在世界范围内大量使用，化学除草以其先进、快速、经济、高效而成为现代农业生产必备的技术，促进了世界农业的发展。世界除草剂总产量（有效成分）每年为 70 万～80 万 t，约占化学农药总量的 40%～50%，1990 年其销售值远远超过杀虫

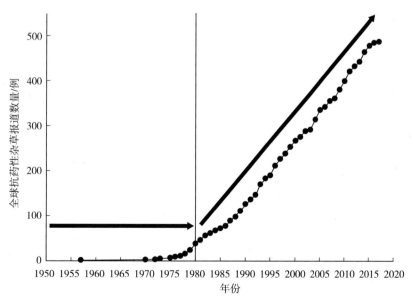

图 1-2　全球抗性杂草增长情况

剂或杀菌剂。但正如杀虫剂、杀菌剂一样，除草剂参与到农业生态系统后，它所防治的对象便开始逐步产生生态、生理生化或遗传的适应性。

1990年在62个国家和地区发现了113种抗性杂草，包括58种杂草（双子叶41种，单子叶17种）对三氮苯类除草剂产生抗性，另外55种杂草（双子叶36种，单子叶19种）对有机磷类、磺酰脲类、咪唑啉酮类等其他14类除草剂产生抗性；具有交互抗性的杂草84种，其中双子叶杂草59种，单子叶杂草25种。1995—1996年国际抗除草剂杂草委员会（http：//www.weedscience.org）报道记录了42个国家和地区的183个抗除草剂杂草生物型。到20世纪末，全球47个国家已发现150种杂草233种生物型对17类除草剂产生了抗性，抗除草剂杂草的种类呈明显上升趋势，其分布范围已经遍及6大洲。

2004年，国际抗除草剂杂草委员会报道对单一除草剂产生抗药性的杂草生物型共296种，其中178种杂草（双子叶107种，单子叶71种）在270 000块田中发生。对ALS抑制剂类除草剂产生抗性的杂草高达90种，对三氮苯类除草剂产生抗性的有65种，对AC-Case抑制剂类除草剂产生抗性的有34种。这些抗药性杂草主要分布在美国、加拿大，以及欧洲、亚洲等29个国家和地区。最常见的抗药性杂草有绿穗苋（Amaranthus hybridus）、反枝苋（Amaranthus retroflexus）、地肤、藜（Chenopodium album）、欧洲千里光、龙葵（Solanum nigrum）和早熟禾（Poa annua）等。两次统计结果明显看出，抗性杂草的种类上升，同时抗除草剂的类型也有所改变。

2009年该委员会再次统计报道，全世界189种杂草对一种或一种以上除草剂产生抗性，其中双子叶杂草113种，单子叶杂草76种。而抗除草剂的杂草生物型达到330种，对ALS抑制剂类除草剂产生抗性的杂草最多达101种，对三氮苯类除草剂产生抗性的杂草次之，约有68种，对ACCase抑制剂类除草剂产生抗性的有36种，这些抗性杂草遍布世界大约50个国家，大多数是工业发达国家。与2000年统计结果相比，抗性杂草生物型增加了94个，其中抗ALS类、三嗪类和ACCase类除草剂杂草分别增加了38种、7种、15种。以除草剂为主要除草方法的发达国家抗性杂草数量增长的幅度最大，如美国、澳大利亚和加拿大，抗性杂草分别增加了64种、27种、21种，所以社会各界对于除草剂的抗性越来越重视。

据2019年10月全球统计，已有256种杂草的500种生物型对167种除草剂产生了抗药性。

我国农田化学除草于1954年率先在黑龙江省农垦系统展开。1956年在稻田试验使用2，4，5-涕，1958年沈阳化工厂开始生产2,4-滴丁酯，揭开了我国除草剂工业的历史。1963年开始在小麦田应用2,4-滴。20世纪60～70年代，敌稗、除草醚、扑草净等除草剂的开发使水田除草有了较大发展。20世纪70年代以后，取代脲类、三氮苯类的一些品种陆续开始生产并投入使用，我国化学除草面积达170万 hm²，并进一步扩大。20世纪80年代是我国除草剂兴旺发展时期，化学除草面积达1 300多万 hm²，其中以磺酰脲类（氯磺隆、甲磺隆）、咪唑啉酮类（咪唑乙烟酸）为代表的超高效除草剂品种开始应用，开创了化学除草剂的"超高效时代"。20世纪90年代引进的噻吩磺隆对小麦田和玉米田的阔叶杂草有较好的防除效果；氯吡嘧磺隆作为一种新型的磺酰脲类除草剂，对阔叶杂草和莎草有较好的防除效果，先后在多个国家登记使用。除草剂的使用面积由20世纪80年代的 800 多万 hm^2 发展到 21 世纪初的 7 000 多万 hm^2，种类也日益繁多。

目前开发的除草剂有苯甲酸类、芳氧苯氧丙酸酯类、磺酰脲类、二硝基苯胺类和有机磷类等 10 大类。其中，芳氧苯氧丙酸酯类除草剂是一类高效防除禾本科杂草的除草剂，也是一类发展较迅速、不断开发出新品种的除草剂类型。早在 1975 年芳氧苯氧丙酸酯类除草剂开始上市，禾草灵是第一个用于防除多种阔叶作物田禾本科杂草的除草剂，上市后市场份额快速增长，从而吸引了大量的研发力量投入该领域。由德国拜耳作物科学公司生产并上市的噁唑禾草灵现已成为芳氧苯氧丙酸酯类除草剂中的龙头老大，该产品最初用于大豆田。随着化学工业的迅速发展，德国拜耳作物科学公司开发出精噁唑禾草灵。1987年，安全剂解草唑与精噁唑禾草灵复配产品的应用使作物范围扩大，用于小麦田上的商品名为骠马。骠马大大取代了禾草灵，在部分地区该产品也被用于水稻田。除精噁唑禾草灵外，这类除草剂中市场份额较大的产品还有美国陶氏益农公司的氰氟草酯和氟吡甲禾灵、先正达公司的炔草酯和唑啉草酯、美国富美实公司的噁唑酰草胺、日本石原产业株式会社的吡氟禾草灵、日产化学株式会社的喹禾灵等。氰氟草酯和噁唑酰草胺用于水稻田，炔草酯和唑啉草酯用于小麦田，氟吡甲禾灵、吡氟禾草灵、喹禾灵用于多种阔叶作物田。磺酰胺类除草剂五氟磺草胺、啶磺草胺、双氟磺草胺、唑嘧磺草胺，磺酰脲类除草剂氯吡嘧磺隆、氟唑磺隆、甲基二磺隆、二磺·甲碘隆等，近年来应用面积也逐渐增大。

20 世纪 70 年代发展中国家就已有抗药性杂草的报道。我国是农业大国，随着 20 世纪 80 年代除草剂逐步推广应用，我国杂草抗药性问题也逐步凸显。1980 年在台湾省发现第一例抗联吡啶类除草剂百草枯的苏门白酒草（*Conyza sumatrensis*）。

1990 年，张泽溥指出要重视我国杂草抗药性问题。随着我国农村经济的发展，农田化学除草面积迅速扩大，1989 年主要农作物化学除草面积已达 2.6 亿亩。广泛使用除草剂，如不注意防范，杂草抗药性问题很快就会在某些区域发生。组织力量开展杂草抗药性种群检测工作，研究控制和防除抗药性杂草的方法，消灭在抗性初发阶段，防止蔓延是杂草科技工作者的一项重要任务。同时在农田杂草防除工作中，要大力提倡按地区发展多类型、多品种除草剂交替使用或轮换使用，重视采用耕作、轮作、栽培方式和人工除草同化学除草相结合的综合防除技术，以防止和延缓抗药性杂草种群的形成和发展。1990 年就先后在我国上海地区发现小麦田杂草日本看麦娘对绿麦隆，反枝苋对莠去津产生了抗药性。随后由于除草剂的大面积使用，我国杂草抗药性报道日渐增多。

1995 年，黄炳球报道了我国三大栽培类型稻区的稗对丁草胺已产生了明显的抗药性，对禾草丹也产生了较明显的抗药性。以 LC$_{50}$ 和 LC$_{90}$ 为标准，丁草胺的最高抗性指数分别由 1991 年的 2.90 和 2.79 上升至 1993 年的 4.27 和 10.60。在连续使用丁草胺 10 年以上地区的稗，对丁草胺的抗性水平急剧上升，对禾草丹的抗性水平也较高，两者存在交互抗性的情况。

1996 年，李宜慰等在施用氯磺隆不同年限的小麦田采集茼草、日本看麦娘种子，用活体生物测定和离体化学分析方法，研究其抗药性水平。结果表明，连续 3 年使用氯磺隆的小麦田中茼草和日本看麦娘均没有明显的抗药性，但在连续 6 年使用氯磺隆的小麦田中茼草表现出明显的抗药性，在相同浓度剂量下防除效果降低 42%，日本看麦娘抗性差异不明显。

2000 年，付忠文等测定了我国部分稻田稗对丁草胺的抗药性，并对其产生抗性的机理从代谢角度进行了初步探讨。试验结果表明，LC_{50} 以岳阳种群最小，牡丹江种群最大，分别为 54.73 g a.i./hm^2 和 1 271.6 g a.i./hm^2；敏感性由高至低依次为：岳阳、阿城、3 队、民主、4 队、牡丹江。以岳阳种群为参照，阿城、3 队、民主、4 队稗种群的抗药性指数分别为 5.21、5.85、8.00、12.01，表明长期用药使其对丁草胺产生了抗药性。通过谷胱甘肽-S-转移酶（GST）酶活的测定以及薄层层析和质谱分析表明 GST 代谢丁草胺解毒是其产生抗性或耐药性的机制之一。

2005 年，南京农业大学除草剂毒理及抗药性实验室杨彩宏等采集了江苏、安徽 11 个地点不同用药年限的油菜田日本看麦娘籽实，采用种子生物测定法和整株生物测定法研究了日本看麦娘不同地理种群对高效氟吡甲禾灵的敏感性。发现江苏句容日本看麦娘对高效氟吡甲禾灵产生了高水平抗药性，并且对芳氧苯氧基丙酸酯类除草剂精吡氟禾草灵、精喹禾灵、精噁唑禾草灵产生了交互抗性。

2006 年，吴声敢等应用琼脂法测定了浙江稻区 21 种稗生物型对二氯喹啉酸的抗性水平。结果表明绍兴市郊的稗生物型对二氯喹啉酸最敏感，其 EC_{50} 为 0.326 8 mg/L。而绍兴陶堰和温州塘下的稗生物型对二氯喹啉酸的 EC_{50} 分别为 234.8 mg/L、227.4 mg/L，抗性指数分别达到 718.48 和 695.84，表明这 2 种稗生物型的抗药性处于极高抗水平。浙江杭州的稗生物型对二氯喹啉酸的 EC_{50} 为 13.47 mg/L，相对抗性倍数为 41.22，表明该稗生物型处于高水平抗性阶段。绍兴皋埠的稗生物型对二氯喹啉酸的抗药性还处于低水平抗性阶段，其 EC_{50} 和相对抗性倍数分别为 2.096 mg/L 和 6.41。而其余 16 种稗生物型对二氯喹啉酸的 EC_{50} 为 0.495 3～1.315 mg/L，相对抗性倍数为 1.52～4.02，表明这些地方稗生物型对二氯喹啉酸敏感。

2009 年，崔海兰等以采自北京、天津、河北、河南、山东、陕西、山西、甘肃、青海、江苏及四川的播娘蒿（Descurainia sophia）为研究对象，研究了其对苯磺隆的抗药性水平及其抗性机理。研究发现在 11 个省份 91 个播娘蒿种群中，有 42 个种群对苯磺隆表现敏感，有效抑制中剂量（GR_{50}）为 0.10～0.12 g a.i./hm^2；19 个种群对苯磺隆具有低水平抗性，1＜抗性指数≤10；19 个种群对苯磺隆具有中等抗性，10＜抗性指数≤100；11 个种群对苯磺隆具有较高水平抗性，其抗性指数在 100 以上。HB-8、TJ-8、GS-5 种群中有个别植株抗性较强，抗性百分率分别是 2.38%、1.14%、3.64%。而抗性播娘蒿发生了 Pro-197-Leu、Pro-197-Thr、Pro-197-Ala、Pro-197-Ser 的抗性突变，这些突变是播娘蒿产生抗药性的重要靶标酶抗性位点。

2012 年，汤怀武等对 2007 年报道的抗高效氟吡甲禾灵日本看麦娘的抗性机理进行了研究。通过对靶标酶 ACCase 的活性研究发现抗性日本看麦娘的 ACCase 相对于敏感日本看麦娘不敏感，抗性指数为 11；同时抗性日本看麦娘 ACCase 氨基酸 2041 位异亮氨酸（Ile）突变为天冬酰胺（Asn）。

2015 年，徐洪乐等系统研究了日本看麦娘对精噁唑禾草灵的抗药性及其靶标酶机理，首次明确了我国长江中下游地区 22 个种群中有 16 个种群对精噁唑禾草灵产生了不同程度的抗药性。其中安徽合肥的 AHFD-1 种群对精噁唑禾草灵的抗性水平最高，种子生物测定结果显示精噁唑禾草灵对该种群的 GR_{50} 为 174.88 g a.i./hm^2，抗性指数为 400.09；整株生物测定其 GR$_{50}$ 为 1 556.08 g a. i. /hm²，抗性指数为 102.59（图 1 - 3）。抗精噁唑禾草灵 AHFD - 1 种群的交互抗性和多抗性结果为：AHFD - 1 种群对芳氧苯氧基丙酸酯类除草剂高效氟吡甲禾灵、精吡氟禾草灵、精喹禾灵、炔草酯、噁唑酰草胺以及苯基吡唑啉类（PPZs）除草剂唑啉草酯产生了交互抗性，但对环己烯酮类（CHDs）除草剂烯草酮、烯禾啶未产生交互抗性；对氟唑磺隆、甲基二磺隆、磺酰磺隆、啶磺草胺、乙草胺、扑草净、绿麦隆、氟乐灵、草甘膦异丙胺盐未产生多抗性。

图 1 - 3 日本看麦娘 JLGY - 1（A）和 JLGY - 4（B）种群整株生物测定

2017 年，于佳星等通过整株生物测定的方法，研究了采自不同地区水稻田的 38 个千金子（*Leptochloa chinensis*）种群对氰氟草酯的敏感性。发现采自江苏淮安的 JHHA 种群对氰氟草酯最敏感，GR$_{50}$ 为 1.89 g a. i. /hm²；采自浙江余杭的 ZHYH 种群对氰氟草酯的抗药性最高，GR$_{50}$ 为 143.99 g a. i. /hm²，远高于田间推荐剂量 GR$_{50}$ 90 g a. i. /hm²，抗性指数达 76.19；另外，采自江苏淮安 JHQP 和湖北黄冈 HHHM 的 2 个千金子种群也对氰氟草酯产生了抗药性，GR$_{50}$ 分别为 55.81 g a. i. /hm² 和 31.32 g a. i. /hm²，抗性指数达 29.53 和 16.57。通过研究靶标酶 ACCase 活性、基因序列和基因表达量，明确了千金子对氰氟草酯的靶标酶抗性机理；通过研究抗氰氟草酯千金子对 5 种作用机理的 13 种除草剂的敏感性，明确了抗氰氟草酯千金子的交互抗性和多抗性发生情况。

2018 年，潘浪等采用整株生物测定法对 2012 年采集的 30 个茵草种群、2013 年采集的 40 个茵草种群对精噁唑禾草灵的敏感性进行了鉴定。结果表明，2012 年采集的 30 个茵草种群中有 8 个种群对精噁唑禾草灵产生了抗性，2013 年采集的 40 个茵草种群中有 19 个种群产生了抗性。总计 70 个种群中有 27 个种群对精噁唑禾草灵产生了抗药性，表明所研究地区小麦田茵草对精噁唑禾草灵的抗药性发生已经十分普遍，且抗药性发生越来越严重。采自江苏常州市武进区小麦田的 JCWL 种群对精噁唑禾草灵的抗性水平最高，整株生物测定其 GR$_{50}$ 为 2 204 g a. i. /hm²，相对于敏感茵草群 AFCJ，其抗性指数为 50.09。其次是江苏常州金坛区小麦田的 JCJT 种群和江苏扬州江都区小麦田 JYJD 种群，其抗性指数分别为 49.25 和 29.34。2013 年中抗性水平最高的是采自江苏扬州高邮界首村的

JYJS 种群，整株生物测定其 GR_{50} 为 2 560 g a.i./hm²，相对于敏感茵草群 AFCJ，其抗性指数为 58.18。这些种群整株测定其 GR_{50} 已经远远高于精噁唑禾草灵的田间推荐剂量上限 62 g a.i./hm²，表明茵草对精噁唑禾草灵的抗性水平已经十分高。

总之，近年来，随着除草剂的大面积使用，杂草抗药性一直保持较快增长，成为防除农田杂草的重要障碍。值得庆幸的是，杂草抗药性的研究越来越受到重视，对抗药性的研究也逐步深入。在国内外杂草科学工作者的共同努力下，抗药性靶标及非靶标机理、抗药性杂草适合度和抗药性综合防治等方面的研究均已取得了丰硕的成果，这些都为揭示杂草抗药性的发生与发展、延缓抗药性的发生、制定抗药性杂草防除方案奠定了重要的基础。

四、杂草抗药性现状

1. 全球杂草抗药性情况 根据国际杂草抗药性调查组织（http：//weedscience.org/）的 2 698 名注册人员及 566 名杂草抗药性科学家的研究报道，截至 2019 年 10 月，全球 70 个国家的 93 种作物田中已有 256 种杂草（149 种双子叶，107 种单子叶）的 500 种生物型对 23 类 167 种除草剂产生了抗药性（表 1-2）。

（1）不同国家的抗性杂草。从整体上看，抗药性杂草主要分布在除草剂应用水平较高的国家。美国是世界上最主要的农业生产、农产品出口国家，是世界上农药使用量最大的国家，除草剂每年使用量在 20 万 t 左右。据统计，美国也是杂草抗药性报道最多的国家。截至 2019 年 10 月，已经累计报道 165 种杂草抗药性生物型。其次为澳大利亚 95 种，加拿大 68 种，法国 55 种，巴西 50 种，中国 44 种，西班牙 39 种，以色列 37 种，日本 36 种，德国 33 种。可见，抗药性杂草的发生与除草剂使用技术水平和应用强度密切相关。

（2）不同科的抗性杂草。截至 2019 年 10 月，全球 256 种抗药性杂草中，排在前十的杂草分别是禾本科杂草 81 种、菊科杂草 42 种、十字花科杂草 22 种、莎草科杂草 12 种、苋科杂草 11 种、玄参科杂草 9 种、蓼科杂草 8 种、泽泻科杂草 7 种，藜科杂草 7 种、石竹科杂草 6 种。这 10 个科的抗性杂草占所有抗性杂草总量的 80%。特别是禾本科抗性杂草占总量的 31.64%，可见，禾本科杂草在当前的耕作及除草剂使用模式下是抗性发生最为严重的一类杂草（图 1-4）。

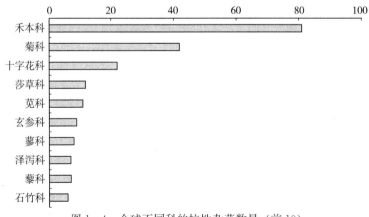

图 1-4　全球不同科的抗性杂草数量（前 10）

表 1 - 2　全球杂草抗药性概况

编号	除草剂种类	分组※	实例除草剂	抗性杂草生物型		
				双子叶	单子叶	总计
1	乙酰乳酸合酶抑制剂 ALS inhibitors	B	苯磺隆 chlorsulfuron	99	62	161
2	光系统Ⅱ抑制剂 Photosystem Ⅱ inhibitors	C1	莠去津 Atrazine	51	23	74
3	乙酰辅酶A羧化酶抑制剂 ACCase inhibitors	A	精噁唑禾草灵 fenoxaprop - P - ethyl	0	48	48
4	5-烯醇丙酮酰莽草酸-3-磷酸合成酶抑制剂 EPSP synthase inhibitors	G	草甘膦 glyphosate	23	20	43
5	合成激素类 Synthetic auxins	O	2，4-滴 2，4 - D	31	8	39
6	光系统Ⅰ电子传递 PSI Electron Diverter	D	百草枯 paraquat	22	10	32
7	脲类及酰胺类 Ureas and amides	C2	绿麦隆 chlorotoluron	11	18	29
8	原卟啉原氧化酶抑制剂 PPO inhibitors	E	乙氧氟草醚 oxyfluorfen	10	3	13
9	微管抑制剂 Microtubule inhibitors	K1	氟乐灵 trifluralin	2	10	12
10	脂类抑制剂 Lipid Inhibitors	N	燕麦畏 triallate	0	10	10
11	类胡萝卜素生物合成（未知靶标） Carotenoid biosynthesis (unknown target)	F3	杀草强 amitrole	1	5	6
12	长链脂肪酸抑制剂 Long chain fatty acid inhibitors	K3	丁草胺 butachlor	2	5	7
13	光系统Ⅱ抑制剂（腈类化合物） PSII inhibitors (Nitriles)	C3	溴苯腈 bromoxynil	3	1	4
14	类胡萝卜素生物合成抑制剂 Carotenoid biosynthesis inhibitors	F1	吡氟酰草胺 diflufenican	3	1	4

（续）

编号	除草剂种类	分组※	实例除草剂	抗性杂草生物型		
				双子叶	单子叶	总计
15	谷氨酰胺合成酶抑制剂 Glutamine synthase inhibitors	H	草铵膦 glufosinate-ammonium	0	4	4
16	纤维素生物合成抑制剂 Cellulose inhibitors	L	敌草腈 dichlobenil	0	3	3
17	抗微管有丝分裂干扰剂 Antimicrotubule mitotic disrupter	Z	麦草伏-甲酯 flamprop-methyl	0	3	3
18	对-羟苯基丙酮酸双氧化酶抑制剂 HPPD inhibitors	F2	异噁唑草酮 isoxaflutole	2	0	2
19	1-脱氧-D-葡萄糖-5-磷酸酯抑制剂 DOXP inhibitors	F4	异噁草松 clomazone	0	2	2
20	有丝分裂抑制剂 Mitosis inhibitors	K2	苯胺灵 propham	0	1	1
21	未知靶标 Unknown	Z	草藻灭 endothall	0	1	1
22	细胞伸长抑制剂 Cell elongation inhibitors	Z	野燕枯 difenzoquat	0	1	1
23	核酸抑制剂 Nucleic acid inhibitors	Z	甲基砷酸钠 sodium methylarsonate	1	0	1
	合计			261	239	500

注：根据除草剂抗药性治理委员会（Herbicide-Resistance Action Committee）对除草剂的分组。

（3）不同生活史的抗性杂草。截至 2019 年 10 月，在全球已知的 3 372 种杂草中，多年生杂草有 2 103 种（所占比例最大，约 62%），一年生杂草有 729 种，二年生杂草 41 种，一年至多年生杂草 249 种，一年至二年生杂草 101 种，二年至多年生杂草 49 种。全球抗性杂草的发生情况却与杂草的生活史不同。截至 2019 年 10 月，在 256 种抗性杂草中，一年生杂草有 162 种，所占比例最大（约 64%），其次为多年生杂草 46 种（图 1-5）。由此可以看出，一年生杂草由于自身生物学、生态学特性，更易对除草剂产生抗药性。因此，对该类杂草的化学防除应该谨慎并做长远考虑。http：//weedscience. org 的统计结果再次印证了该现象，在全球抗药性发生最严重、发生最普遍的前 8 种杂草都为一年生禾本科杂草，它们分别是瑞士黑麦草、稗、早熟禾、牛筋草（*Eleusine indica*）、多花黑麦草、鼠尾看麦娘、野燕麦、光头稗（*Echinochloa colona*）（图 1-6）。其中瑞士黑麦草对 14 种不同作用机理的除草剂产生了抗药性，稗对 10 种不同作用机理的除草剂产生了抗药性，早熟禾对 9 种不同作用机理的除草剂产生了抗药性。

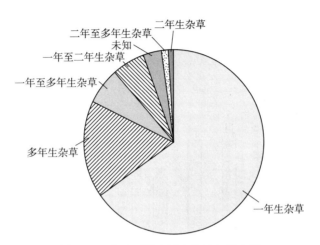

图 1-5　全球不同生活史抗性杂草比例

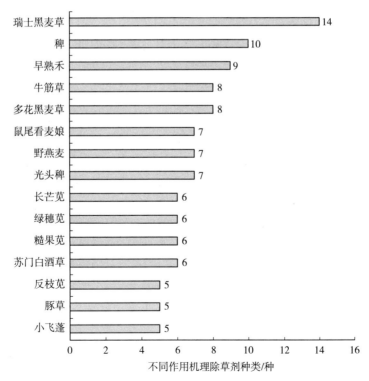

图 1-6　对不同作用机理的除草剂产生抗性的杂草（前 15）

（4）不同作物田的抗性杂草。截至 2019 年 10 月，从全球抗药性杂草所分布的作物田来看，抗药性杂草报道最多的是小麦田（77 种），其余顺次为玉米田（61 种）、水稻田（51 种）、大豆田（48 种）、非耕地（34 种）等（图 1-7）。几乎在所有使用除草剂的田块中均发现了抗性杂草，由此可见，只要使用除草剂，杂草就可能在各种农田生态系统中产生抗药性。

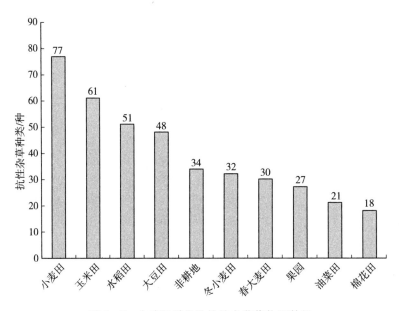

图 1-7　全球报道发生抗性杂草作物田数量

（5）对不同类型除草剂产生抗性的杂草。从使杂草产生抗药性的除草剂类型来看，1998 年以前产生抗药性最多的除草剂类型是三氮苯类除草剂，有 63 种杂草对该类除草剂产生了抗药性。但是，随着具有高活性、高安全性的 ALS 抑制剂类除草剂被大量广泛使用，该类除草剂迅速成为全球抗药性发生最为严重的一类除草剂。截至 2019 年 10 月，对 ALS 抑制剂类除草剂产生抗药性的杂草已累计报道 160 例，远高于排在第二位的三氮苯类除草剂的 74 例，而 ACCase 抑制剂类除草剂也是抗药性发生较为严重的一类除草剂，共有 48 种抗性杂草生物型（图 1-8）。从产生抗药性的单一除草剂品种来看，三氮苯类除草剂莠去津目前是使杂草产生抗药性最多的药剂，多达 66 种杂草对其产生了抗药性，其次为 ALS 抑制剂类除草剂咪唑乙烟酸和苯磺隆，有 43 种杂草对其产生抗药性；而草甘膦也有 43 种杂草对其产生抗药性（图 1-9）。ACCase 抑制剂类除草剂产生抗药性最多的除草剂为精噁唑禾草灵，共有 33 种杂草对其产生了抗药性。

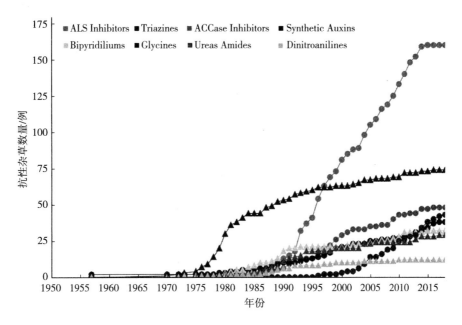

图1-8 全球不同作用机理的除草剂抗性发生情况

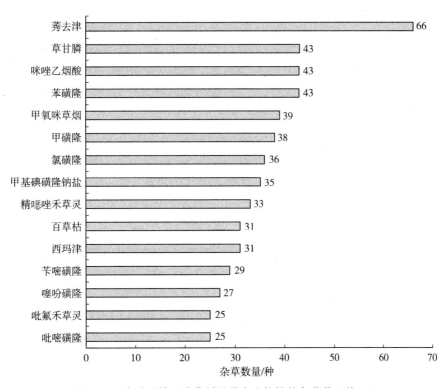

图1-9 全球对单一除草剂品种产生抗性的杂草数（前15）

2. 我国杂草抗药性情况 据 http：//weedscience.org 记录，我国杂草抗药性从 1990 年以来已累计报道了 44 例 29 种杂草对除草剂产生了抗药性。其中包括禾本科杂草 11 种，阔叶杂草 18 种（表 1-3）。水稻田中抗性发生最严重的杂草为稗，分别在 1993 年、2000 年、2010 年、2011 年发现其对丁草胺、禾草丹、二氯喹啉酸、精噁唑禾草灵、五氟磺草胺等不同作用机理的除草剂产生了抗药性。小麦田中抗性发生最严重的杂草为日本看麦娘，分别在 1990 年、2007 年、2010 年、2014 年发现其对绿麦隆、百草枯、精噁唑禾草灵、炔草酯、高效氟吡甲禾灵、唑啉草酯、甲基二磺隆、烟嘧磺隆、嘧啶肟草醚、啶磺草胺、磺酰磺隆等不同作用机理的除草剂产生了抗药性。

由于我国特殊的农业生产方式、较晚起步的杂草抗药性研究以及相对滞后的抗性数据更新等因素，我国杂草抗药性生物型可能不止所报道的 44 例 29 种杂草，并且某些抗性杂草的发生已经较为严重和普遍。王琼等测定了我国 8 个省份水稻田用药后残存的 52 个稗、35 个硬稃稗和 29 个无芒稗种群种子对五氟磺草胺的抗药性，结果发现 45 个稗草、31 个硬稃稗、27 个硬稃稗种群对五氟磺草胺产生了不同程度的抗药性，抗性指数最高达到 1 279.50；抗性稗属杂草还对双草醚、噁草酮、噁嗪草酮、噁唑酰草胺、氰氟草酯、丙草胺、精噁唑禾草灵、二氯喹啉酸等除草剂产生了抗药性。千金子是我国水稻田仅次于稗的一种恶性杂草。近年来，随着水稻轻简栽培技术的推广和气候环境的变化，千金子逐步在长江中下游地区扩散，已经影响长江中下游水稻的产量和质量。于佳星等研究了采自江苏、浙江、上海、湖北、安徽等不同地区的 38 个千金子种群对氰氟草酯的敏感性，发现有 3 个千金子种群对氰氟草酯产生了抗药性，其中采自浙江余杭的千金子种群对氰氟草酯的抗药性最高，GR_{50} 为 143.99 g a. i. /hm²，抗性指数达 76.19。2013 年，潘浪等检测了江苏及周边省市的菵草对精噁唑禾草灵的敏感性，结果发现所检测的 70 个菵草种群中有 27 个对精噁唑禾草灵等除草剂产生了抗药性，抗性水平最高的是采自江苏扬州的 JYJS 种群，整株生物测定其 GR_{50} 为 2 560 g a. i. /hm²，相对于敏感菵草种群，其抗性指数为 58.18。该结果表明，所研究地区小麦田菵草对精噁唑禾草灵的抗药性已经发生十分普遍，且抗药性发生越来越严重。

表 1-3 我国杂草抗药性情况

编号	拉丁文名	中文名	首次报道年份	除草剂	作物田
1	*Alopecurus japonicus*	日本看麦娘	1990	绿麦隆	谷物田、小麦田
2	*Amaranthus retroflexus*	反枝苋	1990	莠去津	农田
3	*Echinochloa crusgalli* var. *crusgalli*	稗	1993	丁草胺	水稻田
4	*Beckmannia syzigachne*	菵草	1993	绿麦隆	谷物田、小麦田
5	*Echinochloa crusgalli* var. *crusgalli*	稗	1993	禾草丹	水稻田

（续）

编号	拉丁文名	中文名	首次报道年份	除草剂	作物田
6	*Echinochloa crusgalli* var. *crusgalli*	稗	2000	二氯喹啉酸	水稻田
7	*Monochoria korsakowii*	雨久花	2003	苄嘧磺隆、吡嘧磺隆	水稻田
8	*Sagittaria montevidensis*	大慈姑	2003	苄嘧磺隆、吡嘧磺隆	水稻田
9	*Descurainia sophia*	播娘蒿	2005	苯磺隆	谷物田
10	*Conyza canadensis*	小蓬草	2006	草甘膦	果园
11	*Galium aparine*	猪殃殃	2007	苯磺隆	冬小麦田
12	*Alopecurus japonicus*	日本看麦娘	2007	炔草酯、精噁唑禾草灵、高效氟吡甲禾灵、唑啉草酯	油菜田、小麦田
13	*Capsella bursa-pastoris*	荠菜	2009	苯磺隆	冬小麦田
14	*Buglossoides arvensis* （＝*Lithospermum arvense*）	麦家公	2009	苯磺隆	冬小麦田
15	*Youngia japonica*	黄鹌菜	2009	百草枯	未明确
16	*Echinochloa crusgalli* var. *crusgalli*	稗	2010	精噁唑禾草灵	水稻田、大豆田
17	*Alopecurus aequalis*	看麦娘	2010	炔草酯、精噁唑禾草灵	小麦田
18	*Beckmannia syzigachne*	菵草	2010	精噁唑禾草灵	冬小麦田
19	*Myosoton aquaticum*	牛繁缕	2010	苯磺隆	冬小麦田
20	*Alopecurus japonicus*	日本看麦娘	2010	百草枯	未明确
21	*Monochoria vaginalis*	鸭舌草	2010	苄嘧磺隆	水稻田
22	*Digitaria sanguinalis*	马唐	2010	烟嘧磺隆	玉米田
23	*Stellaria media*	繁缕	2010	氯氟吡氧乙酸、2甲4氯	冬小麦田
24	*Eleusine indica*	牛筋草	2010	百草枯	未明确
25	*Eleusine indica*	牛筋草	2010	草甘膦	未明确
26	*Sclerochloa kengiana*	耿氏假硬草	2010	炔草酯、精噁唑禾草灵	
27	*Descurainia sophia*	播娘蒿	2011	2甲4氯	冬小麦田
28	*Descurainia sophia*	播娘蒿	2011	唑草酮	冬小麦田
29	*Echinochloa crusgalli* var. *crusgalli*	稗	2011	五氟磺草胺	水稻田
30	*Leptochloa chinensis*	千金子	2011	氰氟草酯	水稻田
31	*Digitaria sanguinalis*	马唐	2011	精喹禾灵	棉花田
32	*Acalypha australis*	铁苋菜	2011	氟磺胺草醚	大豆田
33	*Rorippa indica*	蔊菜	2011	苯磺隆	冬小麦田

（续）

编号	拉丁文名	中文名	首次报道年份	除草剂	作物田
34	*Mazus fauriei*	台湾通泉草	2011	百草枯	未明确
35	*Sclerochloa dura*	硬草	2011	百草枯	未明确
36	*Echinochloa crusgalli* var. *zelayensis*	西来稗	2013	二氯喹啉酸	水稻田
37	*Polypogon fugax*	棒头草	2014	炔草酯、精噁唑禾草灵、精吡氟禾草灵、精喹禾灵、烯草酮、烯禾啶、唑啉草酯	油菜田、小麦田
38	*Galium aparine*	猪殃殃	2014	氯氟吡氧乙酸	小麦田
39	*Vicia sativa*	救荒野豌豆	2014	苯磺隆	小麦田
40	*Alopecurus aequalis*	看麦娘	2014	精噁唑禾草灵、氟唑磺隆、甲基二磺隆、烟嘧磺隆、五氟磺草胺、唑啉草酯、精喹禾灵	小麦田
41	*Alopecurus japonicus*	日本看麦娘	2014	精噁唑禾草灵、甲基二磺隆、烟嘧磺隆、嘧啶肟草醚、啶磺草胺、磺酰磺隆	小麦田
42	*Sagittaria trifolia*	野慈姑	2014	苄嘧磺隆、双草醚、五氟磺草胺、嘧啶肟草醚	水稻田
43	*Amaranthus retroflexus*	反枝苋	2017	三氟羧草醚、乙羧氟草醚、氟磺胺草醚、乳氟禾草灵、咪唑乙烟酸	大豆田
44	*Lithospermum arvense*	田紫草	2019	双氟磺草胺、咪唑乙烟酸、嘧草硫醚、啶磺草胺、苯磺隆	小麦田

3. 乙酰辅酶 A 羧化酶（ACCase）抑制剂类除草剂抗药性情况 ACCase 抑制剂类除草剂是一类重要的除草剂，自 20 世纪 70 年代以来，已经得到了广泛应用。该类除草剂为茎叶处理剂，主要用于防除油菜田、大豆田、花生田、棉花田、小麦田和水稻田等多种作物田的禾本科杂草。ACCase 抑制剂类除草剂主要有 APPs 类、CHDs 类和 PPZs 类三类。

APPs 类除草剂最早由德国的 Hoechst 公司开发，随后该公司发现禾草灵对禾本科杂草有效，并于 1972 年申请了专利，1975 年将其商品化。随后多家农药公司开发出了一系列 APPs 类除草剂品种（表 1-4）。该类除草剂能够被植物叶片迅速吸收，在共质体中传导到根茎的分生组织，个别品种除了被叶片吸收外，还能够被根吸收，但总体在植物体内的传导能力有限。其中，精噁唑禾草灵是 APPs 类除草剂中用于防除小麦田禾本科杂草最为重要的药剂。

表 1－4　ACCase 抑制剂类除草剂

类别	药剂	应用作物田
芳氧基苯氧基丙酸酯类 APPs	精噁唑禾草灵 fenoxaprop-P-ethyl	小麦田、大豆田、油菜田、水稻田
	炔草酯 clodinafop-propargyl	小麦田、大麦田
	高效氟吡甲禾灵 haloxyfop-P-methyl	油菜田、大豆田、棉花田
	精喹禾灵 quizalofop-P-ethyl	大豆田、花生田、棉花田
	精吡氟禾草灵 fluazifop-P-butyl	大豆田、花生田、棉花田
	氰氟草酯 cyhalofop-butyl	水稻田
	噁唑酰草胺 metamifop	水稻田
环己烯酮类 CHDs	烯禾啶 sethoxydim	油菜田、大豆田、棉花田
	烯草酮 clethodim	大豆田、花生田、棉花田
	吡喃草酮 tepraloxydim	油菜田、大豆田、棉花田
	苯草酮 tralkoxydim	小麦田、大麦田
苯基吡唑啉类 PPZs	唑啉草酯 pinoxaden	小麦田、大麦田

20 世纪 70 年代，日本曹达株式会社开发出了烯禾啶，并于 1982 年将其商品化。烯禾啶的开发开创了 CHDs 类除草剂的新时代。常见的 CHDs 类除草剂见表 1－4。

PPZs 类除草剂是先正达公司开发的最新一类 ACCase 抑制剂类除草剂，目前只有唑啉草酯一种药剂，该药剂于 2006 年商品化，主要用于防除小麦田和大麦田禾本科杂草（图 1－10）。

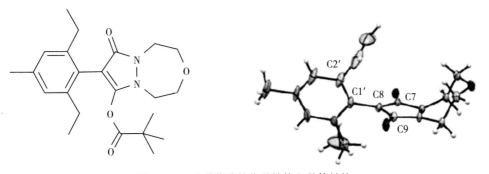

图 1－10　唑啉草酯的化学结构和晶体结构

自 20 世纪 70 年代以来，ACCase 抑制剂类除草剂在世界范围内被广泛用于防除禾本科杂草。ACCase 抑制剂类除草剂是一种作用位点单一的高效除草剂，随着长期单一使用该类药剂，杂草对其的抗药性开始凸显。从全球不同作用机理的除草剂抗性状况来看，ACCase 抑制剂的抗性严重程度仅次于乙酰乳酸合酶（ALS）抑制剂和三氮苯类抑制剂。1982 年，澳大利亚发现首例抗 ACCase 抑制剂类除草剂的瑞士黑麦草。截至 2019 年 10

月，全球已有 42 个国家共计 48 种杂草对此类除草剂产生了抗药性（表 1 - 5）。该类药剂使用不到 10 年，就发现有杂草对该类药剂产生了抗药性。在对 ACCase 抑制剂类除草剂产生抗性的杂草中，鼠尾看麦娘、瑞士黑麦草和野燕麦的抗性发生最为严重。我国最早报道抗 ACCase 抑制剂类除草剂的杂草是日本看麦娘，随后国内相继报道了稗、看麦娘（Alopecurus aequalis）、茵草、耿氏假硬草、千金子、马唐、棒头草和多花黑麦草对 AC-Case 抑制剂类除草剂产生了抗药性，但仅有日本看麦娘、茵草、耿氏假硬草、多花黑麦草对精噁唑禾草灵的抗药性和千金子对氰氟草酯的抗药性有比较系统研究。

表 1 - 5　ACCase 抑制剂类除草剂抗性发生情况

序号	杂草	发生抗性的年份和国家
1	看麦娘 *Alopecurus aequalis* Shortawn Foxtail	2010—中国 2014—中国＊Multiple—2 SOA's
2	日本看麦娘 *Alopecurus japonicus* Japanese Foxtail	2007—中国 2014—中国＊Multiple—2 SOA's
3	鼠尾看麦娘 *Alopecurus myosuroides* Blackgrass	1982—英国 1983—德国＊Multiple—2 SOA's 1993—法国 1996—比利时 1996—比利时＊Multiple—5 SOA's 1996—荷兰＊Multiple—2 SOA's 1999—荷兰＊Multiple—2 SOA's 2001—丹麦 2001—丹麦＊Multiple—3 SOA's 2001—土耳其 2003—法国＊Multiple—2 SOA's 2003—德国 2007—德国＊Multiple—4 SOA's 2008—土耳其＊Multiple—2 SOA's 2009—德国＊Multiple—2 SOA's 2009—意大利 2011—波兰 2011—瑞典 2011—瑞典＊Multiple—3 SOA's 2012—波兰＊Multiple—2 SOA's 2014—瑞典＊Multiple—2 SOA's 2015—西班牙＊Multiple—3 SOA's
4	风剪股颖 *Apera spica-venti* Silky Windgrass	2009—德国＊Multiple—3 SOA's 2010—波兰 2011—波兰＊Multiple—2 SOA's 2016—丹麦＊Multiple—2 SOA's

（续）

序号	杂草	发生抗性的年份和国家
5	野燕麦 *Avena fatua* Wild Oat	1985—澳大利亚（Western Australia） 1986—南非 * Multiple—2 SOA's 1988—澳大利亚（South Australia） 1990—加拿大（Manitoba） 1990—加拿大（Saskatchewan） 1990—美国（Oregon） 1991—澳大利亚（New South Wales） 1991—加拿大（Alberta） 1991—美国（Minnesota） 1991—美国（North Dakota） 1991—美国（Washington） 1992—美国（Idaho） 1994—加拿大（Manitoba）* Multiple—3 SOA's 1994—英国 * Multiple—3 SOA's 1996—比利时 1996—加拿大（Saskatchewan）* Multiple—3 SOA's 1996—法国 1997—加拿大（Manitoba）* Multiple—4 SOA's 1997—美国（Colorado） 1998—加拿大（Alberta）* Multiple—3 SOA's 1998—智利 1998—墨西哥 2002—美国（Montana） 2006—澳大利亚（New South Wales）* Multiple—3 SOA's 2007—伊朗 2009—德国 * Multiple—2 SOA's 2009—美国（South Dakota） 2010—阿根廷 2010—巴西 2011—波兰 2011—波兰 * Multiple—2 SOA's 2011—土耳其 2012—加拿大（Quebec） 2012—德国 2012—美国（South Dakota）* Multiple—2 SOA's 2014—新西兰 2015—加拿大（Manitoba）* Multiple—5 SOA's 2015—叙利亚

（续）

序号	杂草	发生抗性的年份和国家
6	不实野燕麦 *Avena sterilis* Sterile Oat	1989—澳大利亚（New South Wales） 1989—澳大利亚（South Australia） 1992—意大利 1993—英国＊Multiple—3 SOA's 1997—土耳其 2004—意大利＊Multiple—2 SOA's 2006—以色列 2008—伊朗 2008—土耳其＊Multiple—2 SOA's 2009—希腊 2010—塞浦路斯
7	长颖燕麦 *Avena sterilis* ssp. *ludoviciana* Sterile Oat	1996—法国 2006—澳大利亚（Queensland） 2006—伊朗 2010—伊朗＊Multiple—2 SOA's
8	菵草 *Beckmannia syzigachne* American Slough-grass	2010—中国
9	二穗短柄草 *Brachypodium distachyon* Annual False-brome	2014—以色列
10	双雄雀麦 *Bromus diandrus* Ripgut Brome	1999—澳大利亚（Victoria）
11	硬雀麦 *Bromus diandrus* ssp. *rigidus*（＝*B. rigidus*）Rigid Brome	2005—澳大利亚（Western Australia） 2007—澳大利亚（South Australia）
12	贫育雀麦 *Bromus sterilis* Poverty Brome	2012—德国
13	旱雀麦 *Bromus tectorum* Downy Brome (Cheatgrass)	2005—美国（Oregon）
14	洋狗尾草 *Cynosurus echinatus* Hedgehog Dogtailgrass	1999—智利 2004—智利＊Multiple—2 SOA's
15	升马唐 *Digitaria ciliaris* Southern Crabgrass	2002—巴西
16	*Digitaria insularis* Sourgrass	2016—巴西
17	止血马唐 *Digitaria ischaemum* Smooth Crabgrass	1996—美国（New Jersey）

（续）

序号	杂草	发生抗性的年份和国家
18	马唐 *Digitaria sanguinalis* Large Crabgrass	1992—美国（Wisconsin） 1993—澳大利亚（South Australia）＊Multiple—2 SOA's 2005—法国 2006—意大利 2008—美国（Georgia） 2011—加拿大（Ontario） 2011—中国
19	光头稗 *Echinochloa colona* Junglerice	1994—哥斯达黎加 1998—哥斯达黎加＊Multiple—3 SOA's 2000—尼加拉瓜 2006—玻利维亚 2008—委内瑞拉＊Multiple—2 SOA's 2010—委内瑞拉＊Multiple—3 SOA's 2013—哥斯达黎加＊Multiple—2 SOA's 2016—哥伦比亚＊Multiple—3 SOA's
20	稗 *Echinochloa crusgalli* var. *crusgalli* Barnyardgrass	2000—美国（California）＊Multiple—2 SOA's 2001—泰国 2008—韩国＊Multiple—2 SOA's 2009—埃及 2009—意大利＊Multiple—2 SOA's 2009—土耳其＊Multiple—2 SOA's 2010—中国 2010—日本 2011—意大利 2011—美国（Mississippi）＊Multiple—4 SOA's 2015—巴西＊Multiple—3 SOA's
21	台湾野稗 *Echinochloa crusgalli* var. *formosensis* Taiwan Barnyardgrass	2009—日本 2010—日本＊Multiple—2 SOA's
22	水田稗 Echinochloa oryzoides Early Watergrass	2009—土耳其＊Multiple—2 SOA's
23	水稗 *Echinochloa phyllopogon*（＝*E. oryzicola*） Late Watergrass	1998—美国（California） 2000—美国（California）＊Multiple—2 SOA's 2006—韩国＊Multiple—2 SOA's
24	*Ehrharta longiflora* Longflowered Veldtgrass	2014—澳大利亚（Western Australia）
25	牛筋草 *Eleusine indica* Goosegrass	1990—马来西亚 1997—马来西亚＊Multiple—2 SOA's 2003—巴西 2005—玻利维亚 2009—马来西亚＊Multiple—4 SOA's 2017—巴西＊Multiple—2 SOA's

（续）

序号	杂草	发生抗性的年份和国家
26	*Eriochloa punctata* Pasto Amargo	1997—玻利维亚
27	光滑大麦 *Hordeum murinum* ssp. *glaucum* Smooth Barley	2000—澳大利亚（South Australia）
28	野大麦 *Hordeum murinum* ssp. *leporinum* Hare Barley	1996—澳大利亚（South Australia） 2001—澳大利亚（New South Wales）
29	田间鸭嘴草 *Ischaemum rugosum* Saramollagrass	2000—哥伦比亚 2004—委内瑞拉 * Multiple—3 SOA's
30	千金子 *Leptochloa chinensis* Chinese Sprangletop	2002—泰国 2011—中国 2012—韩国
31	类黍千金子 *Leptochloa panicoides* Amazon Sprangletop	2009—美国（Louisiana）
32	黑麦草 *Lolium perenne* Perennial Ryegrass	2001—智利 2008—德国 * Multiple—2 SOA's 2016—丹麦 * Multiple—2 SOA's
33	多花黑麦草 *Lolium perenne* ssp. *multiflorum* Italian Ryegrass	1987—美国（Oregon） 1990—英国 1990—美国（North Carolina） 1990—美国（South Carolina） 1991—美国（Idaho） 1993—法国 1993—美国（Virginia） 1995—意大利 1995—美国（Arkansas） * Multiple—2 SOA's 1995—美国（Georgia） 1998—智利 1998—美国（Maryland） 2002—意大利 * Multiple—2 SOA's 2003—法国 * Multiple—2 SOA's 2004—美国（Kentucky） 2005—智利 * Multiple—2 SOA's 2005—美国（Arkansas） 2005—美国（Idaho） * Multiple—3 SOA's 2006—智利 * Multiple—2 SOA's 2006—美国（Tennessee） 2007—智利 * Multiple—3 SOA's 2007—美国（North Carolina） * Multiple—2 SOA's 2008—意大利 * Multiple—2 SOA's

（续）

序号	杂草	发生抗性的年份和国家
33	多花黑麦草 *Lolium perenne* ssp. *multiflorum* Italian Ryegrass	2009—阿根廷 2009—美国（Georgia）＊Multiple—2 SOA's 2010—巴西 ＊Multiple—2 SOA's 2010—丹麦 ＊Multiple—2 SOA's 2010—美国（South Carolina）＊Multiple—2 SOA's 2013—美国（Missouri）＊Multiple—2 SOA's 2015—美国（California）＊Multiple—3 SOA's 2016—巴西 ＊Multiple—2 SOA's 2016—美国（California）＊Multiple—4 SOA's 2017—美国（Oklahoma）
34	欧黑麦草 *Lolium persicum* Persian Darnel	1993—美国（Montana） 2004—加拿大（Saskatchewan） 2009—加拿大（Alberta）
35	瑞士黑麦草 *Lolium rigidum* Rigid Ryegrass	1982—澳大利亚（South Australia）＊Multiple—7 SOA's 1982—澳大利亚（Western Australia）＊Multiple—3 SOA's 1984—澳大利亚（Victoria）＊Multiple—3 SOA's 1985—澳大利亚（New South Wales）＊Multiple—3 SOA's 1992—沙特阿拉伯 1992—西班牙 ＊Multiple—2 SOA's 1992—西班牙 1993—法国 1993—南非 ＊Multiple—2 SOA's 1996—突尼斯 1997—智利 1997—希腊 1998—以色列 1999—澳大利亚（Victoria）＊Multiple—4 SOA's 2003—智利 ＊Multiple—2 SOA's 2003—南非 ＊Multiple—3 SOA's 2007—伊朗 2007—以色列 ＊Multiple—3 SOA's 2010—澳大利亚（South Australia）＊Multiple—2 SOA's 2010—澳大利亚（South Australia）＊Multiple—5 SOA's 2013—以色列 ＊Multiple—2 SOA's
36	*Phalaris brachystachys* Shortspike Canarygrass	2001—意大利 2008—土耳其 ＊Multiple—2 SOA's 2014—伊朗 2015—叙利亚

（续）

序号	杂草	发生抗性的年份和国家
37	小花藨草 *Phalaris minor*	1993—以色列 1994—印度 1996—墨西哥 1999—南非 * Multiple—2 SOA's 2001—美国（California） 2004—伊朗 2006—印度 * Multiple—3 SOA's 2012—澳大利亚（Victoria） 2015—巴基斯坦
38	奇异藨草 *Phalaris paradoxa* Hood Canarygrass	1996—墨西哥 1997—澳大利亚（New South Wales） 1998—意大利 2004—以色列 2007—伊朗 2012—澳大利亚（New South Wales） * Multiple—2 SOA's 2015—叙利亚
39	棒头草 *Polypogon fugax*	2014—中国
40	筒轴茅 *Rottboellia cochinchinensis*（＝*R. exaltata*） Itchgrass	1997—美国（Louisiana）
41	耿氏假硬草 *Sclerochloa kengiana* Keng Stiffgrass	2010—中国
42	大狗尾 *Setaria faberi* Giant Foxtail	1991—美国（Wisconsin） 1994—美国（Iowa） 1998—美国（Illinois）
43	狗尾草 *Setaria viridis* Green Foxtail	1991—加拿大（Manitoba） 1992—加拿大（Manitoba） * Multiple—2 SOA's 1996—加拿大（Alberta） 1996—加拿大（Saskatchewan） 1996—加拿大（Saskatchewan） * Multiple—2 SOA's 2005—美国（Montana）
44	大绿狗尾 *Setaria viridis* var. *major*（＝var. *robusta-alba*， var. *robusta purpurea*）Giant Green Foxtail	1999—美国（Minnesota） 1999—美国（Minnesota）
45	*Snowdenia polystachya* Ethiopian grass	1998—埃塞俄比亚
46	苏丹草 *Sorghum bicolor* ssp. *drummondii*（＝*Sorghum sudanese*）Sudangrass	1999—玻利维亚

（续）

序号	杂草	发生抗性的年份和国家
47	石茅 *Sorghum halepense* Johnsongrass	1991—美国（Kentucky） 1991—美国（Mississippi） 1995—美国（Tennessee） 1995—美国（Virginia） 1997—美国（Louisiana） 2005—希腊 2005—意大利 2006—以色列 2015—阿根廷 2015—阿根廷 * Multiple—2 SOA's 2017—塞尔维亚
48	*Urochloa plantaginea*（＝*Brachiaria plantaginea*）Alexandergrass	1997—巴西

注：* Multiple 指多抗性；SOA 指 sit of action，指作用靶标。

据 http：//www. weedscience. org 记录，第一例精噁唑禾草灵抗药性发生在英国。Stephen Moss 报道采自英国的鼠尾看麦娘对精噁唑禾草灵及其他几种 ACCase 抑制剂类除草剂产生了抗药性。截至 2019 年 10 月，已经有美国、加拿大、中国等 34 个国家的120 种杂草生物型对精噁唑禾草灵产生了抗药性（表 1-6）。

表 1-6 全球抗精噁唑禾草灵杂草一览表

序号	年份	杂草	国家	作用位点	除草剂
1	1982	鼠尾看麦娘 *Alopecurus myosuroides*	英国	ACCase inhibitors（A/1）	烯草酮 clethodim，炔草酯 clodinafop-propargyl，噻草酮 cycloxydim，禾草灵 diclofop-methyl，精噁唑禾草灵 精噁唑禾草灵 fenoxaprop-P-ethyl，精吡氟禾草灵 fluazifop-P-butyl，唑啉草酯 pinoxaden，精喹禾灵 quizalofop-P-ethyl，烯禾啶 sethoxydim
2	1983	鼠尾看麦娘 *Alopecurus myosuroides*	德国	ACCase inhibitors（A/1），PSII inhibitor（Ureas and amides）（C2/7）	绿麦隆 chlorotoluron，精噁唑禾草灵 fenoxaprop-P-ethyl，异丙隆 isoproturon

（续）

序号	年份	杂草	国家	作用位点	除草剂
3	1986	野燕麦 *Avena fatua*	南非	ACCase inhibitors（A/1），ALS inhibitors（B/2）	炔草酯 clodinafop-propargyl，禾草灵 diclofop-methyl，精噁唑禾草灵 fenoxaprop-P-ethyl，精吡氟禾草灵 fluazifop-P-butyl，甲氧咪草烟 imazamox，甲基碘磺隆钠盐 iodosulfuron-methyl-sodium，烯禾啶 sethoxydim，磺酰磺隆 sulfosulfuron，苯草酮 tralkoxydim
4	1990	野燕麦 *Avena fatua*	加拿大（Manitoba）	ACCase inhibitors（A/1）	烯草酮 clethodim，炔草酯 clodinafop-propargyl，禾草灵 diclofop-methyl，精噁唑禾草灵 fenoxaprop-P-ethyl，烯禾啶 sethoxydim，苯草酮 tralkoxydim
5	1990	野燕麦 *Avena fatua*	美国（Oregon）	ACCase inhibitors（A/1）	禾草灵 diclofop-methyl，精噁唑禾草灵 fenoxaprop-P-ethyl
6	1990	野燕麦 *Avena fatua*	加拿大（Saskatchewan）	ACCase inhibitors（A/1）	精噁唑禾草灵 fenoxaprop-P-ethyl，烯禾啶 sethoxydim
7	1991	狗尾草 *Setaria viridis*	加拿大（Manitoba）	ACCase inhibitors（A/1）	禾草灵 diclofop-methyl，精噁唑禾草灵 fenoxaprop-P-ethyl，烯禾啶 sethoxydim，苯草酮 tralkoxydim
8	1991	野燕麦 *Avena fatua*	加拿大（Alberta）	ACCase inhibitors（A/1）	禾草灵 diclofop-methyl，精噁唑禾草灵 fenoxaprop-P-ethyl，精喹禾灵 quizalofop-P-ethyl，苯草酮 tralkoxydim
9	1991	石茅 *Sorghum halepense*	美国（Mississippi）	ACCase inhibitors（A/1）	精噁唑禾草灵 fenoxaprop-P-ethyl，精吡氟禾草灵 fluazifop-P-butyl，精喹禾灵 quizalofop-P-ethyl
10	1991	野燕麦 *Avena fatua*	美国（North Dakota）	ACCase inhibitors（A/1）	禾草灵 diclofop-methyl，精噁唑禾草灵 fenoxaprop-P-ethyl
11	1991	野燕麦 *Avena fatua*	美国（Washington）	ACCase inhibitors（A/1）	禾草灵 diclofop-methyl，精噁唑禾草灵 fenoxaprop-P-ethyl，唑啉草酯 pinoxaden，精喹禾灵 quizalofop-P-ethyl，烯禾啶 sethoxydim

（续）

序号	年份	杂草	国家	作用位点	除草剂
12	1991	野燕麦 Avena fatua	Australia (New South Wales)	ACCase inhibitors（A/1）	烯草酮 clethodim，炔草酯 clodinafop-propargyl，禾草灵 diclofop-methyl，精噁唑禾草灵 fenoxaprop-P-ethyl
13	1992	野燕麦 Avena fatua	美国（Idaho）	ACCase inhibitors（A/1）	炔草酯 clodinafop-propargyl，禾草灵 diclofop-methyl，精噁唑禾草灵 fenoxaprop-P-ethyl
14	1992	狗尾草 Setaria viridis	加拿大（Manitoba）	ACCase inhibitors（A/1），Microtubule inhibitors（K1/3）	禾草灵 diclofop-methyl，丁氟消草 ethalfluralin，精噁唑禾草灵 fenoxaprop-P-ethyl，烯禾啶 sethoxydim，苯草酮 tralkoxydim，氟乐灵 trifluralin
15	1993	小花鹃草 Phalaris minor	以色列	ACCase inhibitors（A/1）	精噁唑禾草灵 fenoxaprop-P-ethyl
16	1993	鼠尾看麦娘 Alopecurus myosuroides	法国	ACCase inhibitors（A/1）	炔草酯 clodinafop-propargyl，噻草酮 cycloxydim，禾草灵 diclofop-methyl，精噁唑禾草灵 fenoxaprop-P-ethyl，高效氟吡甲禾灵 haloxyfop-P-methyl，烯禾啶 sethoxydim
17	1993	不实野燕麦 Avena sterilis	英国	ACCase inhibitors（A/1），ALS inhibitors（B/2），Antimicrotubule mitotic disrupter（Z/25）	精噁唑禾草灵 fenoxaprop-P-ethyl，麦草氟甲酯 flamprop-methyl，精吡氟禾草灵 fluazifop-P-butyl，咪草酸 imazamethabenz-methyl，甲基碘磺隆钠盐 iodosulfuron-methyl-sodium，甲基二磺隆 mesosulfuron-methyl，苯草酮 tralkoxydim
18	1994	野燕麦 Avena fatua	英国	ACCase inhibitors（A/1），ALS inhibitors（B/2），Antimicrotubule mitotic disrupter（Z/25）	精噁唑禾草灵 fenoxaprop-P-ethyl，flamprop-M-isopropyl，精吡氟禾草灵 fluazifop-P-butyl，咪草酸 imazamethabenz-methyl，甲基二磺隆 mesosulfuron-methyl，唑啉草酯 pinoxaden，啶磺草胺 pyroxsulam，苯草酮 tralkoxydim

（续）

序号	年份	杂草	国家	作用位点	除草剂
19	1994	野燕麦 *Avena fatua*	加拿大 (Manitoba)	ACCase inhibitors（A/1），ALS inhibitors（B/2），Antimicrotubule mitotic disrupter（Z/25）	精噁唑禾草灵 fenoxaprop-P-ethyl，麦草氟甲酯 flamprop-methyl，咪草酸 imaza-methabenz-methyl，玉嘧磺隆 rimsulfuron
20	1994	光头稗 *Echinochloa colona*	哥斯达黎加	ACCase inhibitors（A/1）	精噁唑禾草灵 fenoxaprop-P-ethyl
21	1994	大狗尾 *Setaria faberii*	美国 (Iowa)	ACCase inhibitors（A/1）	烯草酮 clethodim，精噁唑禾草灵 fenoxaprop-P-ethyl，精吡氟禾草灵 fluazifop-P-butyl，精喹禾灵 quizalofop-P-ethyl，烯禾啶 sethoxydim
22	1995	多花黑麦草 *Lolium perenne* ssp. *multiflorum*	美国 (Arkansas)	ACCase inhibitors（A/1），ALS inhibitors（B/2）	氯磺隆 chlorsulfuron，禾草灵 diclofop-methyl，精噁唑禾草灵 fenoxaprop-P-ethyl
23	1996	小花鹳草 *Phalaris minor*	墨西哥	ACCase inhibitors（A/1）	炔草酯 clodinafop-propargyl，精噁唑禾草灵 fenoxaprop-P-ethyl，精吡氟禾草灵 fluazifop-P-butyl，唑啉草酯 pinoxaden，烯禾啶 sethoxydim，苯草酮 tralkoxydim
24	1996	鼠尾看麦娘 *Alopecurus myosuroides*	比利时	ACCase inhibitors（A/1）	炔草酯 clodinafop-propargyl，精噁唑禾草灵 fenoxaprop-P-ethyl
25	1996	不实野燕麦 *Avena sterilis* ssp. *ludoviciana*	法国	ACCase inhibitors（A/1）	精噁唑禾草灵 fenoxaprop-P-ethyl
26	1996	野燕麦 *Avena fatua*	法国	ACCase inhibitors（A/1）	精噁唑禾草灵 fenoxaprop-P-ethyl
27	1996	止血马唐 *Digitaria ischaemum*	美国 (New Jersey)	ACCase inhibitors（A/1）	精噁唑禾草灵 fenoxaprop-P-ethyl
28	1996	野燕麦 *Avena fatua*	比利时	ACCase inhibitors（A/1）	炔草酯 clodinafop-propargyl，精噁唑禾草灵 fenoxaprop-P-ethyl
29	1996	狗尾草 *Setaria viridis*	加拿大 (Saskatchewan)	ACCase inhibitors（A/1）	精噁唑禾草灵 fenoxaprop-P-ethyl，烯禾啶 sethoxydim

·（续）

序号	年份	杂草	国家	作用位点	除草剂
30	1996	狗尾草 *Setaria viridis*	加拿大（Alberta）	ACCase inhibitors（A/1）	禾草灵 diclofop-methyl，精噁唑禾草灵 fenoxaprop-P-ethyl，烯禾啶 sethoxydim
31	1996	鼠尾看麦娘 *Alopecurus myosuroides*	比利时	ACCase inhibitors（A/1），ALS inhibitors（B/2），Microtubule inhibitors（K1/3），Photosystem II inhibitors（C1/5），PSII inhibitor（Ureas and amides）(C2/7)	莠去津 atrazine，绿麦隆 chlorotoluron，炔草酯 clodinafop-propargyl，精噁唑禾草灵 fenoxaprop-P-ethyl，氟啶嘧磺隆 flupyrsulfuron-methyl-sodium，二甲戊灵 pendimethalin，噁草酸 propaquizafop
32	1996	鼠尾看麦娘 *Alopecurus myosuroides*	荷兰	ACCase inhibitors（A/1），PSII inhibitor（Ureas and amides）(C2/7)	绿麦隆 chlorotoluron，炔草酯 clodinafop-propargyl，精噁唑禾草灵 fenoxaprop-P-ethyl，异丙隆 isoproturon
33	1996	奇异䅟草 *Phalaris paradoxa*	墨西哥	ACCase inhibitors（A/1）	炔草酯 clodinafop-propargyl，精噁唑禾草灵 fenoxaprop-P-ethyl，唑啉草酯 pinoxaden，苯草酮 tralkoxydim
34	1996	狗尾草 *Setaria viridis*	加拿大（Saskatchewan）	ACCase inhibitors（A/1），Microtubule inhibitors（K1/3）	精噁唑禾草灵 fenoxaprop-P-ethyl，氟乐灵 trifluralin
35	1996	野燕麦 *Avena fatua*	加拿大（Saskatchewan）	ACCase inhibitors（A/1），ALS inhibitors（B/2），Lipid Inhibitors（N/8）	精噁唑禾草灵 fenoxaprop-P-ethyl，咪草酸 imazamethabenz-methyl，燕麦畏 triallate
36	1997	野燕麦 *Avena fatua*	加拿大（Manitoba）	ACCase inhibitors（A/1），ALS inhibitors（B/2），Antimicrotubule mitotic disrupter（Z/25），Lipid Inhibitors（N/8）	精噁唑禾草灵 fenoxaprop-P-ethyl，麦草氟甲酯 flamprop-methyl，咪草酸 imazamethabenz-methyl，燕麦畏 triallate
37	1997	*Urochloa plantaginea*（= *Brachiaria plantaginea*）	巴西	ACCase inhibitors（A/1）	丁苯草酮 butroxydim，禾草灵 diclofop-methyl，精噁唑禾草灵 fenoxaprop-P-ethyl，精吡氟禾草灵 fluazifop-P-butyl，高效氟吡甲禾灵 haloxyfop-P-methyl，噁草酸 propaquizafop，精喹禾灵 quizalofop-P-ethyl，烯禾啶 sethoxydim

（续）

序号	年份	杂草	国家	作用位点	除草剂
38	1997	奇异藨草 *Phalaris paradoxa*	澳大利亚 (New South Wales)	ACCase inhibitors (A/1)	精噁唑禾草灵 fenoxaprop-P-ethyl，烯禾啶 sethoxydim
39	1997	不实野燕麦 *Avena sterilis*	土耳其	ACCase inhibitors (A/1)	炔草酯 clodinafop-propargyl，禾草灵 diclofop-methyl，精噁唑禾草灵 fenoxaprop-P-ethyl，苯草酮 tralkoxydim
40	1998	水稗 *Echinochloa phyllopogon* (= *E. oryzicola*)	美国 (California)	ACCase inhibitors (A/1)	精噁唑禾草灵 fenoxaprop-P-ethyl
41	1998	野燕麦 *Avena fatua*	加拿大 (Alberta)	ACCase inhibitors (A/1)，ALS inhibitors (B/2)，Lipid Inhibitors (N/8)	精噁唑禾草灵 fenoxaprop-P-ethyl，咪草酸 imazamethabenz-methyl，燕麦畏 triallate
42	1998	*Snowdenia polystachya*	埃塞俄比亚	ACCase inhibitors (A/1)	精噁唑禾草灵 fenoxaprop-P-ethyl
43	1998	光头稗 *Echinochloa colona*	哥斯达黎加	ACCase inhibitors (A/1)，ALS inhibitors (B/2)，PSII inhibitor (Ureas and amides) (C2/7)	四唑嘧磺隆 azimsulfuron，精噁唑禾草灵 fenoxaprop-P-ethyl，敌稗 propanil
44	1998	野燕麦 *Avena fatua*	墨西哥	ACCase inhibitors (A/1)	炔草酯 clodinafop-propargyl，噻草酮 cycloxydim，禾草灵 diclofop-methyl，精噁唑禾草灵 fenoxaprop-P-ethyl，精吡氟禾草灵 fluazifop-P-butyl，烯禾啶 sethoxydim，苯草酮 tralkoxydim
45	1999	鼠尾看麦娘 *Alopecurus myosuroides*	荷兰	ACCase inhibitors (A/1)，ALS inhibitors (B/2)	炔草酯 clodinafop-propargyl，噻草酮 cycloxydim，精噁唑禾草灵 fenoxaprop-P-ethyl，五氟磺草胺 penoxsulam
46	1999	*Sorghum bicolor* ssp. *drummondii* (= *Sorghum sudanese*)	玻利维亚	ACCase inhibitors (A/1)	精噁唑禾草灵 fenoxaprop-P-ethyl，精吡氟禾草灵 fluazifop-P-butyl，高效氟吡甲禾灵 haloxyfop-P-methyl，喹禾糠酯 quizalofop-P-tefuryl

（续）

序号	年份	杂草	国家	作用位点	除草剂
47	1999	巨大狗尾草 *Setaria viridis* var. *major*（＝var. *robusta-alba*, var. *robusta purpurea*）	美国（Minnesota）	ACCase inhibitors（A/1）	精噁唑禾草灵 fenoxaprop-P-ethyl，精吡氟禾草灵 fluazifop-P-butyl
48	1999	巨大狗尾草 *Setaria viridis* var. *major*（＝var. *robusta-alba*, var. *robusta purpurea*）	美国（Minnesota）	ACCase inhibitors（A/1）	精噁唑禾草灵 fenoxaprop-P-ethyl，精吡氟禾草灵 fluazifop-P-butyl，烯禾啶 sethoxydim
49	1999	小花藤草 *Phalaris minor*	南非	ACCase inhibitors（A/1），ALS inhibitors（B/2）	炔草酯 clodinafop-propargyl，禾草灵 diclofop-methyl，精噁唑禾草灵 fenoxaprop-P-ethyl，高效氟吡甲禾灵 haloxyfop-P-methyl，甲基碘磺隆钠盐 iodosulfuron-methyl-sodium，甲基二磺隆 mesosulfuron-methyl，噁草酸 propaquizafop，喹禾糠酯 quizalofop-P-tefuryl，磺酰磺隆 sulfosulfuron
50	2000	稗 *Echinochloa crusgalli* var. *crusgalli*	美国（California）	ACCase inhibitors（A/1），Lipid Inhibitors（N/8）	氰氟草酯 cyhalofop-butyl，精噁唑禾草灵 fenoxaprop-P-ethyl，禾草敌 molinate，杀草丹 thiobencarb
51	2000	水稗 *Echinochloa phyllopogon*（＝*E. oryzicola*）	美国（California）	ACCase inhibitors（A/1），Lipid Inhibitors（N/8）	氰氟草酯 cyhalofop-butyl，精噁唑禾草灵 fenoxaprop-P-ethyl，禾草敌 molinate，杀草丹 thiobencarb
52	2000	田间鸭嘴草 *Ischaemum rugosum*	哥伦比亚	ACCase inhibitors（A/1）	精噁唑禾草灵 fenoxaprop-P ethyl
53	2000	光头稗 *Echinochloa colona*	尼加拉瓜 Nicaragua	ACCase inhibitors（A/1）	精噁唑禾草灵 fenoxaprop-P-ethyl
54	2001	鼠尾看麦娘 *Alopecurus myosuroides*	丹麦	ACCase inhibitors（A/1），ALS inhibitors（B/2），Microtubule inhibitors（K1/3）	炔草酯 clodinafop-propargyl，噻草酮 cycloxydim，精噁唑禾草灵 fenoxaprop-P-ethyl，florasulam，氟啶嘧磺隆 flupyrsulfuron-methyl-sodium，甲基碘磺隆钠盐 iodosulfuron-methyl-sodium，甲基二磺隆 mesosulfuron-methyl，二甲戊灵 pendimethalin，啶磺草胺 pyroxsulam

（续）

序号	年份	杂草	国家	作用位点	除草剂
55	2001	稗 Echinochloa crus-galli var. crusgalli	泰国	ACCase inhibitors（A/1）	氰氟草酯 cyhalofop-butyl，精噁唑禾草灵 fenoxaprop-P-ethyl，喹禾糠酯 quizalofop-P-tefuryl
56	2001	小花蔺草 Phalaris minor	美国（California）	ACCase inhibitors（A/1）	烯草酮 clethodim，精噁唑禾草灵 fenoxaprop-P-ethyl，精吡氟禾草灵 fluazifop-P-butyl，烯禾啶 sethoxydim
57	2001	鼠尾看麦娘 Alopecurus myosuroides	丹麦	ACCase inhibitors（A/1）	精噁唑禾草灵 fenoxaprop-P-ethyl
58	2002	千金子 Leptochloa chinensis	泰国	ACCase inhibitors（A/1）	精噁唑禾草灵 fenoxaprop-P-ethyl，环苯草酮 profoxydim，精喹禾灵 quizalofop-P-ethyl
59	2002	升马唐 Digitaria ciliaris	巴西	ACCase inhibitors（A/1）	氰氟草酯 cyhalofop-butyl，精噁唑禾草灵 fenoxaprop-P-ethyl，精吡氟禾草灵 fluazifop-P-butyl，高效氟吡甲禾灵 haloxyfop-P-methyl，噁草酸 propaquizafop，烯禾啶 sethoxydim
60	2002	野燕麦 Avena fatua	美国（Montana）	ACCase inhibitors（A/1）	炔草酯 clodinafop-propargyl，禾草灵 diclofop-methyl，精噁唑禾草灵 fenoxaprop-P-ethyl，苯草酮 tralkoxydim
61	2003	鼠尾看麦娘 Alopecurus myosuroides	德国	ACCase inhibitors（A/1）	烯草酮 clethodim，噻草酮 cycloxydim，精噁唑禾草灵 fenoxaprop-P-ethyl，精吡氟禾草灵 fluazifop-P-butyl
62	2003	牛筋草 Eleusine indica	巴西	ACCase inhibitors（A/1）	氰氟草酯 cyhalofop-butyl，精噁唑禾草灵 fenoxaprop-P-ethyl，烯禾啶 sethoxydim
63	2003	鼠尾看麦娘 Alopecurus myosuroides	法国	ACCase inhibitors（A/1），ALS inhibitors（B/2）	炔草酯 clodinafop-propargyl，禾草灵 diclofop-methyl，精噁唑禾草灵 fenoxaprop-P-ethyl，甲基碘磺隆钠盐 iodosulfuron-methyl-sodium，甲基二磺隆 mesosulfuron-methyl，烯禾啶 sethoxydim

（续）

序号	年份	杂草	国家	作用位点	除草剂
64	2004	奇异䅟草 *Phalaris paradoxa*	以色列	ACCase inhibitors（A/1）	烯草酮 clethodim，炔草酯 clodinafop-propargyl，噻草酮 cycloxydim，禾草灵 diclofop-methyl，精噁唑禾草灵 fenoxaprop-P-ethyl，精吡氟禾草灵 fluazifop-P-butyl，高效氟吡甲禾灵 haloxyfop-P-methyl，苯草酮 tralkoxydim
65	2004	田间鸭嘴草 *Ischaemum rugosum*	委内瑞拉	ACCase inhibitors（A/1），ALS inhibitors（B/2），PSII inhibitor（Ureas and amides）（C2/7）	双草醚 bispyribac-sodium，精噁唑禾草灵 fenoxaprop-P-ethyl，灭草烟 imazapyr，咪唑乙烟酸 imazethapyr，环苯草酮 profoxydim，敌稗 propanil，嘧啶肟草醚 pyribenzoxim
66	2004	小花䅟草 *Phalaris minor*	伊朗	ACCase inhibitors（A/1）	炔草酯 clodinafop-propargyl，禾草灵 diclofop-methyl，精噁唑禾草灵 fenoxaprop-P-ethyl，唑啉草酯 pinoxaden，苯草酮 tralkoxydim
67	2005	狗尾草 *Setaria viridis*	美国（Montana）	ACCase inhibitors（A/1）	禾草灵 diclofop-methyl，精噁唑禾草灵 fenoxaprop-P-ethyl，精吡氟禾草灵 fluazifop-P-butyl，唑啉草酯 pinoxaden，烯禾啶 sethoxydim
68	2006	小花䅟草 *Phalaris minor*	印度	ACCase inhibitors（A/1），ALS inhibitors（B/2），PSII inhibitor（Ureas and amides）（C2/7）	炔草酯 clodinafop-propargyl，精噁唑禾草灵 fenoxaprop-P-ethyl，异丙隆 isoproturon，甲基二磺隆 mesosulfuron-methyl，唑啉草酯 pinoxaden，啶磺草胺 pyroxsulam，磺酰磺隆 sulfosulfuron
69	2006	不实野燕麦 *Avena sterilis* ssp. *ludoviciana*	伊朗	ACCase inhibitors（A/1）	炔草酯 clodinafop-propargyl，禾草灵 diclofop-methyl，精噁唑禾草灵 fenoxaprop-P-ethyl，高效氟吡甲禾灵 haloxyfop-P-methyl，唑啉草酯 pinoxaden，烯禾啶 sethoxydim，苯草酮 tralkoxydim

（续）

序号	年份	杂草	国家	作用位点	除草剂
70	2006	光头稗 *Echinochloa colona*	玻利维亚	ACCase inhibitors（A/1）	氰氟草酯 cyhalofop-butyl，精噁唑禾草灵 fenoxaprop-P-ethyl，精吡氟禾草灵 fluazifop-P-butyl，高效氟吡甲禾灵 haloxyfop-P-methyl
71	2006	水稗 *Echinochloa phyllopogon*（＝*E. oryzicola*）	韩国	ACCase inhibitors（A/1），ALS inhibitors（B/2）	四唑嘧磺隆 azimsulfuron，苄嘧磺隆 bensulfuron-methyl，双草醚 bispyribac-sodium，氰氟草酯 cyhalofop-butyl，精噁唑禾草灵 fenoxaprop-P-ethyl，氯吡嘧磺隆 halosulfuron-methyl，唑吡嘧磺隆 imazosulfuron，噁唑酰草胺 metamifop，吡嘧磺隆 pyrazosulfuron-ethyl，嘧啶肟草醚 pyribenzoxim，嘧草醚 pyriminobac-methyl
72	2006	不实野燕麦 *Avena sterilis*	以色列	ACCase inhibitors（A/1）	炔草酯 clodinafop-propargyl，噻草酮 cycloxydim，精噁唑禾草灵 fenoxaprop-P-ethyl
73	2007	日本看麦娘 *Alopecurus japonicus*	中国	ACCase inhibitors（A/1）	炔草酯 clodinafop-propargyl，精噁唑禾草灵 fenoxaprop-P-ethyl，高效氟吡甲禾灵 haloxyfop-P-methyl，唑啉草酯 pinoxaden
74	2007	鼠尾看麦娘 *Alopecurus myosuroides*	德国	ACCase inhibitors（A/1），ALS inhibitors（B/2），Long chain fatty acid inhibitors（K3/15），PSII inhibitor（Ureas and amides）(C2/7)	绿麦隆 chlorotoluron，精噁唑禾草灵 fenoxaprop-P-ethyl，氟噻草胺 flufenacet，异丙隆 isoproturon，甲基二磺隆 mesosulfuron-methyl，唑啉草酯 pinoxaden
75	2008	稗 *Echinochloa crusgalli* var. *crusgalli*	韩国	ACCase inhibitors（A/1），ALS inhibitors（B/2）	四唑嘧磺隆 azimsulfuron，苄嘧磺隆 bensulfuron-methyl，双草醚 bispyribac-sodium，氰氟草酯 cyhalofop-butyl，精噁唑禾草灵 fenoxaprop-P-ethyl，氟吡磺隆 flucetosulfuron，氯吡嘧磺隆 halosulfuron-methyl，唑吡嘧磺隆 imazosulfuron，噁唑酰草胺 metamifop，吡嘧磺隆 pyrazosulfuron-ethyl，嘧啶肟草醚 pyribenzoxim，嘧草醚 pyriminobac-methyl

（续）

序号	年份	杂草	国家	作用位点	除草剂
76	2009	不实野燕麦 *Avena sterilis*	希腊	ACCase inhibitors（A/1）	炔草酯 clodinafop-propargyl，禾草灵 diclofop-methyl，精噁唑禾草灵 fenoxaprop-P-ethyl，唑啉草酯 pinoxaden，苯草酮 tralkoxydim
77	2009	野燕麦 *Avena fatua*	德国	ACCase inhibitors（A/1），ALS inhibitors（B/2）	噻草酮 cycloxydim，精噁唑禾草灵 fenoxaprop-P-ethyl，氟啶嘧磺隆 flupyrsulfuron-methyl-sodium，甲基二磺隆 mesosulfuron-methyl，唑啉草酯 pinoxaden
78	2009	风剪股颖 *Apera spica-venti*	德国	ACCase inhibitors（A/1），ALS inhibitors（B/2），PSII inhibitor（Ureas and amides）（C2/7）	精噁唑禾草灵 fenoxaprop-P-ethyl，甲基碘磺隆钠盐 iodosulfuron-methyl-sodium，异丙隆 isoproturon，甲基二磺隆 mesosulfuron-methyl，唑啉草酯 pinoxaden，啶磺草胺 pyroxsulam，磺酰磺隆 sulfosulfuron
79	2009	鼠尾看麦娘 *Alopecurus myosuroides*	德国	ACCase inhibitors（A/1），ALS inhibitors（B/2）	噻草酮 cycloxydim，精噁唑禾草灵 fenoxaprop-P-ethyl，氟啶嘧磺隆 flupyrsulfuron-methyl-sodium，甲基二磺隆 mesosulfuron-methyl，唑啉草酯 pinoxaden
80	2009	类黍千金子 *Leptochloa panicoides*	美国（Louisiana）	ACCase inhibitors（A/1）	氰氟草酯 cyhalofop-butyl，精噁唑禾草灵 fenoxaprop-P-ethyl
81	2009	欧黑麦草 *Lolium persicum*	加拿大（Alberta）	ACCase inhibitors（A/1）	精噁唑禾草灵 fenoxaprop-P-ethyl，唑啉草酯 pinoxaden，苯草酮 tralkoxydim
82	2009	野燕麦 *Avena fatua*	美国（South Dakota）	ACCase inhibitors（A/1）	精噁唑禾草灵 fenoxaprop-P-ethyl
83	2009	鼠尾看麦娘 *Alopecurus myosuroides*	意大利	ACCase inhibitors（A/1）	炔草酯 clodinafop-propargyl，精噁唑禾草灵 fenoxaprop-P-ethyl，唑啉草酯 pinoxaden

（续）

序号	年份	杂草	国家	作用位点	除草剂
84	2009	稗 *Echinochloa crusgalli* var. *crusgalli*	埃及	ACCase inhibitors（A/1）	精噁唑禾草灵 fenoxaprop-P-ethyl
85	2010	风剪股颖 *Apera spicaventi*	波兰	ACCase inhibitors（A/1）	精噁唑禾草灵 fenoxaprop-P-ethyl，唑啉草酯 pinoxaden
86	2010	稗 *Echinochloa crusgalli* var. *crusgalli*	中国	ACCase inhibitors（A/1）	精噁唑禾草灵 fenoxaprop-P-ethyl，精喹禾灵 quizalofop-P-ethyl
87	2010	看麦娘 *Alopecurus aequalis*	中国	ACCase inhibitors（A/1）	炔草酯 clodinafop-propargyl，精噁唑禾草灵 fenoxaprop-P-ethyl
88	2010	野燕麦 *Avena fatua*	阿根廷	ACCase inhibitors（A/1）	炔草酯 clodinafop-propargyl，禾草灵 diclofop-methyl，精噁唑禾草灵 fenoxaprop-P-ethyl
89	2010	菵草 *Beckmannia syzigachne*	中国	ACCase inhibitors（A/1）	精噁唑禾草灵 fenoxaprop-P-ethyl
90	2010	耿氏假硬草 *Sclerochloa kengiana*	中国	ACCase inhibitors（A/1）	炔草酯 clodinafop-propargyl，精噁唑禾草灵 fenoxaprop-P-ethyl
91	2011	野燕麦 *Avena fatua*	波兰	ACCase inhibitors（A/1），ALS inhibitors（B/2）	精噁唑禾草灵 fenoxaprop-P-ethyl，甲基碘磺隆钠盐 iodosulfuron-methyl-sodium，metsulfuron-methyl，唑啉草酯 pinoxaden，propoxycarbazone-sodium，sulfometuron-methyl
92	2011	稗 *Echinochloa crusgalli* var. *crusgalli*	美国（Mississippi）	ACCase inhibitors（A/1），ALS inhibitors（B/2），Cellulose inhibitors（L/26），PSII inhibitor（Ureas and amides）(C2/7)	精噁唑禾草灵 fenoxaprop-P-ethyl，甲氧咪草烟 imazamox，咪唑乙烟酸 imazethapyr，敌稗 propanil，二氯喹啉酸 quinclorac
93	2011	马唐 *Digitaria sanguinalis*	加拿大（Ontario）	ACCase inhibitors（A/1）	烯草酮 clethodim，精噁唑禾草灵 fenoxaprop-P-ethyl，精吡氟禾草灵 fluazifop-P-butyl，精喹禾灵 quizalofop-P-ethyl，烯禾啶 sethoxydim

（续）

序号	年份	杂草	国家	作用位点	除草剂
94	2011	鼠尾看麦娘 *Alopecurus myosuroides*	瑞典	ACCase inhibitors（A/1）	炔草酯 clodinafop-propargyl，噻草酮 cycloxydim，精噁唑禾草灵 fenoxaprop-P-ethyl
95	2011	野燕麦 *Avena fatua*	土耳其	ACCase inhibitors（A/1）	禾草灵 diclofop-methyl，精噁唑禾草灵 fenoxaprop-P-ethyl，苯草酮 tralkoxydim
96	2011	鼠尾看麦娘 *Alopecurus myosuroides*	瑞典	ACCase inhibitors（A/1），ALS inhibitors（B/2），Lipid Inhibitors（N/8）	精噁唑禾草灵 fenoxaprop-P-ethyl，氟啶嘧磺隆 flupyrsulfuron-methyl-sodium，苄草丹 prosulfocarb，啶磺草胺 pyroxsulam
97	2011	鼠尾看麦娘 *Alopecurus myosuroides*	波兰	ACCase inhibitors（A/1）	精噁唑禾草灵 fenoxaprop-P-ethyl，唑啉草酯 pinoxaden
98	2011	野燕麦 *Avena fatua*	波兰	ACCase inhibitors（A/1）	精噁唑禾草灵 fenoxaprop-P-ethyl，唑啉草酯 pinoxaden
99	2011	风剪股颖 *Apera spicaventi*	波兰	ACCase inhibitors（A/1），ALS inhibitors（B/2）	氯磺隆 chlorsulfuron，精噁唑禾草灵 fenoxaprop-P-ethyl，唑啉草酯 pinoxaden，甲嘧磺隆 sulfometuron-methyl，磺酰磺隆 sulfosulfuron
100	2012	千金子 *Leptochloa chinensis*	韩国	ACCase inhibitors（A/1）	氰氟草酯 cyhalofop-butyl，精噁唑禾草灵 fenoxaprop-P-ethyl，噁唑酰草胺 metamifop
101	2012	野燕麦 *Avena fatua*	加拿大（Quebec）	ACCase inhibitors（A/1）	精噁唑禾草灵 fenoxaprop-P-ethyl，苯草酮 tralkoxydim
102	2012	野燕麦 *Avena fatua*	德国	ACCase inhibitors（A/1）	炔草酯 clodinafop-propargyl，精噁唑禾草灵 fenoxaprop-P-ethyl，唑啉草酯 pinoxaden
103	2012	野燕麦 *Avena fatua*	美国（South Dakota）	ACCase inhibitors（A/1），ALS inhibitors（B/2）	精噁唑禾草灵 fenoxaprop-P-ethyl，甲基二磺隆 mesosulfuron-methyl
104	2012	鼠尾看麦娘 *Alopecurus myosuroides*	波兰	ACCase inhibitors（A/1），ALS inhibitors（B/2）	精噁唑禾草灵 fenoxaprop-P-ethyl，甲基碘磺隆钠盐 iodosulfuron-methyl-sodium，甲基二磺隆 mesosulfuron-methyl，唑啉草酯 pinoxaden，甲嘧磺隆 sulfometuron-methyl

（续）

序号	年份	杂草	国家	作用位点	除草剂
105	2014	看麦娘 *Alopecurus aequalis*	中国	ACCase inhibitors（A/1），ALS inhibitors（B/2）	精噁唑禾草灵 fenoxaprop-P-ethyl，flucarbazone-sodium，甲基二磺隆 mesosulfuron-methyl，烟嘧磺隆 nicosulfuron，五氟磺草胺 penoxsulam，唑啉草酯 pinoxaden，精喹禾灵 quizalofop-P-ethyl
106	2014	*Phalaris brachystachys*	伊朗	ACCase inhibitors（A/1）	炔草酯 clodinafop-propargyl，禾草灵 diclofop-methyl，精噁唑禾草灵 fenoxaprop-P-ethyl，高效氟吡甲禾灵 haloxyfop-P-methyl
107	2014	棒头草 *Polypogon fugax*	中国	ACCase inhibitors（A/1）	烯草酮 clethodim，炔草酯 clodinafop-propargyl，精噁唑禾草灵 fenoxaprop-P-ethyl，精吡氟禾草灵 fluazifop-P-butyl，唑啉草酯 pinoxaden，精喹禾灵 quizalofop-P-ethyl，烯禾啶 sethoxydim
108	2014	鼠尾看麦娘 *Alopecurus myosuroides*	瑞典	ACCase inhibitors（A/1），ALS inhibitors（B/2）	噻草酮 cycloxydim，精噁唑禾草灵 fenoxaprop-P-ethyl，氟啶嘧磺隆 flupyrsulfuron-methyl-sodium，甲基碘磺隆钠盐 iodosulfuron-methyl-sodium，甲基二磺隆 mesosulfuron-methyl，啶磺草胺 pyroxsulam
109	2014	日本看麦娘 *Alopecurus japonicus*	中国	ACCase inhibitors（A/1），ALS inhibitors（B/2）	精噁唑禾草灵 fenoxaprop-P-ethyl，甲基二磺隆 mesosulfuron-methyl，烟嘧磺隆 nicosulfuron，嘧啶肟草醚 pyribenzoxim，啶磺草胺 pyroxsulam，磺酰磺隆 sulfosulfuron
110	2014	野燕麦 *Avena fatua*	新西兰	ACCase inhibitors（A/1）	精噁唑禾草灵 fenoxaprop-P-ethyl，高效氟吡甲禾灵 haloxyfop-P-methyl
111	2015	小花碱草 *Phalaris minor*	巴基斯坦	ACCase inhibitors（A/1）	精噁唑禾草灵 fenoxaprop-P-ethyl

（续）

序号	年份	杂草	国家	作用位点	除草剂
112	2015	野燕麦 *Avena fatua*	加拿大 (Manitoba)	ACCase inhibitors（A/1），ALS inhibitors（B/2），Lipid Inhibitors（N/8），Long chain fatty acid inhibitors（K3/15），PPO inhibitors（E/14）	精噁唑禾草灵 fenoxaprop-P-ethyl，咪草酸 imazamethabenz-methyl，灭草烟 imazapyr，pyroxasulfone，精喹禾灵 quizalo-fop-P-ethyl，sulfentrazone，燕麦畏 triallate
113	2015	*Phalaris brachystachys*	叙利亚	ACCase inhibitors（A/1）	炔草酯 clodinafop-propargyl，精噁唑禾草灵 fenoxaprop-P-ethyl
114	2015	奇异䅟草 *Phalaris paradoxa*	叙利亚	ACCase inhibitors（A/1）	炔草酯 clodinafop-propargyl，精噁唑禾草灵 fenoxaprop-P-ethyl
115	2015	野燕麦 *Avena fatua*	叙利亚	ACCase inhibitors（A/1）	炔草酯 clodinafop-propargyl，精噁唑禾草灵 fenoxaprop-P-ethyl
116	2016	*Digitaria insularis*	巴西	ACCase inhibitors（A/1）	精噁唑禾草灵 fenoxaprop-P-ethyl，高效氟吡甲禾灵 haloxy-fop-P-methyl
117	2016	多花黑麦草 *Lolium perenne* ssp. *multiflorum*	美国 (California)	ACCase inhibitors（A/1），ALS inhibitors（B/2），EPSP synthase inhibitors（G/9），PSI Electron Diverter（D/22）	烯草酮 clethodim，氰氟草酯 cyhalofop-butyl，精噁唑禾草灵 fenoxaprop-P-ethyl，精吡氟禾草灵 fluazifop-P-butyl，草甘膦 glyphosate，甲氧咪草烟 imazamox，甲基二磺隆 mesosulfuron-methyl，paraquat，烯禾啶 sethoxydim
118	2016	风剪股颖 *Apera spicaventi*	丹麦	ACCase inhibitors（A/1），ALS inhibitors（B/2）	精噁唑禾草灵 fenoxaprop-P-ethyl，双氟磺草胺 florasulam，甲基碘磺隆钠盐 iodosulfuron-methyl-sodium，甲基二磺隆 mesosulfuron-methyl，唑啉草酯 pinoxaden
119	2017	牛筋草 *Eleusine indica*	巴西	ACCase inhibitors（A/1），EPSP synthase inhibitors（G/9）	精噁唑禾草灵 fenoxaprop-P-ethyl，草甘膦 glyphosate，高效氟吡甲禾灵 haloxyfop-methyl

（续）

序号	年份	杂草	国家	作用位点	除草剂
120	2017	石茅 *Sorghum halepense*	塞尔维亚	ACCase inhibitors（A/1）	精噁唑禾草灵 fenoxaprop-P-ethyl，精吡氟禾草灵 fluazifop-P-butyl，高效氟吡甲禾灵 haloxy-fop-P-methyl，噁草酸 propa-quizafop，精喹禾灵 quizalofop-P-ethyl，喹禾糠酯 quizalofop-P-te-furyl

    我国对 ACCase 抑制剂类除草剂抗性系统研究起步较晚，2005 年南京农业大学除草剂毒理及抗药性实验室发现了日本看麦娘对高效氟吡甲禾灵的抗药性，自此，开始了对 ACCase 抑制剂类除草剂抗性系统研究的探索之旅。杨彩宏等用生物测定法对江苏、安徽 11 个点不同用药年限油菜田日本看麦娘对高效氟吡甲禾灵的抗药性进行了鉴定，发现句容点的日本看麦娘对高效氟吡甲禾灵已产生明显抗性，并且对精噁唑禾草灵也产生了交互抗性。

    2015 年，徐洪乐等采用种子和整株生物测定法测定了小麦田 22 个日本看麦娘种群对精噁唑禾草灵的敏感性，发现采自安徽合肥的 AHFD－1、AHFD－2、AHFD－3 种群，江苏常州的 JCJT－1、JCJT－2、JCJT－3、JCWJ－1、JCWJ－2 种群，镇江的 JZJR－1、JZJR－2、JZJR－3 种群，淮安的 JHJH－1 种群，连云港的 JLGY－4 种群，南通的 JNRG－1 种群，南京的 JNPK－1、JNPK－2 种群对精噁唑禾草灵产生了不同程度的抗性。采集的 22 个种群中 16 个种群对精噁唑禾草灵产生了抗药性，抗性发生概率达 72.73%，表明所研究地区小麦田残存的日本看麦娘对精噁唑禾草灵抗药性已经普遍发生。毕亚玲等测定了江苏、安徽、河南、湖北、山东等地的 48 个日本看麦娘种群对精噁唑禾草灵的敏感性，发现有 9 个种群对精噁唑禾草灵产生了低抗性，15 个种群对精噁唑禾草灵产生高抗性，高抗性种群有 9 个来自安徽，3 个来自江苏，山东、河南、河北各有 1 个高抗种群。以上结果表明，江苏、安徽、河南、河北、山东等地的日本看麦娘存在抗药性风险。

第二章
抗精噁唑禾草灵杂草

　　小麦是我国重要的商品粮和战略储备粮，小麦的安全生产对我国国民经济发展和人们生活至关重要，在我国粮食生产中处于重要地位。随着中国经济水平的逐步提高，人们的生活水平和消费水平也逐步提高，玉米等粗粮逐渐退出口粮范围，在这种情况下，小麦在粮食生产和供应中的地位更加突出，起着越来越重要的作用。当前，小麦在中国的口粮消费总量中占到了 43% 左右，是重要的口粮之一。另外，小麦也是我国重要的贸易粮之一。在过去几十年的大多数年份里，小麦进口量占到三大粮食品种（小麦、水稻和玉米）进口总量的 2/3 以上，是我国最主要的进口贸易粮品种。在现在和之后相当长的一段时间内，小麦还将是我国最主要的进口粮。小麦在中国的粮食安全中有着日益突出的地位，因此，促进小麦生产持续、稳定、优质发展具有重要意义。

　　由于中国地大物博，小麦分布地区广泛，形成了明显的小麦自然种植区域。赵广才等依据地理环境、自然条件、气候因素、耕作制度、品种类型、生产水平、栽培特点以及病虫害情况等因素对小麦生产的综合影响，将全国小麦自然区域划分为四个主区，即北方冬（秋播）麦区、南方冬（秋播）麦区、春（播）麦区和冬春兼播麦区。其中，长江中下游冬（秋播）麦区地处长江的中下游，主要的产麦区是江苏、安徽中部及湖北襄樊等江淮平原地区。全区自然条件优越，光、热、水资源良好，是我国小麦主要产区之一，同时也是我国五个"小麦优势区"之一。全区地域辽阔，地形复杂，土壤类型较多，各地小麦生产水平差异悬殊。长江中下游冬（秋播）麦区位于北亚热带季风区，全年气候温暖湿润，热量资源丰富，年平均气温 15.2~17.7 ℃，长江以南小麦在冬季基本不停止生长，没有明显的越冬期和返青期。本区水资源丰富，自然降水充沛，常受湿渍危害。由于本区热量资源丰富，种植制度以水稻、小麦一年两熟为主，小麦大致在 10 月下旬至 11 月中下旬播种，播种方式根据水稻收获期不同而有差异，水稻收获早的有机器（或人工）撒播或机器条播，水稻收获偏晚的则在水稻收获前人工撒种套播。长江以北，小麦成熟期在 5 月底前后，长江以南略早，生育期多为 200~225d，品种为弱冬性或春性。

　　农田杂草是一类严重危害农业生产的重要生物灾害。小麦田杂草种类繁多，主要是禾本科杂草和阔叶杂草。小麦田杂草不仅影响小麦的产量，而且影响小麦的品质。小麦田杂草生长贯穿小麦生长的整个生育期，其危害主要表现在四个方面。①与小麦争夺光照、水分、养料和空间。杂草根系发达，吸收水肥的能力很强，且杂草种类多，种子繁殖量大，田间密度高，侵占地上部和地下部空间，影响小麦的光合作用，危害小麦生长，对小麦产量造成严重影响。②增加病虫害的传播。杂草是小麦病虫害的中间寄主和传播媒介，会加剧小麦病虫害的发生和蔓延。例如，看麦娘和野燕麦等是二叉蚜和麦长管蚜的寄主，由蚜虫作为传毒媒介，可将小麦黄矮病毒传播到小麦上，引起小麦发病。③降低小麦的产量和品质。由于杂草在光照、水分、养料、空间和传播病虫害等方面直接或间接危害小麦，最终影响到小麦的产量和品质。另外，杂草种子量大，收获时混入小麦籽粒中，也会降低小麦品质。其中有一些杂草种子有毒，还会危及人和家畜的安全。如禾本科杂草毒麦（*Lolium temulentum*）的种子中含有毒麦碱，能使中枢神经系统麻痹，误食含毒麦的面粉会引起人和家畜的中毒甚至死亡。④分泌化感物质，影响作物的生长。如匍匐冰草（*Agropyron repens*）根系的分泌物抑制小麦发芽及生长。

我国不同麦区的地理环境、自然条件、气候因素、耕作制度、小麦品种类型、生产水平及栽培特点不同，麦田杂草群落结构受地区差异、农田生态条件、耕作措施影响明显。根据品种类型和耕作栽培制度的不同，全国麦田杂草分为四个草害区，分别是亚热带冬麦草害区、暖温带冬麦草害区、温带和高寒带春麦草害区和云贵川高原春麦草害区。

亚热带冬麦草害区，从北纬 23°以北的广东、广西、福建南部到江苏北部连云港、新沂往西至安徽中部、河南南部、湖北以及四川的汉中盆地，是我国主要产麦区之一，包括江苏、安徽、湖北、四川等省份。该区小麦田内多数为喜温、湿杂草，可分成南亚热带和中、北部亚热带两个亚区。该区杂草主要有看麦娘、日本看麦娘、菵草、耿氏假硬草、早熟禾、大巢菜、棒头草、猪殃殃（*Galium aparine*）、繁缕（*Stellaria media*）、牛繁缕（*Myosoton aquaticum*）和婆婆纳（*Veronica didyma*）等。暖温带冬麦草害区主要包括黄淮海流域和陕西、山西等地。该区域处于亚热带和温带的过渡区，各地杂草发生差别较大。按其自然条件又可分为黄淮海和黄土高原两个亚区。黄淮海草害亚区杂草种类主要有野燕麦、猪殃殃、播娘蒿、荠菜（*Capsella bursa-pastoris*）、宝盖草（*Lamium amplexicaule*）、泽漆（*Euphorbia helioscopia*）、离子芥（*Chorispora tenella*）等；而黄土高原草害亚区主要杂草有野燕麦、独行菜（*Lepidium apetalum*）、刺儿菜（*Cirsium Serotinum*）、离子芥和小藜（*Chenopodium serotinum*）等。温带和高寒带春麦草害区主要包括辽宁、吉林、黑龙江、内蒙古、青海、西藏以及四川高海拔地区，该区冬季低温，杂草不能越冬，生产上只能种春麦。该区主要杂草有卷茎蓼（*Fallopia convolvulus*）、长裂苦苣菜（*Sonchus brachyotus*）、野燕麦、藜、柳叶刺蓼（*Polygonum bungeanum*）、大马蓼（*Polygonum lapathifolium*）、鼬瓣花（*Galeopsis bifida*）、猪殃殃、叉分蓼（*Polygonum divaricatum*）、细柄野荞麦（*Fagopyrum gracilipes*）、问荆（*Equisetum arvense*）和田旋花（*Convolvulaceae arvensis*）等。云贵川高原草害区指云南、贵州和四川，该区气温差异较大，地形复杂，主要杂草有看麦娘、棒头草、野燕麦、牛繁缕、雀舌草（*Stellaria alsine*）和猪殃殃等。

目前，小麦田杂草防除主要依靠化学防除。在我国，小麦田登记使用的除草剂有效成分超过 50 种。按照其防除的杂草靶标对象，可以归纳为防除禾本科杂草和防除阔叶杂草两类；按照施药时期，可以分为播后苗前土壤处理剂和苗后茎叶处理剂两类。小麦田播后苗前土壤处理剂有取代脲类的异丙隆和绿麦隆，三氮苯类的扑草净和特丁净，酰胺类除草剂氟噻草胺和吡氟酰草胺等。其中，异丙隆在生产中应用较为广泛，其为选择性内吸、传导型除草剂，由杂草根部和叶片吸收，抑制杂草的光合作用，可用于苗前防除禾本科杂草和多种阔叶杂草，也可在小麦 3 叶期至分蘖末期和杂草 1~3 叶期进行茎叶处理。吡氟酰草胺作用机理为抑制类胡萝卜素合成，使杂草脱色或白化，最后整株萎蔫死亡，可在冬小麦芽前及芽后早期施用，正常情况下对小麦安全，但芽前施药时如遇持续大雨或芽后突遇低温，会造成小麦叶片暂时褪色，但一般可恢复。小麦田苗后茎叶处理防除禾本科杂草除草剂品种较少，作用靶标单一，主要为乙酰辅酶 A 羧化酶（ACCase）抑制剂和乙酰乳酸合酶（ALS）抑制剂。ACCase 抑制剂类除草剂主要作用机制是抑制乙酰辅酶 A 羧化酶活性，从而干扰脂肪酸的生物合成，影响植物的正常生长，按照其化学结构又分为芳氧基苯氧基丙酸酯类和苯基吡唑啉类。精噁唑禾草灵和炔草酯为芳氧苯氧基丙酸酯类除草剂，小麦田应用均较为广泛。精噁唑禾草灵是小麦田防除禾本科杂草的最主要药剂之一，生产中使用的为加入吡唑解草酯安全剂的制剂，从小麦 2 叶期到拔节期均可施用，但以冬前杂草 3~4 叶期使用最好。炔草酯可用于小麦田防除野燕麦、耿氏假硬草和看麦娘等一年生禾本科杂草，其施药适期为小麦 3~4 叶期至返青末期，施药时应注意田间温度和湿度，在气温低、湿度低时施药，除草效果较差。唑啉草酯为苯基吡唑啉类除草剂，主要用于谷物田防除多种重要的禾本科杂草。由于精噁唑禾草灵在田间的长期大量使用，使杂草对其产生抗药性，进而对炔草酯和唑啉草酯产生交互抗性。ALS 抑制剂是通过抑制植物体内侧链氨基酸的生物合成，从而造成敏感植物生长停滞、茎叶褪绿、逐渐枯死，其主要品种有甲基二磺隆和啶磺草胺等。甲基二磺隆在防除禾本科杂草的同时可以兼除部分阔叶杂草，冬前和冬后作物返青后拔节前均可施药，但建议冬前用药。啶磺草胺也是小麦田常用药剂之一，使用历史较短。登记用于防除小麦田阔叶类杂草的药剂较多。其中，苯磺隆、氯氟吡氧乙酸、辛酰溴苯腈、乙羧氟草醚、唑草酮和双氟磺草铵等对多数阔叶类杂草均有较好的防除效果，在生产中使用较为广泛。尤其是苯磺隆，因其被长期大量使用也带来了杂草抗药性问题。

　　综合来看，常用的小麦田土壤处理剂主要有异丙隆、氟噻草胺和乙草胺等，品种相对单一。苗后茎叶处理剂中，防除禾本科杂草的药剂主要是 ACCase 抑制剂和 ALS 抑制剂。其中，精噁唑禾草灵应用最为广泛。

一、精噁唑禾草灵的除草作用与作用机制

1. 精噁唑禾草灵的除草作用　　精噁唑禾草灵是由德国 Hoechst AG（现为拜耳作物科学）公司开发的芳氧苯氧丙酸酯类（APPs）除草剂。商品名为骠马（添加安全剂吡唑解草酯）、威霸等。精噁唑禾草灵的化学名称为（R）-2-[4-（6-氯苯并噁唑-2-基氧基）苯氧基]丙酸乙酯，结构式如图 2-1 所示，原药外观为米色至棕色无定形的固体，略带芳香气味。纯品为白色无嗅固体，20 ℃时密度为 1.3 g/cm³，熔点 88~91 ℃。在水中溶解度 0.7 mg/L（pH 5.8，20 ℃）。在其他溶剂中溶解度（g/L，20 ℃）为丙酮 200，乙酸乙酯>200，甲苯 200，乙醇 24。50 ℃储藏 90 d 稳定，见光不分解，在强碱中分解。

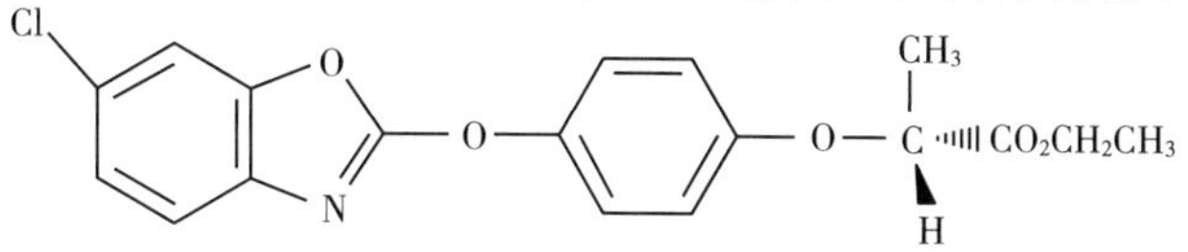

图 2-1　精噁唑禾草灵结构式

精噁唑禾草灵为低毒除草剂。原药大鼠急性经口 LD_{50} 为 3 150～4 000 mg/kg，大鼠急性吸入 $LC_{50}>1.224$ mg/L 空气（4 h）。未见致突变、致癌作用。对兔眼和皮肤无刺激作用，对水生生物毒性中等毒，对鸟类低毒。在动物体内吸收、排泄迅速，代谢物基本无毒。

精噁唑禾草灵制剂主要为 69 g/L 骠马（添加安全剂）水乳剂、10％骠马（添加安全剂）乳油、69 g/L 威霸（未添加安全剂）浓乳剂、10％威霸（未添加安全剂）乳油等。防除小麦田 2～3 叶期禾本科杂草时，精噁唑禾草灵的推荐剂量为 51.8～62.1 g a. i. /hm²。

精噁唑禾草灵主要应用于小麦、豆类、花生、油菜、棉花、亚麻、烟草、甜菜、马铃薯、苜蓿、向日葵、甘薯和部分蔬菜等作物田及苹果、梨、李、草莓、樱桃、柑橘、可可、咖啡、无花果、菠萝、覆盆子和葡萄等果园。可防除看麦娘（*A. aequalis*）、鼠尾看麦娘（*A. myosuroides*）、野燕麦（*A. fatua*）、马唐（*Digitaria horizentalis*）、升马唐（*D. ciliaris*）、石茅（*Sorghum halepense*）、苏丹草（*S. sudanese*）、黑麦草（*Lolium* spp.）、千金子（*Leptochloa chinensis*）、风剪股颖（*Apera spicaventi*）、大画眉草（*Eragrostis cilianensis*）、不实野燕麦（*A. sterilis*）、日本看麦娘（*A. japonicus*）、茵草（*B. syzigachne*）、稗属杂草（*Echinochloa* spp.）、狗尾草属（*Setaria* spp.）杂草等恶性禾本科杂草。

自精噁唑禾草灵开发上市以来，就以其优良的防效、较佳的安全性而成为小麦田的主导除草剂，并在全球谷物田用除草剂中占主导地位。2003 年精噁唑禾草灵的全球销售额 2.55 亿美元，占芳氧苯氧丙酸酯类除草剂销售总额 8.22 亿美元的 31.0％。2005 年精噁唑禾草灵销售额 2.70 亿美元，占该类除草剂销售额 9.17 亿美元的 29.4％，2007 年精噁唑禾草灵销售额为 2.80 亿美元，占全球该类除草剂销售额 9.40 亿美元的 29.8％，销售量居全球谷物田用除草剂首位，位列全球除草剂销售额的第十一位，2008 年则为拜耳公司农药销售额的第七位，达 2.97 亿美元。

2. 精噁唑禾草灵的作用机制　精噁唑禾草灵为乙酰辅酶 A 羧化酶（Acetyl-coenzyme A carboxylase，ACCase）抑制剂。ACCase 是一类生物羧化酶，结构上有 3 个功能区域，分别是生物素羧化酶（BC）、生物素羧基载体蛋白（BCCP）、羧基转移酶（CT）。该酶参与脂肪酸生物合成关键的第一步，即依赖三磷酸腺苷（ATP）催化乙酰辅酶 A 生成丙二酰辅酶 A（Malonyl-CoA），该反应也是植物脂肪酸生物合成的首要关键步骤。此反应由如下两步组成：

（1）$BCCP + HCO_3^- + Mg^{2+} - ATP \rightarrow BCCP - CO_2^- + Mg^{2+} - ADP + Pi$：BC

（2）$BCCP - CO_2^- + 乙酰辅酶 A \rightarrow BCCP + Malonyl - CoA$：CT

丙二酰辅酶 A 是脂肪酸合成和脂酰链延伸系统等重要代谢反应的底物，作为脂肪酸合成中 C_2 单位的供体，是生物体内一个基本代谢底物和特定蛋白活性的调控代谢物。在脂肪酸合成途径中，ACCase 催化的这一步反应不仅是第一卡和关键步骤，同时也是限速步骤。在植物体中有 2 种 ACCase：一种位于质体中，是脂肪酸生物合成的主要部位（质体型，plastidic）；另一种位于胞质溶胶中，是长链脂肪酸和类黄酮物质的合成部位（胞质溶胶型，cytosolic）（图 2-2）。

所有植物的胞质溶胶中 ACCase 是一类多区域、同质型（homomeric）酶，由 BC、

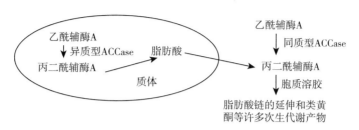

图 2-2　植物中 ACCase 的功能

BCCP、CT 组成并且由核基因编码。而质体中的 ACCase 则不同，除禾本科外，大部分植物的质体型 ACCase 是一类多亚基、异质型（heteromeric）酶，其中三个亚基（BC、BC-CP、CT-α）由核基因编码，另一个亚基（CT-β）由质基因编码（图 2-3）。禾本科植物质体中的 ACCase 是一类由核基因编码的多区域、同质型酶，但是它又不同于胞质溶胶的 ACCase。ACCase 抑制剂类除草剂能够专一防除禾本科杂草选择机制是禾本科和其他植物中质体型 ACCase 的不同。一般来说，植物体内的异质型 ACCase 对 ACCase 抑制剂不敏感，而同质型 ACCase 对 ACCase 抑制剂敏感，植物脂肪酸的生物合成在质体中进行，禾本科植物质体中 ACCase 是同质型。因此，ACCase 抑制剂能够抑制质体中 ACCase 的活性从而影响植物体内正常的脂肪酸合成，进而导致植物死亡。植物体内 ACCase 大约由 2 300 个氨基酸构成，cDNA 长度大约为 7 000 bp。ACCase 的全基因序列长度大约在 15 000 bp 左右。因此，目前克隆得到的植物全 ACCase 基因序列并不多。在二倍体禾本科植物中质体型 ACCase 一般由单个核基因编码，但是在多倍体植物野燕麦、水稗（*Echinochloa phyllopogon*）中存在多个质体型 ACCase 基因的拷贝。而胞质溶胶型 ACCase 则更加复杂，在六倍体小麦中胞质溶胶型 ACCase 由至少 5 个不同的基因来编码。植物体内的同质型 ACCase 是高度保守的，禾本科植物中质体型 ACCase 的氨基酸序列一致性达 80％以上。禾本科植物由于缺失编码 CT-β 的 *accD* 基因，而无异源的质体型 AC-Case，在质体和胞质溶液中均为同源的胞质型 ACCase。

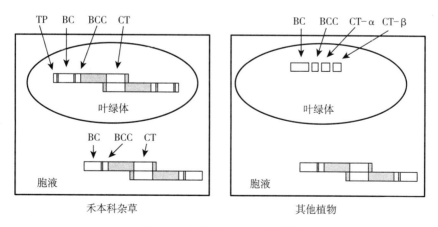

图 2-3　植物中 ACCase 的结构

ACCase 抑制剂类除草剂主要有 3 种类型，即芳氧苯氧基丙酸酯类（APPs）、环己烯同类（CHDs）和新苯基吡唑啉类（PPZs）。此类除草剂通过和乙酰辅酶 A 竞争性与 ACCase 的羧基转移酶（CT）区域结合而发挥作用，使植物的脂肪酸合成受阻，最终导致植物枯萎死亡。精噁唑禾草灵即为 APPs 类除草剂中一个重要品种，具有活性高、杀草谱广和选择性强等优点，20 世纪 80 年代后期在我国小麦田和油菜田开始使用，到 90 年代已成为我国防除油菜田一年生禾本科杂草的主导药剂，是防除小麦田禾本科杂草最重要的一种药剂。

目前，对于 ACCase 与 ACCase 抑制剂的结合还不是十分清楚，但是通过对酵母 ACCase 的研究在一定程度上揭示了其作用机制。在对酵母 ACCase 的 CT 区晶体结构的研究发现该酶的催化部位位于二聚体接合部位的腔体中（图 2 - 4）。而 APPs 类除草剂正是与该二聚体接合部位的催化部位结合（图 2 - 5），这种结合需要接合部位的构象发生巨大改变，从而造成一个高度保守的疏水腔深入延伸到二聚体的核心。CHDs 类除草剂则不同，此类除草剂结合于二聚体接合部位的不同区域（图 2 - 6），并且需要构象发生很小改变，但是这种改变是至关重要的。尽管 PPZs 和 CHDs 类除草剂在化学结构上有很大的不同，但是它们和 ACCase 的结合模式较相似（图 2 - 7）。PPZs 类除草剂的结合也不需要二聚体的接合部位构型发生较大的改变。ACCase 抑制剂与 ACCase 催化部位结合，导致乙酰辅酶 A 与活性部位的结合受抑制，从而影响 ACCase 对乙酰辅酶 A 的羧化作用。近年来，研究发现某些抗性杂草 ACCase 发生了改变，使 ACCase 抑制剂与 ACCase 催化部位不能结合，从而产生了抗药性，即靶标抗性。

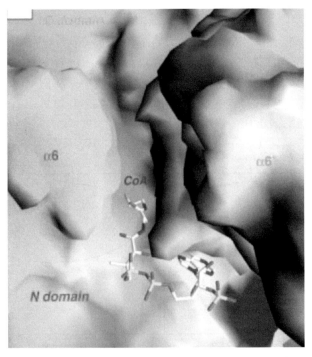

图 2 - 4　ACCase CT 区催化部位与乙酰辅酶 A（CoA）结合示意图

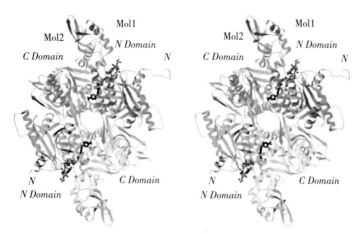

图 2-5 ACCase CT 区与吡氟氯禾灵结合复合体的晶体结构

（棍状模型为吡氟氯禾灵，其中黑色部分代表碳原子）

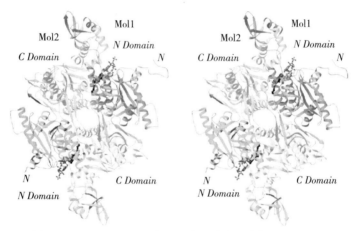

图 2-6 ACCase CT 区与吡喃草酮结合复合体的晶体结构

（棍状模型为吡喃草酮，其中深棕色部分代表碳原子）

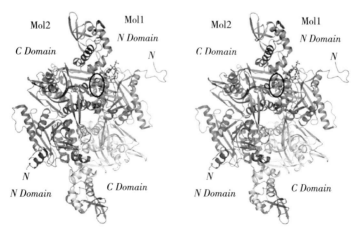

图 2-7 ACCase CT 区与唑啉草酯结合复合体的晶体结构

（棍状模型为唑啉草酯，其中蓝灰色部分代表碳原子）

精噁唑禾草灵可抑制禾本科杂草质体中的同源型胞质 ACCase 活性，阻碍脂肪酸的合成，从而杀死禾本科杂草。喷施茎叶后，精噁唑禾草灵可被杂草茎叶吸收后传导至叶基、节间分生组织、根的生长点，迅速转变为苯氧基的游离酸即精噁唑禾草灵酸，抑制脂肪酸的生物合成，损坏杂草的生长点、分生组织。一般药后 2～3d 内杂草停止生长，5～7d 心叶失绿变紫色，分生组织变褐，分蘖基部坏死，叶片变紫逐渐枯死。

二、抗精噁唑禾草灵杂草

精噁唑禾草灵作为 ACCase 抑制剂类除草剂的代表性品种，是芳氧基苯氧基丙酸酯类除草剂的一个主要代表，具有活性高、杀草谱广和选择性强等优点。20 世纪 80 年代中后期，精噁唑禾草灵在全球谷物田开始使用，短时间内就成为全球防治谷物田禾本科杂草的主导除草剂品种。但是，对精噁唑禾草灵的过度依赖，导致其防效日益下降，抗药性迅速蔓延发展。目前，全球已有较多的杂草对精噁唑禾草灵产生了明显的抗药性。据统计，对精噁唑禾草灵产生抗药性的杂草主要有狗尾草（Setaria viridis）、小花鹡草（Phalaris minor）、鼠尾看麦娘（A. myosuroides）、野燕麦（A. fatua）、不实野燕麦（A. sterilis）、千金子（L. chinensis）、止血马唐（Digitaria isohaemum）、日本看麦娘（A. japonicus）、看麦娘（A. aequalis）、稗草属杂草（Echinochloa colona）、稗（E. crusgalli）、水稗（E. phyllopogon）、蟋蟀草（Eleusine indica）、皱颖鸭嘴草（Ischaemum rugosum）、奇异鹡草（P. paradoxa）、蚘子草（L. panicoides）、大狗尾草（S. faberi）、狗尾草属杂草（S. viridis var. robusta-alba Schreiber）、石茅（S. halepense）、苏丹草（S. sudanese）、风剪股颖（Apera spicaventi）、长颖燕麦（A. sterilis spp. ludoviciana）、臂形草属杂草（Brachiaria plantaginea）和升马唐（D. ciliaris）等。

20 世纪 80 年代后期，精噁唑禾草灵在我国小麦田开始使用，到 90 年代已成为我国防除小麦田一年生禾本科杂草的主导药剂。在该药剂刚进入我国市场时，69 g/L 精噁唑禾草灵水乳剂每亩 50～60mL 即可有效控制看麦娘、日本看麦娘等小麦田禾本科杂草的危害。然而，由于长期单一使用，精噁唑禾草灵用量逐年增加，而药效却逐年降低。据南京农业大学植物保护学院董立尧教授团队多年研究发现，我国多地的菵草、日本看麦娘、看麦娘、多花黑麦草、耿氏假硬草和棒头草等杂草已经对精噁唑禾草灵产生了明显的抗药性。

1. 菵草 菵草 [Beckmannia syzigachne（Steud.）Fern.] 是禾本科菵草属植物，一年生草本。圆锥花序顶生，长而狭；小穗近无柄，排列于近三角形的穗轴两侧，两侧压扁，有 1～2 小花；颖膜质，钝或凸尖；外稃膜质，内稃透明，与外稃近等长；雄蕊 3（彩图 1、彩图 2）。菵草属的学名为 Beckmannia Host.，是为了纪念德国植物学家 Johann Beckmann 而定。模式种为 B. erucaeformis（Linn.）Host.，产于欧洲。本属有 2 种和 1 变种，分布于北温带；我国有 1 种及 1 变种。菵草适生于水边及潮湿处，为长江流域及西南地区稻茬麦田和油菜田主要杂草，在安徽、江苏、浙江三省的长江附近地区大量发生（彩图 3）。菵草为水稻细菌性褐斑病及锈病的寄主，在地势低洼、土壤黏重的田块危害尤为严重，分布遍及全国，朝鲜、日本也有。

　　世界范围内有关菵草的研究中，多涉及对菵草的利用。在美国菵草广泛分布于西北和北部各州并被用作饲料，偶尔在东北地区也有分布。菵草是阿拉斯加州湿地的重要组成部分，并为野生动物提供庇护场所和食物。其变种 Egan（American Sloughgrass Egan）在1986 年由阿拉斯加植物资源中心定为栽培种进行广泛种植，用于湿地改造（www. plants. usda. gov）。此后，于 1989 年、1992 年，Wright 进一步介绍了菵草在阿拉斯加的栽培和利用情况。有关菵草属另一种植物 *B. eruciformis* 的利用，在瑞典和乌克兰等地也有报道。作为杂草，日本南部曾有报道，称菵草已成为小麦田和大麦田的恶性杂草。1986 年，Martynyuk 在调查 23 种野生杂草时发现，有 11 种对水稻病原菌敏感，其中又以菵草等 3 种杂草最为敏感。1988 年，日本报道菵草是 *Pseudomonas glumae* 和*P. planttarii* 等病原菌的宿主之一。在生物学、生态学方面，日本学者 Morita 研究了菵草和看麦娘中胚轴伸长与对除草剂敏感性之间的关系。他发现，菵草黄化苗的中胚轴长度比看麦娘短。在深于 1.5 cm 的土层中，菵草也能萌发，但其中胚轴的伸长则限于约 1 cm以内。菵草生长点分布的最大范围是 1.1～1.5 cm，而看麦娘的生长点则在 0.5 cm 以内。氟乐灵和二甲戊灵土壤处理的结果表明，在除草剂处理下菵草与看麦娘存活率的不同，与它们的生长点在土层中的深度有关。褚建君认为，菵草的根茎叶均具有高度发达的通气组织，可适应于多水环境。菵草叶片的上表皮细胞在横切面上的排列呈平滑的"波浪形"，其表面积较小，不利于除草剂喷雾液的滞留与吸收。并于 1996 年调查了油菜田主要杂草的物候谱，发现与看麦娘、日本看麦娘、牛繁缕、猪殃殃和大巢菜相比，菵草出苗的持续时间较长。饶娜、董立尧等研究发现，菵草植株成熟时，菵草株高为 67.5 cm、穗长为 18.0 cm、有效分蘖数为 1.65 个、每穗粒数为 529 粒、千粒重为 0.87 g。不同储藏方式下菵草种子的萌发率变化较为复杂，室外 5 cm 土层自然条件下层积和室外 5 cm 土层下覆水层积（水层 1～2 cm）均可完全解除休眠。此外，用 4 000 μg/mL 的 GA_3 浸泡 1 d 或1‰的 KNO_3 浸泡 5 d，均能有效解除种子休眠，延长浸种时间有利于其萌发。菵草的最适萌发温度为 10 ℃，且萌发无需光照；菵草种子对水分胁迫非常敏感，在水势为－0.6Mpa 时萌发完全被抑制，对盐胁迫具有较高的耐受力；对 pH 有广泛的适应性，在pH4～10 时 80％以上的种子能萌发；菵草种子的出苗率随着播种深度的增加而下降，位于土表层的种子出苗率最高（90.7％），5 cm 土层下几乎不能出苗。

　　菵草侵入农田，危害农业生产，始见于 20 世纪 80 年代末。涂鹤龄和唐洪元报道，长江流域的稻茬油菜田和小麦田中，菵草的发生量呈上升趋势。90 年代中后期，有关菵草的危害及防除问题得到了人们的密切关注。张亚明等报道，从 90 年代开始，菵草迅速在小麦田蔓延，1999 年时已成为苏南太湖地区小麦田主要杂草之一，形成了新的草害。此外，赣榆县和富阳市也均有菵草危害小麦的报道，并认为其造成小麦减产原因为：菵草根系极为发达，在肥水充足条件下生长迅速，抽穗后顶叶又宽又长，严重影响小麦的光合作用，造成小麦贪青、迟熟和倒伏。小麦每亩穗数、每穗实粒数、千粒重都随菵草密度的增大而下降，造成严重减产。

　　国外学者关于菵草抗药性的研究未见报道，国内学者对其研究较多，且发现多地菵草种群对精噁唑禾草灵产生抗药性。刘宝祥等报道江苏丹阳练湖农场麦田菵草对精噁唑禾草灵产生中低水平抗性。臧丽娟等报道江苏丹阳小麦田菵草在连续使用精噁唑禾草灵 3、5、

9 年后的抗性指数分别为 5.27、8.01 和 21.59。Li 等报道江苏练湖农场、江苏丹阳、安徽庐江地区的菵草种群对精噁唑禾草灵产生极高的抗药性。吕波、董立尧等发现 2009—2011 年江苏、安徽及上海等地小麦田的 17 个菵草种群中，14 个种群对精噁唑禾草灵产生了抗药性。潘浪、董立尧等测定 2012—2013 年采集于江苏、安徽及上海等地小麦田的 70 个菵草种群发现，安徽肥东的 AFCJ 种群对精噁唑禾草灵最敏感，其 GR_{50} 为 44 g a. i. /hm²；以 AFCJ 种群作为敏感对照种群来计算抗性种群的抗性指数分析表明，2012 年采集的 30 个菵草种群中有 8 个对精噁唑禾草灵产生了抗性，抗性水平最高的为 JCWL 种群，其 GR_{50} 为 2 204 g a. i. /hm²，抗性指数为 50.09；其次是江苏常州金坛小麦田的 JCJT 种群和江苏扬州江都小麦田 JYJD 种群，其抗性指数分别为 49.25 和 29.34，而 JCJL、JYFN、JNJR、JCLJ、JYJS 也对精噁唑禾草灵产生了不同程度的抗性，抗性指数分别为 24.52、18.39、22.55、25.95、24.89（表 2-1）。2013 年采集的 40 个菵草种群中有 19 个对精噁唑禾草灵产生了抗性，抗性水平最高的为 JYJS 种群，其 GR_{50} 为 2 560 g a. i. /hm²，抗性指数为 58.18。2013 年发现的 19 个抗精噁唑禾草灵菵草种群的抗性指数为 5.09～58.18。江苏省菵草种群已对精噁唑禾草灵产生了明显的抗药性。

表 2-1　整株生物测定不同菵草种群对精噁唑禾草灵的敏感性

种群 Population	抑制中剂量 GR_{50}±SE [a]/（g a. i. /hm²）	抗性指数 [b] Relative resistance factor
JNXW	46±2	1.05
AFCJ	44±3	1.00
JCJL	1 079±9	24.52
JYFN	809±11	18.39
JNJR	992±8	22.55
JYJD	1 291±4	29.34
JCLJ	1 142±11	25.95
JCJT	2 167±10	49.25
JYJS	1 095±5	24.89
JCWL	2 204±11	50.09
JNXMF	44±1	1.00
JCQH	224±2	5.09
JCSD	237±1	5.39
JYQL	302±2	6.86
SHSX	551±3	12.52

（续）

种群 Population	抑制中剂量 GR$_{50}$± SE ^{a}/（g a. i. /hm^2）	抗性指数^b Relative resistance factor
JYMF	1 518±2	34.50
JYLRQ	864±1	19.64
JCJL	368±2	8.36
JCGJ	998±1	22.68
JCXC	1 627±5	36.98
JYJB	744±4	16.91
JYZD	1 779±2	40.43
JYDX	1 020±7	23.18
JYZJ	1 217±4	27.66
JYJY	1 521±3	34.57
JYGC	1 334±7	30.32
JYDG	1 247±6	28.34
JYSC	1 745±8	39.66
JYYT	2 213±2	50.30
JYJS	2 560±5	58.18

注：a 表示标准误差；b 表示抗性指数，抗性生物型 GR$_{50}$相对于敏感生物型 GR$_{50}$的比值。

2. 日本看麦娘　日本看麦娘（Alopecurus japonicus）是一年生或越年生草本。秆多数丛生，叶鞘疏松抱茎，叶舌长约 2 mm。穗形圆锥花序较粗壮，小穗长 5～6 mm，外稃在中部以上伸出长 8～12 mm 的芒，花药白色或淡黄色。幼苗第一片真叶长 7～11 cm，叶缘两侧有倒向刺状毛，叶舌膜质，三角状，顶端呈齿裂（彩图 4、彩图 5）。日本看麦娘在 5～20 ℃均能出苗，但 10～15 ℃出苗率最高，达 72.8%～89.4%。日本看麦娘的出苗能力随土壤深度增加而减小。在 0～1 cm 土层下，日本看麦娘 7 d 即开始出苗，9 d 进入出苗高峰期。在 3 cm 土层下，9 d 开始出苗，13～21 d 进入出苗高峰期。在 7 cm 下日本看麦娘基本不能出苗。日本看麦娘的出苗对土壤湿度的要求较高，当土壤含水量 15% 以下时，出苗率仅为 20.6%，而在土壤湿度较高时出苗率可提高到 40% 左右。日本看麦娘以种子或幼苗越冬，一般 9 月中旬开始出苗，10～11 月是出苗高峰期。日本看麦娘一生约有 10～11 片叶，冬前可长出 5～6 片叶，越冬后于翌年 2 月开始返青，3 月中下旬拔节，4～5 月抽穗开花，5 月下旬种子成熟，整个生育期约 220 d。日本看麦娘为四倍体植物，其 ACCase 基因存在 2 个拷贝。

日本看麦娘的发生与种子在土层内的分布深度、耕作方式和温湿度等因素密切相关。当日本看麦娘种子分布在 0～3 cm 表土层、气温为 10～15 ℃、土壤较湿润时，最易发生并造成危害。日本看麦娘对套种麦和免耕麦的危害程度要重于耕作麦，日本看麦娘危害时间越长、密度越高对小麦产量的影响越大。日本看麦娘常与野燕麦、猪殃殃、大巢菜、播娘蒿等构成群落，危害率达 25.5%～55.3%。在小麦播种量 4 125 kg/hm² 的条件下，日本看麦娘 360 株/m² 以下，每增加 10 株将造成小麦减产 5.3 kg。据调查，日本看麦娘在河南南阳部分地区发生面积已经达到稻茬麦田的 30%，一般造成减产 10%～30%，局部可达 60%（彩图 6）。

日本看麦娘在我国南北地区均有分布，但主要分布在长江流域的稻茬麦田和油菜田。由于日本看麦娘具有较强的适应能力、繁殖能力以及稻茬麦田特殊的环境，使得它成为长江流域稻茬麦田的优势杂草。目前防除小麦田日本看麦娘等禾本科杂草的的药剂有精噁唑禾草灵、异丙隆、炔草酯、甲基二磺隆、啶磺草胺、唑啉草酯等。精噁唑禾草灵作为小麦田茎叶处理防除日本看麦娘的最主要药剂，在对日本看麦娘的防控方面发挥了重要作用。但是，随着该除草剂的长时间使用，日本看麦娘的抗性问题日益凸显。

据 www.weedscience.org 记录，1990 年我国就已经在小麦田发现抗绿麦隆的日本看麦娘。李永丰等报道在连续施用氯磺隆或异丙隆与氯磺隆的混配剂后，日本看麦娘对氯磺隆产生了抗药性，但是对氯磺隆产生抗性的日本看麦娘种群并未对异丙隆、精噁唑禾草灵产生抗药性。2007 年杨彩宏、董立尧等报道了油菜田日本看麦娘对高效氟吡甲禾灵产生了抗药性，并对同一作用机理的芳氧苯氧基丙酸酯类（APPs）的精吡氟禾草灵、精喹禾灵、精噁唑禾草灵产生了交互抗性。随后，汤怀武、董立尧等进一步研究发现，对高效氟吡甲禾灵产生抗药性的日本看麦娘 ACCase 氨基酸 2041 位点异亮氨酸突变为天冬酰胺。Mohamed 等研究发现日本看麦娘对精噁唑禾草灵和最新用于防除麦田禾本科杂草的唑啉草酯产生了抗药性，抗性日本看麦娘 ACCase1781 位点存在异亮氨酸到亮氨酸的突变。毕亚玲研究发现，山东、河南多地的日本看麦娘对精噁唑禾草灵产生了抗药性。另外，在四川还报道了日本看麦娘对百草枯产生了抗药性。徐洪乐、董立尧等认为，我国江苏、安徽小麦田日本看麦娘对精噁唑禾草灵的抗药性已经较为普遍，抗药性程度也较为严重。徐洪乐、董立尧等采用整株生物测定法（茎叶处理）测定了采自江苏、安徽的 16 个日本看麦娘种群对精噁唑禾草灵的敏感性。结果发现，不同日本看麦娘种群对精噁唑禾草灵的敏感性存在明显的差异，在 16 个日本看麦娘种群中，采自江苏南京的 JNXW－1 对精噁唑禾草灵最敏感，抗性水平最高的为 AH-FD－1 种群，其 GR50 为 1 556.08 g a.i./hm²，相对于敏感对照种群 JNXW－1，抗性倍数为 102.59。而 JCJT－1、JCWJ－1、JZJR－2、JZJR－1、JCJT－3、AHFD－3、JLGY－4、AHFD－2、JCJT－2、JHJH－1、JNPK－1 种群也对精噁唑禾草灵产生了不同程度的抗性，抗性倍数分别为 92.23 倍、87.82 倍、87.07 倍、85.57 倍、65.96 倍、49.76 倍、42.32 倍、37.67 倍、34.56 倍、18.29 倍、2.13 倍（表 2－2）。抗性水平最高的种群已经对 APPs 类和 PPZs 类除草剂产生了抗性，但未对 CHDs 类和其他类除草剂产生抗药性。

表 2 - 2　整株生物测定不同日本看麦娘种群对精噁唑禾草灵的敏感性

种群 Population	抑制中剂量 $GR_{50} \pm SE^a$ /（g a. i. /hm^2）	相对抗性倍数[b] Relative resistance factor
AHFD - 1	1 556.08±85.83	102.59
AHFD - 2	571.34±134.67	37.67
AHFD - 3	754.78±134.78	49.76
JCJT - 1	1 398.88±488.80	92.23
JCJT - 2	524.23±79.29	34.56
JCJT - 3	1 000.37±242.05	65.96
JCWJ - 1	1 332.04±107.49	87.82
JCWJ - 2	21.44±0.43	1.41
JZJR - 1	1 297.86±344.00	85.57
JZJR - 2	1 320.69±367.43	87.07
JLGY - 1	16.45±4.28	1.08
JLGY - 4	641.95±51.52	42.32
JHJH - 1	277.37±99.98	18.29
JYFN - 1	29.24±3.38	1.93
JNPK - 1	32.29±8.56	2.13
JNXW - 1	15.17±0.98	1.00

注：a 表示标准误差；b 表示相对抗性倍数，抗性生物型 GR_{50} 相对于敏感生物型 GR_{50} 的比值。

3. 看麦娘　看麦娘（*Alopecurus aequalis*），一年生或越年生草本。秆少数丛生，细瘦，光滑，节处常膝曲，高 15～40 cm。叶鞘光滑，短于节间；叶舌膜质，长 2～5 mm；叶片扁平，长 3～10 cm，宽 2～6 mm。圆锥花序圆柱状，灰绿色，长 2～7 cm，宽 3～6 mm；小穗椭圆形或卵状长圆形，长 2～3 mm；颖膜质，基部互相连合，具 3 脉，脊上有细纤毛，侧脉下部有短毛；外稃膜质，先端钝，等大或稍长于颖，下部边缘互相连合，芒长 1.5～3.5 mm，约于稃体下部 1/4 处伸出，隐藏或稍外露；花药橙黄色，长 0.5～0.8 mm。颖果长约 1 mm。花果期 4～8 月（彩图 7、彩图 8）。

看麦娘主要分布在中国、土耳其、日本等亚洲国家，因其危害严重且难以防除，严重影响作物的产量。看麦娘是我国农田十大杂草之一，几乎遍及全国，尤以秦岭淮河流域以南稻茬麦田和油菜田发生最为严重。目前报道看麦娘发生较多的省份有江苏、安徽、山东、山西、湖北、湖南等。

看麦娘通过与作物竞争光、水、肥以及侵占生态空间，同时为一些真菌、害虫提供越冬场所，直接或间接影响作物的产量和品质。看麦娘发生危害的田块，作物一般减产

20％左右，严重的田块减产达 60％以上，甚至有的田块因草害太重而绝收（彩图 9）。主要原因有：①看麦娘的繁殖系数高，结实量大，蔓延速度快，平均分蘖成穗率约 80％，比小麦高 10％，单株繁殖系数为 7 000 左右，是小麦的 30 多倍；②药剂对看麦娘的有效防治时间短，防除效果差；③看麦娘与小麦亲缘关系较近，生长习性基本相同，在防治时存在很大困难；④看麦娘生育期 210 d 左右，比小麦早成熟 15～20 d 左右，小麦收获时，多数种子已落地；⑤看麦娘的蔓延速度快，可通过土壤、风力、人力和流水等多种途径传播；⑥看麦娘地下根群发达，3 叶期后开始分蘖，分蘖性强，分蘖后抗逆性增强，抗药性也随之增强。看麦娘种子具有一定的休眠性，看麦娘种子于 4 ℃条件下 800 mg/kg 浓度的 GA_3 浸种 5 d 后发芽率可提高至 80％以上。室温土壤浸水保存有利于其种子越夏，提高萌发率。

目前，已有关于看麦娘对多种除草剂产生抗药性报道。黄世霞等发现连续使用 ACCase 抑制剂类除草剂的油菜田看麦娘对高效氟吡甲禾灵、精喹禾灵和烯禾啶等药剂产生了抗药性；夏文文、董立尧等发现江苏多地看麦娘种群已对甲基二磺隆产生了抗药性；祝玮玮等报道看麦娘对精喹禾灵产生了高水平抗药性，还发现谷胱甘肽-S-转移酶代谢能力增强是其抗性机理；Saima 等在日本麦田采集到由靶标酶突变导致的抗氟乐灵看麦娘种群。

郭文磊在安徽、江苏、山东、河南等地采集 77 个看麦娘种群，以精噁唑禾草灵（62.1 g a.i./hm²）和甲基二磺隆（9 g a.i./hm²）田间推荐剂量对全部看麦娘种群进行了抗性初筛，发现分别有 37 个种群对精噁唑禾草灵产生了抗性、34 个种群对甲基二磺隆产生了抗性，其中 27 个种群对精噁唑禾草灵和甲基二磺隆产生了多抗性。采用整株剂量反应曲线法测定了看麦娘田间种群的抗性水平，大多数抗性种群对精噁唑禾草灵和甲基二磺隆均产生了高水平的抗性，抗性指数分别为 6.2～178.6 和 7.6～139.5。夏文文、董立尧等用整株生物测定法研究了采自江苏 9 个不同地点的看麦娘种群对甲基二磺隆的敏感性，发现 JTJY-1 和 JHHZ-1 看麦娘种群具有较高的抗性水平，其 GR_{50} 分别达 10.45 g a.i/hm² 和 23.87 g a.i/hm²，相对于敏感种群 JNXW-1，其抗性指数为 5.4 和 12.4。

4. 多花黑麦草 多花黑麦草（*Lolium multiflorum*），又名意大利黑麦草（Italian Ryegrass），属于禾本科，黑麦草属。原产于欧洲南部、非洲北部及小亚细亚等地。13 世纪已在意大利北部草地生长，故名意大利黑麦草。现分布于世界温带与亚热带地区。发芽种子幼根在紫外灯下发出荧光，而多年生黑麦草发芽种子幼根在紫外灯下则不会发出荧光。

多花黑麦草为一年生、越年生或短期多年生草本。根系发达致密，秆直立或基部偃卧节上生根，圆形，高 50～130 cm，具 4～5 节，较细弱至粗壮。叶鞘疏松；叶舌膜状，长达 4 mm，有时具叶耳；叶片扁平，长 10～20 cm，宽 3～8 mm，色较淡，幼叶展开前卷曲，无毛，上面微粗糙；叶鞘开裂，与节间等长或较节间短，位于基布叶鞘红褐色。穗形总状花序直立或弯曲，长 15～30 cm，宽 5～8 mm，每穗小穗数可多至 38 个，每小穗有小花 10～20 朵，多花黑麦草之名由此而来；穗轴柔软，节间长 10～15 mm，无毛，上面微粗糙；小穗含 10～15 小花，长 10～18 mm，宽 3～5 mm；小穗轴节间长约 1 mm，平滑无毛；颖披针形，质地较硬，具 5～7 脉，长 5～8 mm，具狭膜质边缘，顶端钝，通常与第一小花等长；外稃长圆状披针形，长约 6mm，具 5 脉，基盘小，顶端膜质透明，具长约 5~15 mm 的细芒，或上部小花无芒；内稃约与外稃等长，脊上具纤毛。颖果长圆形，长为宽的 3 倍，千粒重约 1.98 g。染色体 2n＝14（彩图 10、彩图 11）。

在我国适生于长江流域以南地区，在江西、湖南、江苏、浙江等省份均有作为主要牧草而人工栽培。近年，在中国河南、江苏及湖北区域逐渐蔓延到小麦田，成为小麦田一种恶性、抗性杂草（彩图 12）。喜温暖湿润气候，以长江流域冬小麦地区生长良好，不耐严寒和高温，待开花结实后结束生长周期，花果期在 6~7 月，全生育期 194~290 d，异花授粉，种子繁殖，繁殖能力极强。正常生长情况下 1 株多花黑麦草可有 60 多个分蘖，种子量达 15 000 余粒。

多花黑麦草是我国引进的一个主要冬季牧草品种。牧草引进为农业结构调整作出了贡献，然而也出现了一个令人担忧的问题，那就是这些牧草有演变为野生杂草而危害作物的可能。据报道，在河南驻马店及江苏徐州、连云港等地调查发现，在上一年冬季种植多花黑麦草的轮作麦田中自然萌发出了大量的多花黑麦草，其生长量远远大于日本看麦娘、菵草等恶性杂草，严重危害冬季作物的生长。这说明引进的多花黑麦草种植后散落于田间的种子有可能在土壤中安全越夏，并在下一季自然萌发、蔓延成野生恶性杂草。

目前，防除麦田多花黑麦草等禾本科杂草的药剂有精噁唑禾草灵、异丙隆、炔草酯、甲基二磺隆、啶磺草胺和唑啉草酯等。近年江苏、河南等部分地区农民反映小麦田多花黑麦草发生严重且防除困难，江苏赣榆农业技术推广人员反映精噁唑禾草灵对多花黑麦草已失去防除作用。

随着小麦田除草剂的长时间使用，杂草抗药性问题日益突出，特别是对一些作用靶标单一的除草剂产生抗药性问题。国外对多花黑麦草的抗药性研究较多。据 http：//www.weedscience.org 统计，最早是 1987 年，报道了在美国俄勒冈州小麦田中多花黑麦草对甲禾灵产生抗药性。之后，陆续报道了在英国、阿根廷、巴西、丹麦、法国、日本等国家多花黑麦草对草甘膦、禾灵、烯草酮等产生不同程度的抗药性。

在我国河南、江苏小麦田也发现多花黑麦草产生了抗药性。张佩、董立尧等通过对我国河南、江苏、陕西、山东等省份小麦田中 52 个多花黑麦草种群对精噁唑禾草灵抗药性水平测定发现，江苏的 4 个种群 JLGY－2、JLGY－6、JLGY－7、JLGY－14 及河南的 5 个种群 HZGX－1、HZGX－2、HZGX－3、HZYC－4、HZYC－5 对精噁唑禾草灵产生了较高程度的抗性（RI＞20），抗性指数分别为 27.92、27.96、27.47、24.57、40.13、24.06、54.59、24.36、27.40。抗性水平最高的为河南驻马店 HZYC－6 种群，其 GR_{50} 为 2 218.41 g a.i./hm^2，相对于敏感种群 JNXW－2，抗性指数为 99.39。相对敏感的为 JNXW－1、JNXW－2、JHHY－2、JCJT－1、JYGY－1、JLGY－8、JLGY－9、JCWJ-4 等 8 个种群；其他地区的种群对精噁唑禾草灵产生了低水平抗性。总计 52 个种群中有 42 个种群对精噁唑禾草灵产生了抗药性，表明所研究地区的多花黑麦草对精噁唑禾草灵的抗药性已经发生较为普遍（表 2－3）。

表 2 - 3 整株生物测定不同多花黑麦草种群对精噁唑禾草灵的敏感性

种群 Population	染色体倍性 Chromosome ploidy level	抑制中剂量 GR$_{50}$±SE^a/ (g a. i. /hm²)	抗性指数^b Relative resistance factor
JNPK - 1	2X	87.34±12.81	3.91
JNXW - 1	4X	35.76±9.63	1.60
JHHY - 2	2X	46.53±1.91	2.08
JLGY - 1	2X	75.15±23.67	3.37
JLGY - 2	2X	623.17±13.22	27.92
JLGY - 3	2X	277.55±11.36	12.44
JLGY - 4	2X	299.29±27.21	13.41
JLGY - 5	2X	110.60±22.16	4.96
JLGY - 6	2X	624.01±13.21	27.96
JCJT - 1	2X	24.60±1.52	1.10
JYGY - 1	4X	43.35±7.13	1.94
JYGY - 2	2X	48.00±11.22	2.15
JLGY - 7	2X	613.20±24.22	27.47
JLGY - 8	2X	41.21±1.91	1.85
JLGY - 9	2X	33.58±3.40	1.50
JLGY - 10	2X	124.65±4.93	5.58
JLGY - 11	2X	278.06±10.13	12.46
JLGY - 12	2X	283.01±28.6	12.68
JLGY - 13	2X	194.55±18.09	8.72
JLGY - 14	2X	548.42±14.22	24.57
JLGY - 15	2X	152.55±15.18	6.83
JSQP - 2	2X	87.34±6.80	3.91
JHLS - 2	2X	169.61±22.96	7.60
JHLS - 3	2X	248.25±29.70	11.32
JXSN - 1	2X	147.05±13.63	6.59
JXSN - 2	2X	113.11±25.91	5.07
JXSN - 3	2X	91.45±12.53	4.10
JXSN - 4	2X	183.06±38.46	8.20
JXSN - 5	2X	66.63±9.45	2.99
HXXX - 1	2X	153.25±20.39	6.87
JCWJ - 1	4X	53.45±2.25	2.39
JCWJ - 2	4X	49.57±10.43	2.22
JCWJ - 3	2X	76.02±5.13	3.41
JCWJ - 4	2X	29.36±1.41	1.32

（续）

种群 Population	染色体倍性 Chromosome ploidy level	抑制中剂量 $GR_{50} \pm SE^a /$（g a. i. /hm^2）	抗性指数[b] Relative resistance factor
SHJC-1	2X	95.90±15.13	4.30
HZGX-1	2X	895.65±21.22	40.13
HZGX-2	2X	536.93±19.91	24.06
HZGX-3	2X	1 218.53±23.41	54.59
HZYC-4	2X	543.79±11.93	24.36
HZYC-5	2X	611.52±23.13	27.40
HZYC-6	2X	2 218.41±38.60	99.39
HZYC-7	2X	61.02±14.09	2.73
JSSY-1	2X	212.93±24.22	9.54
JSSZ-1	2X	123.29±15.18	5.52
JSSZ-2	2X	247.06±16.80	11.07
JSSZ-3	2X	272.07±22.96	12.19
JSSZ-4	2X	47.09±5.52	2.11
JSPZ-1	2X	198.19±38.46	8.88
JSPZ-2	2X	78.82±9.45	3.53
JSPZ-3	2X	200.44±20.39	8.98
SXWY-1	2X	159.14±11.32	7.13
JNXW-2	2X	22.32±1.77	1.00

注：a 表示标准误差；b 表示抗性指数，抗性生物型 GR_{50} 相对于敏感生物型 GR_{50} 的比值。

5. 耿氏假硬草 耿氏假硬草，拉丁文名 *Pseudosclerochloa kengiana*（Ohwi）Tzvel.，英文名 stiffgrass。2002 年出版的《中国植物志》及相关记载均称之为硬草［*Sclerochloa kengiana*（Ohwi）Tzvel.］，直到 2013 版《中国植物志》（英文修订版）将其正式改为耿氏假硬草。耿氏假硬草为禾本科（Graminales）硬草属（*Sclerochloa* Beauv），一年生或越年生草本植物。

耿氏假硬草为一年生疏丛型草本。秆直立或基部斜升，高 20~30 cm，径约 2 mm，具 3 节，节部较肿胀。叶鞘平滑，下部闭合，长于其节间，具脊，顶生叶鞘长 4~11 cm；叶舌长 2~3.5 mm，顶端截平或具细齿裂；叶片线形，长 5~14 cm，宽 3~4 mm，扁平或对折，平滑或上面与边缘微粗糙。圆锥花序直立，坚硬，长 8~12 cm，宽 1~3 cm，紧缩而密集；分枝平滑，粗壮，直立开展，常一长一短孪生于各节，长者达 3 cm，短者具 1~2 枚小穗；小穗柄粗，侧生者长 0.5~1 mm，顶生者长 2.5 mm；小穗含 2~5（7）小花，长 4~5.5 mm，草绿色或淡褐色；小穗轴节间粗厚，长约 1 mm；颖卵状长圆形，顶端钝或尖，第一颖长约 1.5 mm，具 1 脉，第二颖长 2~3 mm，具 3 脉；外稃宽卵形，具 5 脉，中脉粗壮隆起成脊，边缘具狭膜质，先端微糙涩，基部平滑无毛，第一外稃长约 3 mm；内稃长 2~2.5 mm，宽约 0.8 mm，脊微粗糙；花药长约 1 mm。颖果纺锤形，长约 1.5 mm。花果期 4~6 月（彩图 13、彩图 14）。

耿氏假硬草一般在 10 月中下旬（日平均温度 15~18 ℃）开始萌发出苗，与当地小麦出苗基本同步。自主茎 3 叶期后即可发生分蘖，冬前主茎可生长 7~8 叶，在生态竞争不激烈时，单株茎蘖数可达 8~10 个。浅耕播种的小麦田耿氏假硬草的出草高峰为播后 10~25 d，即小麦主茎叶龄 2~4 叶期之间，高峰期出草量占全年的 87%，高峰期后仅有零星小草出生，至 12 月中旬进入越冬期，越冬期间有部分小草死亡，消亡率为 5%，冬后 3 月初有一出草小高峰，但出草量仅占总出草量的 4.5%。翌年 4 月中旬开始陆续抽穗，5 月中下旬全部成熟，比小麦成熟期提前 20 d 左右，全生育期最长约 210 d。耿氏假硬草种子具有 1 个月以上的休眠期，土壤层积和低温水储利于解除种子休眠；种子萌发最适宜温度为 15~20 ℃；萌发过程不需要光照刺激，且不同光照周期对种子萌发没有明显影响；在 pH4~10 均可萌发，不同 pH 之间种子萌发没有显著性差异；对水势不敏感，当水势＞−0.6 MPa 时其萌发率才有明显下降；具有较高的耐盐性，当 NaCl 浓度达到高浓度 160 mmol/L 时，其萌发率仍高达 83%。种子在埋土深度＜0.50 cm 时出苗不受影响，当埋种深度＞2cm 时，已基本不能出苗。不同生境条件下，耿氏假硬草穗平均长度为 17.24 cm，小穗长度 4.93 mm，每穗小穗数 196 个，千粒重 0.24 g。

耿氏假硬草的繁殖能力极强，其平均株高为 72 cm，在一些受危害较重的小麦田里其群体密度可达 1 000~5 000 株/hm²。耿氏假硬草种子在干储条件下萌发率很低，即使干储 1~2 年其萌发率仍不足 20%。据报道，耿氏假硬草在浸水条件下其萌发率可达 90% 以上。

耿氏假硬草是亚热带和温带地区一种广泛分布的常见杂草，喜湿耐旱，抗盐、耐瘠和耐荫，能在许多环境条件下生存，常见于潮湿的山地和低洼湿润地带。在国内其主要分布于上海、江苏、安徽、河南、山东等省份，主要生长于稻茬麦田，对小麦的危害非常严重（彩图 15）。耿氏假硬草与小麦的竞争主要是在小麦叶龄 4~7 叶期，在小麦 4 叶期之前，小麦与耿氏假硬草的个体均较小，在光照、温度、水肥上的竞争较少。小麦进入 7 叶期后，已具备了相当的竞争能力，且田间出生的耿氏假硬草数量已较少，故不会对产量造成显著影响。而小麦 4~7 叶期是基本决定小麦有效分蘖数的关键时期，此期间麦草之间激烈的竞争，会严重抑制小麦的有效分蘖，造成每亩成穗数损失 15.6%，导致小麦产量大幅度下降，减产 21.9%。

自 20 世纪 90 年代开始，耿氏假硬草在小麦田发生基数不断增加，逐渐成为部分地区小麦田杂草群落的优势种群，严重影响小麦的产量和品质。由于耿氏假硬草与小麦苗争夺养分、水分和光照等植物生长的资源，严重抑制了小麦有效分蘖的发生，导致小麦产量大幅下降。朱国家报道称部分农田因耿氏假硬草等草害过重而抛荒。小麦田耿氏假硬草的防除可采用人工铲除、化学除草等措施，其中，喷施除草剂以其省工、省时、除草效率高而成为防除耿氏假硬草的首选方法。

袁国徽通过测定采自山东、江苏、河南 3 个省份的 62 个耿氏假硬草种群对精噁唑禾草灵的敏感性发现，有 25 个种群对精噁唑禾草灵产生了抗性，37 个种群对精噁唑禾草灵敏感。采用剂量反应曲线法对初筛的 25 个抗药性种群和 5 个敏感种群进行了抗性水平测定，发现所有抗药性种群均对精噁唑禾草灵均产生了较高水平的抗性，其抗性指数为 14.7~103.2。

　　高海涛、董立尧等采用整株生物测定法测定了采自江苏、安徽、上海、山东、河南的30个耿氏假硬草种群对精噁唑禾草灵的敏感性。如表2-4所示，不同的耿氏假硬草种群对精噁唑禾草灵的敏感性各有差异。其中，大多数耿氏假硬草的 GR_{50} 为 $10\sim20$ g a. i. /hm^2，均小于精噁唑禾草灵的田间推荐剂量 62 g a. i. /hm^2；而 JYJD-2 种群的 GR_{50} 达到了159.03 g a. i. /hm^2，相对于最敏感的 JYJD-1 种群（其 GR_{50} 为 10.14 g a. i. /hm^2），其抗性指数为15.68。JYJD-2 种群对精喹禾灵与唑啉草酯产生了较低的抗性，其抗性指数为 4.50 和3.36。对高效氟吡甲禾灵、精吡氟禾草灵、炔草酯、噁唑酰草胺、烯禾啶、烯草酮敏感，其抗性指数分别为 0.77、0.93、1.20、1.34、1.12、1.48。JYJD-2 种群对 ALS 抑制剂甲基二磺隆、甲咪唑烟酸和啶磺草胺的 GR_{50} 分别为 5.71 g a. i. /hm^2、45.41 g a. i. /hm^2 和4.94 g a. i. /hm^2，均小于各药剂的田间推荐剂量。对光合作用抑制剂扑草净和异丙隆的 GR_{50} 分别为 241.81 g a. i. /hm^2 与 906.22 g a. i. /hm^2，抗性指数为 1.42 和 2.01。对有机磷类抑制剂草甘膦异丙胺盐的 GR_{50} 为 257.60 g a. i. /hm^2，抗性指数为 1.01。

表2-4　整株生物测定不同耿氏假硬草种群对精噁唑禾草灵的敏感性

种群 Population	抑制中剂量 $GR_{50}\pm SE$ [a] / (g a. i. /hm^2)	抗性指数 [b] Relative resistance factor
JLGY-1	14.07±3.31	1.39
JLGY-2	12.98±0.99	1.28
JLGY-3	19.81±4.72	1.95
JLGY-4	14.12±4.87	1.39
JLGY-5	20.02±2.31	1.97
JLGY-6	18.07±0.89	1.78
JLGY-7	24.32±2.61	2.40
JLGY-8	13.55±2.55	1.34
JLGY-9	21.31±2.10	2.10
JXTS-1	16.23±3.73	1.60
JXTS-2	14.03±2.87	1.38
JXTS-3	12.28±2.33	1.21
JXTS-4	20.06±4.59	1.97
JXTS-5	13.97±1.93	1.38
JXTS-6	15.04±8.46	1.48
JXTS-7	11.11±5.33	1.10
JXTS-8	10.74±4.29	1.06
JYFN	11.63±3.62	1.15
JHLS-1	14.37±7.09	1.42
JHLS-2	13.99±4.31	1.38
JYJD-1	10.14±4.22	1.00
JYJD-2	159.03±5.88	15.68

（续）

种群 Population	抑制中剂量 GR$_{50}\pm$SE ^{a}/（g a. i. /hm^2）	抗性指数^b Relative resistance factor
JCJT	10.73±3.52	1.06
HZYY	20.91±5.21	2.06
HKKF	18.65±3.23	1.84
ASXX	19.95±3.27	1.97
SHQP-1	13.21±1.96	1.30
SHQP-2	19.03±4.08	1.88
SHQP-3	12.98±4.70	1.28
SHJC	12.68±4.34	1.25

注：a 表示标准误差；b 表示抗性指数，即抗性生物型 GR$_{50}$ 相对于敏感生物型 GR$_{50}$ 的比值。

6. 棒头草　棒头草（*Polypogon fugax*）属禾本科（Gramineae）棒头草属（*Polypogon*），一年生或越年生草本。棒头草秆丛生、无毛；叶鞘平滑无毛，多短于或下部长于节间；叶舌膜质，长圆形，常 2 裂或顶端呈不整齐的齿裂；叶片扁平，微粗糙或背部光滑；圆锥花序穗状，长圆形或卵圆形，具缺刻或间断；小穗灰绿色或部分带紫色，有 1 小花，两侧压扁，小穗轴有关节；外稃较颖短，有短芒，芒直而纤细，粗糙且易脱落；颖果椭圆形。一般每年 9～10 月出苗，翌年 4～6 月开花，种子繁殖（彩图 16、彩图 17）。

棒头草的生育周期与许多夏熟作物吻合，包括小麦、油菜等。棒头草不存在无性生殖，仅依靠种子繁殖，且其种子体积较小，便于随风、水流等自然条件及人类活动向周围扩散传播。棒头草具有广泛的适应性，经常发生于低洼、潮湿和土壤肥沃的地区，属于喜湿性杂草，可以在谷物、油菜、蔬菜、苗圃等作物田及城市绿地发生，尤以水改旱时发生量大，危害严重。棒头草在许多亚热带及温带地区的危害正逐步加重，非洲北部、亚洲大部、大洋洲和美洲的局部地区也有发生。据报道，棒头草在巴基斯坦等国的农田里已经成为具有优势地位的杂草。

在我国，除东北地区外，棒头草在其余地区均有发生，尤其在长江流域及其以南各地发生较严重。棒头草主要发生在田埂、田边和路边，但目前已逐步扩散进入农田，并在部分地区成为优势杂草，造成严重危害。张洪进报道，增加 1 株/hm^2 棒头草，可造成小麦穗数减少 495 个/hm^2。在四川，棒头草已成为小麦田优势杂草（彩图 18），与已发生多年的小麦田恶性杂草看麦娘具有同等的地位。在江苏南部地区，棒头草也已经成为小麦田次要杂草，其危害程度仅次于日本看麦娘、看麦娘和菵草。此外，棒头草在安徽、湖北、贵州和重庆等省份也已造成危害。

前期研究发现，多种防除小麦田、油菜田禾本科杂草的常用除草剂都能有效控制棒头草的危害，如 69 g/L 精噁唑禾草灵水乳剂和 15% 炔草酯可湿性粉剂用量分别为 62.10 g a. i. /hm^2 和 45 g a. i. /hm^2 时，对棒头草的株防效即可达到 84% 和 90%，12 g/L 甲基二磺隆·碘甲磺隆油悬浮剂 1 125 mL a. i. /hm^2 和 7.5% 甲氧磺草胺水分散粒剂 187.5 g a. i /hm^2 对棒头草的株防效可以达到 100%。此外使用 5% 唑啉草酯乳油

1 200 mL a. i. /hm^{2}也可有效地控制棒头草的发生。但经 ALS 抑制剂啶磺草胺处理 15 d 后，棒头草叶尖干枯，生长受到一定的抑制，但抑制程度不高，处理后 40 d，啶磺草胺对棒头草的防除效果显著，但其 GR$_{90}$是田间推荐剂量的 2 倍。

随着农田除草剂的长期单一使用，棒头草对农田除草剂的敏感性也正逐步下降。稻茬免耕麦田连续 5 年单用 20％百草枯水剂 3 000 mL/hm^2 处理后，棒头草的密度从 25.25 株/m^{2}上升到 38.75 株/m^2，而采自四川的棒头草种群，已经对炔草酸、精吡氟禾草灵、高效氟吡甲禾灵、精喹禾灵和精噁唑禾草灵 5 种 APPs 类除草剂产生了抗药性。

三、耐精噁唑禾草灵杂草——早熟禾

王红春、董立尧等研究发现，早熟禾对精噁唑禾草灵具有天然耐药性。早熟禾为一年生或越年生禾本科杂草，属禾本科早熟禾亚科早熟禾属。早熟禾植株矮小，秆丛生，直立或基部稍倾斜，高 7～25 cm。叶鞘光滑无毛，常自中部以下闭合，长于节间，叶舌薄膜质，圆头形，长 1～2 mm，叶片柔软，先端船形，长 2～10 cm，宽 1～5 mm。圆锥花序开展，每节有 1～3 个分枝，分枝光滑，小穗长 3～6 mm，有 3～5 朵小花，颖有宽膜质边缘。果纺锤形，具 3 棱，深黄褐色，长 1.1～2 mm，宽约 0.5 mm，顶部钝圆，具毛茸。幼苗初生叶线状披针形，略内折，先端舟形，长 1.5～2.2 cm，宽 0.6 mm，有 3 条直出平行脉（彩图 19、彩图 20）。

早熟禾萌发的适宜温度范围为 10～19 ℃；早熟禾的萌发对光照的要求并不严格，但生长需要长日照条件，若日照少于 12 h 很难开花；早熟禾于土壤中的出苗深度约为 0～3 cm。早熟禾在水田、旱田中寿命不同，水田第一年发芽率为 86.7％，旱田为 41.0％；第二年水田为 3.3％，旱田为 8.0％。成熟的早熟禾籽实具有大约 20 d 的休眠期。0.5％次氯酸钠消毒后 4 ℃清水浸泡、室外自然条件土壤层积、室外自然条件水下土壤层积均可快速解除早熟禾籽实的休眠，但低温干燥条件不利于其休眠解除；赤霉素 250 mg/L、乙烯利 31.25 mg/L 或硝酸钾 500 mg/L 室温浸泡早熟禾籽实 24h 均可有效解除其休眠；早熟禾籽实萌发适宜温度为 10～25 ℃，光照、酸碱度、盐胁迫均非其萌发的限制性因素，其萌发对水分胁迫非常敏感，0～2.0 cm 土壤深度时早熟禾的出苗率均可达到 55％以上，土壤深度为 3.5 cm 时，早熟禾籽实几乎不能出苗。

早熟禾适生于阴湿环境，主要分布于油菜、甜菜、谷类、蔬菜等作物田及草坪、果园和苗圃园等，也可生于森林草原带、沙漠地区的绿洲和海拔 1 700～4 800 m 的高海拔地区，是世界广布性杂草之一。在我国，早熟禾主要发生于田垄、宅旁和路边，在局部地区农田危害较重。据报道，上海、江苏靖江和通州、贵州贵阳和都匀等地小麦田中早熟禾发生量大（彩图 21）；湖南常德、四川夹江、江苏如皋、安徽安庆等地油菜田杂草以早熟禾等为优势种。

1996 年 Herbert 等报道采集于英国的早熟禾对喹禾灵、烯禾啶、吡氟禾草灵具有耐药性，其 ACCase 对喹禾灵的敏感性较低。随后发现早熟禾 ACCase 与喹禾灵的亲和力较低。2002 年 Takahashi 等发现 CHDs 类除草剂吡喃草酮可有效抑制早熟禾 ACCase 活性，早熟禾对其敏感。2005 年 Délye 等报道采集于法国的早熟禾 ACCase 氨基酸 1781 位点天然存在抗性突变类型氨基酸亮氨酸，而1781位点亮氨酸的存在可导致禾本科杂草对部分APPs类与CHDs类除草剂产生抗药性。

王红春、董立尧等通过测定采集于上海、安徽、江苏和河南的21种早熟禾生物型对精噁唑禾草灵的敏感性发现，21种生物型对精噁唑禾草灵均不敏感。精噁唑禾草灵对不同的早熟禾生物型均具有较高的GR_{50}，彼此之间无显著差异，其GR_{50}为精噁唑禾草灵田间推荐剂量下限（41.40～51.75 g a. i. /hm²）的52.67～124.22倍（表2-5）。采集于江苏南京紫金山风景区无用药历史的早熟禾的GR_{50}为精噁唑禾草灵田间推荐剂量（2 180.40 g a. i. /hm²）42.13～52.67倍，而此剂量无法应用于田间，明确了早熟禾对精噁唑禾草灵具有天然抗药性，即耐药性。进一步研究发现，采集于长江中下游流域的早熟禾ACCase氨基酸1781位点同样天然存在抗性突变类型氨基酸亮氨酸，且在精噁唑禾草灵的胁迫诱导下早熟禾的细胞色素P450氧化酶活性得到了显著提升。

表2-5 整株生物测定不同早熟禾生物型对精噁唑禾草灵的敏感性

生物型 Biotypes	抑制中剂量 $GR_{50} \pm SE^{a}$ / (g a. i. /hm²)	相对耐性指数[*] Relative tolerance index
A	3 086.85±33.72	74.56
B	2 719.20±108.96	65.68
C	4 246.65±127.80	102.58
D	3 630.15±117.69	87.68
E	3 067.80±185.41	74.1
F	3 930.90±140.40	94.95
G	2 180.40±73.80	52.67
H	5 142.90±146.23	124.22
I	3 377.85±279.45	81.59
J	4 789.65±62.73	115.69
K	3 117.30±168.75	75.3
L	4 319.55±202.64	104.34
M	3 859.35±60.00	93.22
N	4 705.95±117.75	113.67
O	4 844.55±198.77	117.02
P	4 380.90±82.83	105.82
Q	3 524.40±68.25	85.13
R	3 875.85±72.32	93.62
S	2 183.55±105.75	52.74
T	2 990.10±187.65	72.22
U	2 464.35±163.05	59.53

注：[*] 相对耐性指数，早熟禾GR_{50}相对于精噁唑禾草灵田间推荐剂量下限41.40 g a. i/hm² 的比值；不同的字母表示其具有统计学差异显著性（Tukey检验）。

第三章
杂草抗精噁唑禾草灵的机理

　　杂草对除草剂的抗性机理复杂而多样，但一般来说可以分为靶标抗性和非靶标抗性。靶标是指除草剂在杂草中发挥作用的直接对象，如精噁唑禾草灵、炔草酯、唑啉草酯、烯禾啶等 ACCase 抑制剂类除草剂的靶标为植物的乙酰辅酶 A 羧化酶，烟嘧磺隆、五氟磺草胺、啶磺草胺、甲基二磺隆等 ALS 抑制剂类除草剂的靶标是植物的乙酰乳酸合酶。非靶标即除草剂作用靶标以外的其他方式。靶标抗性包括靶标位点蛋白的过量表达补偿除草剂的抑制作用以及靶标位点基因的突变导致靶蛋白 3D 结构或者电化学性质的改变；非靶标抗性包括除草剂吸收渗透减弱、传导变慢、解毒代谢能力增强、对细胞毒素等的中和作用等（图 3 - 1）。

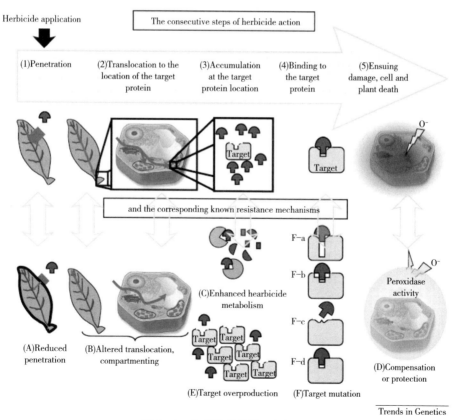

图 3 - 1　杂草抗药性的一般机理

一、杂草抗精噁唑禾草灵的靶标抗性机理

精噁唑禾草灵属于 ACCase 抑制剂类除草剂。ACCase 抑制剂类除草剂是一种作用位点单一的高效除草剂。自 20 世纪 80 年代以来，精噁唑禾草灵就在世界范围内广泛用于防除禾本科杂草。然而，随着该药剂的使用，杂草对该类药剂的抗药性问题也开始凸显。从全球不同作用机理的除草剂抗性状况来看，ACCase 抑制剂类除草剂的抗性严重程度仅次于乙酰乳酸合酶（ALS）抑制剂类除草剂和三氮苯类抑制剂类除草剂。1982 年，澳大利亚发现首例抗 ACCase 抑制剂类除草剂的瑞士黑麦草，截至 2019 年 10 月，全球已有 42个国家共计 48 种杂草对此类除草剂产生了抗药性（图 3-2）。该类药剂施用不到 10 年，杂草就有可能对该类药剂产生抗药性。在对 ACCase 抑制剂类除草剂产生抗性的杂草中，鼠尾看麦娘、瑞士黑麦草和野燕麦的抗性发生最为严重。我国最早报道抗 ACCase 抑制剂类除草剂的杂草是日本看麦娘。

1 ▭ 15

图 3-2　全球抗 ACCase 抑制剂杂草的状况（种类）

1. 乙酰辅酶 A 羧化酶抑制剂抗药性机理概述　作为茎叶处理剂，ACCase 抑制剂类除草剂施用到杂草上后，首先渗透到杂草体内，然后被转运到靶标蛋白——ACCase，并在靶标蛋白处富集，接着除草剂与靶标蛋白结合，从而影响杂草脂肪酸的正常生物合成、破坏细胞结构以及产生细胞毒素。杂草正是在除草剂发挥作用的各个环节发生相应的改变，从而对除草剂产生了抗药性。

（1）乙酰辅酶 A 羧化酶变化与抗药性。靶标抗性是杂草对 ACCase 抑制剂类除草剂产生抗药性的重要机理之一，对 ACCase 抑制剂类除草剂的靶标抗性机理主要有 ACCase蛋白的过量表达补偿除草剂的抑制、ACCase 基因的突变导致 ACCase 蛋白 3D 结构或者电化学性质的改变。

①ACCase 蛋白的过量表达补偿除草剂的抑制。ACCase 的过量表达与此类除草剂抗性相关首次提出于 2001 年。Bradley 等在研究石茅对 APPs 和 CHDs 抗性机理时发现抗性种群和敏感种群之间 ACCase 的相对活性没有差异，但是抗性种群的绝对活性高于敏感种群。他们认为导致这种情况发生的原因是抗性石茅的 ACCase 过量表达。对抗精吡氟禾草灵的牛筋草抗性机理研究中发现，抗性牛筋草相对于敏感牛筋草在精吡氟禾草灵施用后 ACCase 的表达量出现了差异。徐洪乐等利用筛选的内参基因进行了抗性突变型和野生型日本看麦娘在精噁唑禾草灵处理前后，根、茎和叶中 ACCase 基因表达量的研究，结果表明，突变型日本看麦娘相对于野生型日本看麦娘在根中 ACCase 基因的表达量在药剂处理前后均没有显著性差异，而在药剂处理 2 h 的叶中，药剂处理 3 d、5 d 和 7 d 的茎中，突变型日本看麦娘 ACCase 基因的表达量显著高于野生型日本看麦娘，从而推测 ACCase 基因表达量的差异可能是 Trp - 1999- Cys 突变型日本看麦娘对精噁唑禾草灵产生抗药性的靶标酶机理之一。通过荧光定量 PCR 技术分析敏感和抗性菵草 ACCase 基因的表达量的变化，发现在精噁唑禾草灵处理前，5 个抗性菵草种群中 ACCase 基因的表达量均高于敏感种群。由此推测，靶标酶 ACCase 基因在抗性菵草中的高表达也是抗性菵草对精噁唑禾草灵产生抗性的原因之一。但是，目前仍没有充分的研究表明 ACCase 的过量表达与抗性有直接关系。

②ACCase 基因的突变导致 ACCase 蛋白 3D 结构或者电化学性质的改变。ACCase 抑制剂类除草剂的靶标抗性是由羧基转移酶结构域（简称 CT 区）上单个氨基酸的变化而引起的，该变化可以影响杂草的 ACCase 同除草剂的有效结合，从而影响除草剂药效（图 3 - 3）。Volenberg 等报道大狗尾草和马唐对烯草酮、精吡氟禾草灵和烯禾啶产生抗药性是由于 ACCase 结构发生了变化。Délye 等报道瑞士黑麦草对禾草灵的抗性是由于 ACCase 基因编码的 1780 位异亮氨酸突变为亮氨酸。徐洪乐等对我国日本看麦娘抗精噁唑禾草灵的机理研究发现，ACCase 氨基酸发生了 Trp - 2027 - Cys、Asp - 2078 - Gly、Ile - 1781 - Leu、Ile - 2041 - Asn、Trp - 1999 - Cys、Trp - 1999 - Leu 的 5 个位点 6 种突变。潘浪等在抗性菵草种群中也发现 5 处突变，分别是 I1781L、W2027C、I2041N、D2078G、G2096A。Zhang 等发现瑞士黑麦草中 ACCase CT 区中 6 个不同位置的氨基酸取代可导致其对 APPs 的抗药性。Hochberg 等研究发现欧洲奇异蔄草 ACCase 中 Asp - 2078 - Gly 及 Ile - 2041 - Asn 的突变可导致其对 APPs 的抗药性。Kaundun 报道多花黑麦草中 ACCase CT 区 Asp - 2078 - Gly 突变可导致其对禾草灵、烯禾啶和唑啉草酯的抗药性。

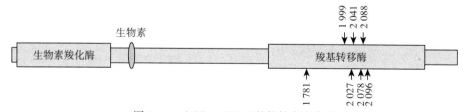

图 3 - 3　ACCase CT 区的抗性突变位点

ACCase 氨基酸的突变被认为是杂草对 ACCase 抑制剂产生抗药性的重要机制。目前为止，已经发现 7 个位点 13 种氨基酸突变可能与抗性相关，这些氨基酸突变会导致杂草对 ACCase 抑制剂类除草剂产生不同程度的抗性以及产生不同的交互抗性（表 3 - 1）。

表 3-1　ACCase CT 区的抗性突变杂草及其抗性状况

氨基酸突变	杂草种类	抗性情况		
		APPs	CHDs	PPZs
Ile-1781-Leu	*Alopecurus myosuroides*（鼠尾看麦娘） *Lolium rigidum*（瑞士黑麦草） *Setaria viridis*（狗尾草） *Avena sterilis*（不实野燕麦） *Lolium multiflorum*（多花黑麦草） *Lolium* spp.（黑麦草属杂草） *Alopecurus japonicus*（日本看麦娘） *Beckmannia syzigachne*（茵草）	R	R	R
Ile-1781-Val	*Phalaris paradoxa*（奇异蘭草）	R	R	R
Ile-1781-Thr	*Alopecurus myosuroides*（鼠尾看麦娘）	R	R	R
Trp-1999-Cys	*Avena sterilis*（不实野燕麦） *Alopecurus japonicus*（日本看麦娘）	R[a]	S	R
Trp-1999-Leu	*Lolium* spp.（黑麦草属杂草） *Alopecurus japonicus*（日本看麦娘）	R	S	—
Trp-1999-Ser	*Lolium multiflorum*（多花黑麦草）	R	R/S	R
Trp-2027-Cys	*Alopecurus myosuroides*（鼠尾看麦娘） *Avena sterilis*（不实野燕麦） *Lolium rigidum*（瑞士黑麦草） *Alopecurus japonicus*（日本看麦娘）	R	R/S	R
Ile-2041-Asn	*Alopecurus myosuroides*（鼠尾看麦娘） *Lolium rigidum*（瑞士黑麦草） *Avena sterilis*（不实野燕麦） *Lolium* spp.（黑麦草属杂草） *Alopecurus japonicus*（日本看麦娘） *Avena fatua* L.（野燕麦）	R	R/S	R
Ile-2041-Val	*Lolium rigidum*（瑞士黑麦草）	R/S	S	—
Asp-2078-Gly	*Alopecurus myosuroides*（鼠尾看麦娘） *Lolium rigidum*（瑞士黑麦草） *Avena sterilis*（不实野燕麦） *Phalaris paradoxa*（奇异蘭草）	R	R	R
Cys-2088-Arg	*Lolium rigidum*（瑞士黑麦草）	R	R	R

（续）

氨基酸突变	杂草种类	抗性情况		
		APPs	CHDs	PPZs
Gly - 2096 - Ala	*Alopecurus myosuroides*（鼠尾看麦娘） *Lolium* spp.（黑麦草属杂草）	R	S	S
Gly - 2096 - Ser	*Phalaris paradoxa*（奇异鹣草） *Avena fatua* L.（野燕麦）	R	R	R

在 1781 位点有 3 种突变被认为与抗性相关，即 Ile - 1781 - Leu、Ile - 1781 - Val 和 Ile - 1781 - Thr。Ile - 1781 - Leu 是最先被认为与抗性相关的靶标酶突变，随后越来越多研究者在多种抗性杂草中发现了此突变。Ile - 1781 - Val 则是 2011 年在意大利对抗性奇异鹣草的研究中被发现的，目前对于该突变的研究较少，只知道在奇异鹣草中，该突变导致其对三类 ACCase 抑制剂类除草剂均能产生不同程度的抗性（表 3 - 1）。Ile - 1781 - Thr 突变是 2013 年在鼠尾看麦娘中被发现。Kaundun 等发现 Ile - 1781 - Thr 突变导致鼠尾看麦娘对噻草酮和炔草酯产生抗性，而对唑啉草酯的抗性较低。

在对酵母 ACCase 的研究中，酵母的 ACCase 的 1705 位点（相当于杂草 ACCase 氨基酸 1781 位点）位于三类 ACCase 抑制剂类除草剂与 ACCase 活性部位的结合位点中（图 3 - 4）。1781 位点也是目前为止发现最多的抗性突变，这更进一步说明该位点在 ACCase 抑制剂类除草剂与 ACCase 结合的中重要作用。正是该位点的特殊"地位"，导致了该位点发生突变的杂草几乎对所有 ACCase 抑制剂类除草剂产生了抗药性（表 3 - 1）。同时，在 Ile - 1781 - Leu 研究中发现，该突变并不导致 ACCase 酶活性的改变，这与对其适合度的研究结果相一致。在对 Ile - 1781 - Leu 突变的鼠尾看麦娘和瑞士黑麦草的适合度研究中，并没有发现突变会导致适合度的下降。值得注意的是，Wang 等在研究 Ile - 1781 - Leu 突变型狗尾草时发现，狗尾草并没有发生适合度下降，反而抗性生物型相对于敏感生物型生长的更好，并且具有开花期更早、分蘖更多和结实量更大等适合度上升的现象。

2007 年，Liu 等在研究抗性不实野燕麦时发现了 Trp - 1999 - Cys 突变，并通过酵母基因置换进一步验证了该突变导致其对 ACCase 抑制剂类除草剂产生了抗性。但是，该研究表明，Trp - 1999 - Cys 突变只对精噁唑禾草灵产生抗药性，而对吡氟氯禾灵、炔草酸和烯禾啶敏感。最近，Jang 等研究发现 Trp - 1999 - Cys 突变不仅会导致对精噁唑禾草灵的抗性而且会导致对精喹禾灵的抗性，并且指出这 2 种除草剂均具有很大的芳香环，这可能与 Trp - 1999 - Cys 突变导致对这 2 种除草剂的抗性有关。徐洪乐等在对 Trp - 1999 - Cys 突变日本看麦娘的研究中证实，该突变还能够导致杂草对唑啉草酯产生抗药性。随后，在鼠尾看麦娘和黑麦草中也发现了 Trp - 1999 - Leu 突变，但是在这 2 种杂草中 Trp - 1999 - Leu 突变与抗性的关系并没有得到明确。Xu 等首次明确了 Trp - 1999 - Leu 突变能够导致杂草对精噁唑禾草灵的抗药性。Kaundun 等在对多花黑麦草的研究中发现了 Trp - 1999 - Ser 突变，并且利用分子标记，通过比较分析多花黑麦草植株基因型和表现型之间的关系，明确了该突变导致多花黑麦草对高效氟吡甲禾灵、唑啉草酯、烯禾啶和噻草酮产生抗性，而对烯草酮和吡喃草酮敏感。Liu 等在对 Trp - 1999 - Cys 突变的酵母

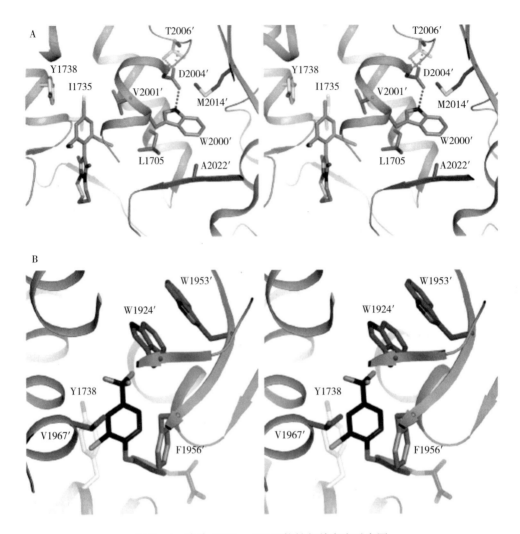

图 3-4 酵母 ACCase CT 区抗性相关突变示意图

A. 1781 位点（相当于酵母 ACCase 的 1705 位点），2078 位点（相当于 2004 位点），2088 位点（相当于 2014 位点），2096 位点（相当于 2022 位点），图中药剂为唑啉草酯

B. 1999 位点（相当于 1924 位点），2027 位点（相当于 1953 位点），2041 位点（相当于 1967 位点），图中药剂为吡氟氯禾灵

基因置换品系研究中发现该突变品系生长较为缓慢，揭示了该突变对酶的催化活性有影响，并指出该突变可能会导致杂草的适合度下降。同样的，Jang 等也指出 Trp-1999-Cys 和 Trp-1999-Ser 突变均会导致杂草的适合度下降。值得注意的是，ACCase 氨基酸 1999 位点的改变是目前为止发现较少的突变。一种解释是该位点突变会导致杂草的适合度严重下降，所以具有该突变的杂草在自然条件下不具有竞争力；另一种解释是 ACCase 氨基酸 1999 位点改变只对较少的 ACCase 抑制剂类除草剂有抗性，这样在小麦田或者油菜田通过 ACCase 抑制剂类除草剂的轮用可以有效防除具有该位点突变的杂草。

Trp - 2027 - Cys 突变于 2005 年在抗性鼠尾看麦娘中被发现，随后该突变在多种杂草中被发现并证明会导致杂草对 APPs 类和 PPZs 类除草剂产生抗性（表 3 - 1）。ACCase 氨基酸 2027 位点被认为在 CT 区活性位点的底部，并且 Trp - 2027 - Cys 突变会导致 ACCase 抑制剂类除草剂与 ACCase 结合部位构象发生变化和影响氢键之间的相互作用。在研究 ACCase 活性时，Délye 等、Yu 等和 Xu 等均发现 Trp - 2027 - Cys 突变会导致 ACCase 活性下降，这在一定程度上说明了该位点对 ACCase 催化活性的重要性，同时推论该突变可能会导致相应突变的抗性杂草出现适合度下降现象。但是目前为止，仍然没有研究直接表明 Trp - 2027 - Cys 突变会导致杂草的适合度下降。

Ile - 2041 - Asn 和 Ile - 2041 - Val 突变均被认为与抗性相关。Délye 等于 2003 年在研究抗性鼠尾看麦娘中发现 Ile - 2041 - Val 突变会导致杂草对部分 APPs 类除草剂产生抗性而对 CHDs 类除草剂敏感（表 3 - 1），但是随后未见关于该突变的其他报道。Ile - 2041 - Asn 突变在多种杂草中被证实与抗性有关，该突变一般被认为能够导致杂草对 APPs 类和 PPZs 类除草剂产生抗性（表 3 - 1）。通过对酵母 ACCase 的研究中发现酵母 ACCase 1967（相当于杂草 ACCase 氨基酸 2041 位点）残基位于 APPs 与 ACCase 结合部位之中，而与 CHDs 类除草剂结合部位较远，这进一步解释了该 2041 位点突变导致杂草对 APPs 类除草剂产生较强的抗性，而对 CHDs 不产生或产生较低的抗性。Ile - 2041 - Asn 突变被认为并不影响 ACCase 的功能，Menchari 等研究表明 Ile - 2041 - Asn 突变和敏感鼠尾看麦娘之间在生物量、植株高度和产实量之间没有差异，认为该突变并不会导致杂草的适合度下降。

Asp - 2078 - Gly 突变是能够对三类 ACCase 抑制剂类除草剂均产生抗性（表 3 - 1）。该突变于 2005 年在抗性鼠尾看麦娘中被首次发现，随后在瑞士黑麦草、不实野燕麦、奇异虉草和多花黑麦草等杂草中被证实与抗性有关。通过对 ACCase 的三维空间构型的研究，在 ACCase 氨基酸 2078 位点上，天冬酰胺原本在 CT 区活性部位突出的羧基在突变为甘氨酸时被除去，从而导致了活性部位构象发生了变化，影响了 ACCase 与除草剂的结合。虽然 ACCase 氨基酸 2078 位点并不位于三类 ACCase 抑制剂与 ACCase 的结合位点，但是它位于紧挨着 ACCase 氨基酸 1781 位点的位置上，因此该突变被认为在 ACCase 与对三类 ACCase 抑制剂类除草剂结合中也发挥了重要作用，从而导致了杂草产生广泛的抗药性。研究表明 Asp - 2078 - Gly 突变与 Trp - 2027 - Cys 突变相似，均能导致 ACCase 的活性降低。在对鼠尾看麦娘 Asp - 2078 - Gly 突变种群的适合度研究中，Menchari 等发现纯和突变植株相对于敏感植株出现了明显的生物量降低（42%）、高度变矮（6%）以及产实量下降（36%）等适合度下降现象。

2007 年 Yu 等在研究抗烯草酮瑞士黑麦草时发现了 Cys - 2088 - Arg 突变，并且通过生物化学和分子生物学的方法，证实该突变同时导致瑞士黑麦草对炔草酸、禾草灵、吡氟禾草灵、吡氟氯禾灵、丁苯草酮、烯禾啶、肟草酮和唑啉草酯产生抗药性。随后，Yu 等在对瑞士黑麦草 Cys - 2088 - Arg 突变种群的离体 ACCase 活性研究中发现，突变种群的 ACCase 绝对活性低于敏感种群。Vila - Aiub 等人指出 Cys - 2088 - Arg 突变会导致瑞士黑麦草的适合度下降。

通过对抗性鼠尾看麦娘的研究，Gly - 2096 - Ala 突变被认为会导致杂草对 APPs 类除草剂的抗性，而对 CHDs 类和 PPZs 类除草剂敏感。目前在其他抗性杂草中还未发现该突变。而 Gly‐2096‐Ser 突变是于 2012 年在的抗性奇异蘱草中被发现，随后 Beckie 等在抗性野燕麦也发现了该突变。Cruz‐Hipolito 等研究发现在抗性和敏感奇异蘱草在除草剂吸收、传导和代谢上并没有差异，而在 ACCase 活性上存在差异，通过进一步研究，明确 Gly‐2096‐Ser 突变会导致杂草对 APPs 类除草剂、CHDs 类除草剂和 PPZs 类除草剂产生抗药性。

（2）不同抗性杂草种群的抗性突变频率。目前这些突变均被证实会导致杂草对 ACCase 抑制剂类除草剂产生抗药性，不同地区的杂草发生突变的种类及程度也不尽相同。通过对抗性杂草的种类及分布地区进行检测，Délye 等发现不同抗性杂草种群抗性突变的频率各不相同，且抗性突变的产生还受当地除草剂选择压力的影响。如 Ile‐1781‐Leu 突变在英国和法国的抗性黑麦草中是以压倒性优势存在的，Gly‐2096‐Ala 突变在德国的抗性黑麦草中占主导地位，在英国和澳大利亚的黑麦草种群中则是 Asp‐2078‐Gly 和 Ile‐2041‐Asn 突变占绝对优势。这一现象与各个国家不同的作物种植制度及 ACCase 抑制剂类除草的不同使用方法都有关系。

与早期研究不同，研究者发现除 Asp‐2078‐Gly 和 Cys‐2088‐Arg 突变这 2 种靶标酶突变对所有的 ACCase 抑制剂类除草剂均有广泛的抗性外，其他突变类型在杂草中对除草剂的抗性水平取决于许多因素，包括特定的氨基酸变化、抗性等位基因数量、该杂草的种类及生长阶段，甚至与该除草剂的田间推荐剂量也有关系。带有 Ile‐2041‐Asn 突变的鼠尾看麦娘对噻草酮敏感，但当同样的突变在小花蘱草发生时则又对噻草酮产生了抗性。在澳大利亚，烯草酮的田间推荐剂量被发现可以有效控制带有 Ile‐1781‐Leu 杂合突变的草，但无法控制带有 Ile‐1781‐Leu 纯合突变的杂草；相较之下，欧洲烯草酮的田间剂量可以有效控制带有 Ile‐1781‐Leu 任何突变类型的鼠尾看麦娘和多花黑草种群。同样，虽然已发现 Trp‐1999‐Cys 突变能够对精噁唑禾草灵产生抗性，但该突变在野燕麦中却对炔草酯和烯禾啶敏感。值得注意的是，在雀麦、野燕麦及黑麦草种群中发现，虽然这些种群靶标酶 ACCase 上带有 Cys‐2088‐Phe 突变，但其对检测所用 ACCase 抑制剂类除草剂均很敏感，这表明靶标酶上的突变与抗性无关。因此，靶标酶上发生氨基酸突变并不都与抗性有关，对于新发现的新靶标位点突变需要采用整株生物测定法对其进行检测，以确定抗性是否存在。

在六倍体杂草稗和野燕麦中，研究者发现了 3 种同源的 ACCase 基因。Yu 等还在澳大利亚的野燕麦种群中发现，单株杂草上可以携有 1 个、2 个甚至 3 个靶标酶 ACCase 突变，且这些突变各不相同。而与二倍体杂草相比，相同的靶标位点突变在六倍体杂草中具有相对较低水平的抗性。这种潜在的稀释效应可以解释与二倍体杂草相比，六倍体杂草对 ACCase 抑制剂类除草剂抗性的产生相对较慢。也正是因为稀释效应，带有 Ile‐2041‐Asn 突变的野燕麦种群对唑啉草酯的抗性水平不高，而带有相同突变的鼠尾看麦娘、黑麦草及小花蘱草则对唑啉草酯表现高抗。而在小麦诱变研究中还发现，植物对 ACCase 抑制剂类除草剂的抗性程度还取决于靶标酶 ACCase 上的突变所在的特定 A、B 或 D 基因组，这进一步增加了六倍体物种抗性研究的复杂性。

2. 主要杂草对精噁唑禾草灵靶标抗性机理 对杂草 ACCase 酶活性、ACCase 基因序列分析和 ACCase 基因表达量研究是明确杂草对精噁唑禾草灵靶标抗性机理的重要内容。以日本看麦娘、菵草、多花黑麦草和早熟禾为例，详细介绍目前其产生靶标抗性的机理。

（1）日本看麦娘对精噁唑禾草灵靶标抗性机理。

①日本看麦娘 ACCase 基因序列。设计特异性引物对日本看麦娘 ACCase CT 区基因进行克隆。将测序结果进行拼接，得到了日本看麦娘 plastidic 型 ACCase CT 区的 DNA 序列：序列长度均为 1 230 bp，且日本看麦娘具有 2 个 ACCase 基因的拷贝，即 *Acc1；1* 和 *Acc1；2*（*Acc1* 表示 plastidic 型 ACCase 基因，分号后面数字表示不同拷贝）。日本看麦娘克隆的基因已经登录到 NCBI 的 GenBank，登录号分别为 KF683623 和 KF683624。以 cDNA 为模板进行 PCR 扩增，将测序结果进行拼接，得到了日本看麦娘 ACCase CT 区的 cDNA 序列：序列长度为 1 230 bp，并且克隆得到 ACCase CT 区 2 个不同的 cDNA 序列。比较由 gDNA 和 cDNA 所得到的序列可知日本看麦娘 plastidic 型 ACCase 基因具有 2 个拷贝，且 2 个拷贝都进行转录，这与日本看麦娘为四倍体植物相符合。另外，日本看麦娘 ACCase CT 区基因没有内含子。对 *Acc1；1* 和 *Acc1；2* 所翻译得到的氨基酸序列进行比较分析，发现这 2 个氨基酸序列的一致性达 99%（图 3-5）。

```
  1  ANSGARIGIADEVKSCFRVGWTDDSSPERGFRYIYMTDEDHDRISSSVIAHKMQLDSGEI
     ||||||||||||||||||||||||||||||*|||*|||||||||||||||||||||||||
  1  ANSGARIGIADEVKSCFRVGWTDDSSPERGFGYIYLTDEDHDRISSSVIAHKMQLDSGEI

 61  RWVIDSVVGKEDGLGVENIHGSAAIASAYSRAYEETFTLTFVTGRTVGIGAYLARLGIRC
     ||||||||||||||||||||||||||||||||||||||||||||||||||||||||||||
 61  RWVIDSVVGKEDGLGVENIHGSAAIASAYSRAYEETFTLTFVTGRTVGIGAYLARLGIRC

121  IQRIDQPIILTGFSALNKLLGREVYSSHMQLGGPKIMATNGVVHLTVPDDLEGVSNILRW
     |||*||||||||||||||||||||||||||||||||||||||||||||||||||||||||
121  IQRNDQPIILTGFSALNKLLGREVYSSHMQLGGPKIMATNGVVHLTVPDDLEGVSNILRW

181  LSYVPANIGGPLPITKSLDPIDRPVAYIPENTCDPRAAISGIDDSQGKWLGGMFDKDSFV
     ||||||||||||||||||||||||||||||||||||||||||||||||||||||||||||
181  LSYVPANIGGPLPITKSLDPIDRPVAYIPENTCDPRAAISGIDDSQGKWLGGMFDKDSFV

241  ETFEGWAKTVVTGRAKLGGIPVGVIAVETQTMMQLVPADPGQPDSHERSVPRAGQVWFPD
     ||||||||||||||||||||||||||||||||||||||||||||||||||||||||||||
241  ETFEGWAKTVVTGRAKLGGIPVGVIAVETQTMMQLVPADPGQPDSHERSVPRAGQVWFPD

301  SATKTAQAMLDFNREGLPLFILANWRGFSGGQRDLFEGILQAGSTIVENLRTYNQPAFVY
     ||||||||||||||||||||||||||||||||||||||||||||||||||||||||||||
301  SATKTAQAMLDFNREGLPLFILANWRGFSGGQRDLFEGILQAGSTIVENLRTYNQPAFVY

361  IPKAAELRGGAWVVIDSKINPDRIECYAERTAKGNVLEPQGLIEIKFRSE
     ||||||||||||||||||||||||||||||||||||||||||||||||||
361  IPKAAELRGGAWVVIDSKINPDRIECYAERTAKGNVLEPQGLIEIKFRSE
```

图 3-5　比对日本看麦娘 *Acc1；1* 和 *Acc1；2* 翻译的氨基酸序列

②日本看麦娘 ACCase 基因的系统发育分析。因为禾本科植物 plastidic 型和 cytosolic 型 ACCase 基因具有较高的一致性，为了明确所克隆基因的正确性，对克隆得到的基因进

行了系统发育分析（图3-6）。日本看麦娘 *Acc1;1* 和 *Acc1;2* 所翻译得到的氨基酸序列与鼠尾看麦娘的 plastidic 型 ACCase 的一致性为99%，与小麦的 plastidic 型 ACCase 的一致性为96%；而与鼠尾看麦娘和小麦 cytosolic 型 ACCase 氨基酸序列一致性仅约为79%。由系统发育树可知本研究所克隆的 *Acc1;1* 和 *Acc1;2* 均属于 plastidic 型 ACCase 的分支，进一步明确了本研究克隆基因的正确性。

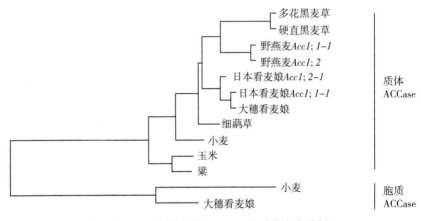

图3-6　日本看麦娘 ACCase 的系统发育分析

GenBank 登录号分别为多花黑麦草（AY710293）、瑞士黑麦草（AY995232）、野燕麦 *Acc1;1-1*（AF231335）、野燕麦 *Acc1;2*（AF231336）、日本看麦娘 *Acc1;2-1*（KF683624）、日本看麦娘 *Acc1;1-1*（KF683623）、鼠尾看麦娘（plastidic，AJ310767）、小子虉草（AY196481）、小麦（plastidic，AF029895）、玉米（U19183），狗尾草（AF294805）、小麦（cytosolic，U39321）、鼠尾看麦娘（cytosolic，AJ632096）

③Southern 杂交对日本看麦娘 ACCase 基因拷贝数的验证。Southern 杂交用来验证日本看麦娘 plastidic 型 ACCase 基因的拷贝数。本研究选取内切酶 *Eco*R I、*Hae*Ⅲ以及 *Eco*R I＋*Hae*Ⅲ的双酶切来进行分析。用 *Eco*R I 酶切 gDNA 经杂交后得到2个条带，用 *Hae*Ⅲ以及 *Eco*R I＋*Hae*Ⅲ杂交后得到3个条带（图3-7）。本研究所设计的探针并不含有 *Eco*R I 或 *Hae*Ⅲ的酶切位点，因此由杂交图可知日本看麦娘至少含有2个 plastidic 型 ACCase 基因的拷贝。本研究明确的2个日本看麦娘 plastidic 型 AC-Case 基因的拷贝也与日本看麦娘为四倍体相符合。

ACCase 在植物体中有2种。一种是位于质体中（plastidic 型 ACCase）；另一种位于胞质溶胶中（cy-

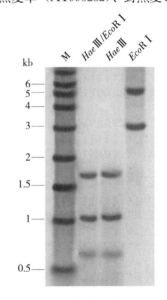

图3-7　经 *Eco*RI、*Hae*Ⅲ以及 *Eco*RI＋*Hae*Ⅲ酶切后的 Southern 杂交图（M 为分子标记）

tosolic 型 ACCase）。禾本科植物和其他植物质体中的 ACCase 不同。禾本科植物质体中的 ACCase 是一类由核基因编码的多区域、同质型酶，对 ACCase 抑制剂类除草剂敏感；而其他大部分植物的质体型 ACCase 是一类多亚基、异质型酶，对 ACCase 抑制剂类除草剂不敏感。在二倍体禾本科植物中 plastidic 型 ACCase 一般由单个核基因编码，但是在多倍体植物中存在多个 plastidic 型 ACCase 基因的拷贝。植物体内的同质型 ACCase 是高度保守的，禾本科植物质体中的 ACCase 的氨基酸序列一致性达 80％以上。

通过对日本看麦娘 ACCase 基因的克隆，发现日本看麦娘具有 2 个 plastidic 型 ACCase 基因的拷贝（Acc1；1 和 Acc1；2）。尽管并不能确定日本看麦娘所有 plastidic 型 ACCase 基因的拷贝，但 2 个拷贝与日本看麦娘为四倍体相符合。以前关于日本看麦娘的研究均忽略了其具有 2 个拷贝的事实，这在对靶基因进行克隆或者分析时就难以得到准确的结果。

在其他禾本科杂草的研究中，多个 plastidic 型 ACCase 基因拷贝也在六倍体不实野燕麦和四倍体水稗中被证实。另外，在抗 ALS 抑制剂类除草剂杂草靶标酶抗药性机理的研究中，多个 ALS 基因拷贝也在多倍体杂草水稗、萤蔺（Scirpus juncoides）、水毛花（Schoenoplectus mucronatus）等杂草中被确定。通过对 plastidic 型 ACCase 基因 gDNA 和 cDNA 的克隆，明确日本看麦娘 Acc1；1 和 Acc1；2 都进行转录。六倍体野燕麦中发现其具有的 3 个 plastidic 型 ACCase 基因（Acc1；1、Acc1；2、Acc1；3）都能进行转录，并且所有拷贝都有抗性突变。但 Iwakami 等发现 4 倍体水稗的 4 个 ACCase 基因中有 1 个拷贝并不转录，这可能是基因沉默导致的。

④不同抗性日本看麦娘种群 ACCase 的基因序列分析。为了明确 ACCase 氨基酸突变与抗性的关系，分别对不同日本看麦娘抗性种群在适宜的生长时期进行繁育。待日本看麦娘生长至 3～4 叶期，对抗性种群进行茎叶喷雾，在使用剂量为精噁唑禾草灵的田间推荐剂量上限（62 g a.i./hm²）下，仍能够继续生存的为抗性植株。用花粉罩将抗性植株进行隔离，避免花粉之间的传播，待日本看麦娘种子成熟，分别收集抗性日本看麦娘种群的种子，阴凉处风干后储存待用。将繁育的抗性和敏感日本看麦娘种子种在装有培养基质和土质量比为 2：1 的混合土中。置于光照培养箱中培养，培养条件为：白天 20℃，晚上 15℃；光照周期 12D/12L。待杂草长至 3～4 叶期，剪取新鲜茎叶组织待测。

抗精噁唑禾草灵日本看麦娘：安徽合肥肥东县小麦田日本看麦娘种子 AHFD-1、AHFD-2、AHFD-3；江苏常州金坛市小麦田日本看麦娘种子 JCJT-1、JCJT-2、JCJT-3；江苏镇江句容市小麦田日本看麦娘种子 JZJR-1；江苏连云港赣榆小麦田日本看麦娘种子 JLGY-4。敏感日本看麦娘：江苏连云港赣榆非耕地日本看麦娘种子 JLGY-1。

分别对经过繁育的 AHFD-1、AHFD-2、AHFD-3、JCJT-1、JCJT-2、JCJT-3、JZJR-1、JLGY-4 种群各 8 个样本进行 ACCase 的基因的克隆，将克隆的基因与敏感日本看麦娘的基因序列进行了比对。

抗性 AHFD-1 和 AHFD-2 种群所检测的各 8 株日本看麦娘均出现了相同的突变，即 Acc1；1 2027 位色氨酸突变为半胱氨酸（Trp-2027-Cys），该突变由密码子 TGG 突变为 TGC 导致（图 3-8）。抗性 AHFD-3 种群日本看麦娘的 Acc1；1 2078 位天冬氨酸均突变为甘氨酸（Asp - 2078 - Gly），该突变由密码子 GAT 突变为 GGT 导致（图 3 - 9）。抗性 JCJT - 1、JCJT - 2、JCJT - 3 种群所检测的各 8 株日本看麦娘出现了相同的突变，即 *Accl*；*1* 1781 位异亮氨酸突变为亮氨酸（Ile - 1781 - Leu），其中 JCJT - 1、JCJT - 2 种群中的 Ile - 1781 - Leu 突变由密码子 ATA 突变为 CTA 导致，而 JCJT - 3 种群中的 Ile - 1781 - Leu 突变由密码子 ATA 突变为 CTA 或者 TTA 导致（图 3 - 10）。检测的抗性 JZJR - 1 种群日本看麦娘的 *Accl*；*1* 2041 位异亮氨酸突变为天冬酰胺（Ile - 2041 - Asn），该突变由密码子 ATT 突变为 AAT 导致（图 3 - 11）。抗性 JLGY - 4 种群 7 株日本看麦娘 *Accl*；*1* 1999 位色氨酸突变为半胱氨酸（Trp - 1999 - Cys），该突变是由密码子 TGG 突变为 TGC 导致；另外 1 株日本看麦娘 *Accl*；*2* 1999 位色氨酸突变为亮氨酸（Trp - 1999 - Leu），该突变是由密码子 TGG 突变为 TTG 导致（图 3 - 12）。

Accl;1 敏感型 TTGCTAAC**TGG**AGAGGCTTCTCT
Accl;2 敏感型 . . . .　　. . . . .
Accl;1 突变型 . . . .**C**. . . . .

图 3 - 8　ACCase 2027 位氨基酸突变和敏感日本看麦娘的基因序列比对黑框显示突变密码子

Accl;1 敏感型 TCGTGATT**GAT**AGCAAGATAAAC
Accl;2 敏感型 . . . .　　. . . . .
Accl;1 突变型 . . . .**G**. . . . .

图 3 - 9　ACCase 2078 位氨基酸突变和敏感日本看麦娘基因序列比对黑框显示突变密码子

Accl;1 敏感型 TGTGGAGAAC**ATA**CATGGAAG
Accl;2 敏感型 . . . .　　. . . . .
Accl;1 突变型 . . . .**T**. . . . .
Accl;1 突变型 . . . .**C**. . . . .

图 3 - 10　ACCase 1781 位氨基酸突变和敏感日本看麦娘基因序列比对黑框显示突变密码子

Accl;1 敏感型 TTTGAAGGA**ATT**CTGCAGGCTGG
Accl;2 敏感型 . . . .　　. . . . .
Accl;1 突变型 . . . .**A**. . . . .

图 3 - 11　ACCase 2041 位氨基酸突变和敏感日本看麦娘基因序列比对黑框显示突变密码子

Accl;1 敏感型 GGGCAAGTC**TGG**TTTCCAGATT
Accl;2 敏感型 . . . .　　. . . . .
Accl;1 突变型 . . . .**C**. . . . .
Accl;2 突变型 . . . .**T**. . . . .

图 3 - 12　ACCase 1999 位氨基酸突变和敏感日本看麦娘基因序列比对黑框显示突变密码子

精噁唑禾草灵属于 ACCase 抑制剂类除草剂，该类药剂是一种作用位点单一的高效除草剂。自 20 世纪 70 年代以来，ACCase 抑制剂类除草剂在世界范围内广泛用于防除禾本科杂草。但是，该类除草剂的抗药性问题也逐步显现。明确杂草对这类除草剂的抗性机理，对于除草剂的安全长久使用至关重要。近年来，杂草 ACCase 氨基酸的改变被认为是杂草对 ACCase 抑制剂类除草剂产生抗药性的重要机理。

研究发现，在抗性日本看麦娘 AHFD - 1、AHFD - 2、AHFD - 3、JCJT - 1、JCJT - 2、JCJT - 3、JZJR - 1、JLGY - 4 种群中分别存在 Trp - 2027 - Cys、Asp - 2078 - Gly、Ile - 1781 - Leu、Ile - 2041 - Asn、Trp - 1999 - Cys 和 Trp - 1999 - Leu 突变。在其他多种抗 ACCase 抑制剂类除草剂杂草中也发现了这些突变。通过酵母重组系统，Jang 等和 Liu 等进一步验证了 Ile - 1781 - Leu、Trp - 1999 - Cys、Trp - 2027 - Cys、Ile - 2041 - Asn、Asp - 2078 - Gly 突变能够导致杂草对 ACCase 抑制剂类除草剂产生抗药性。在 AHFD - 1 种群中发现了 Trp - 2027 - Cys 突变，该突变被证实能够导致杂草对 APPs 类和 PPZs 类药剂产生抗药性。AHFD - 1 种群对 APPs 类药剂高效氟吡甲禾灵、精喹禾灵、精吡氟禾草灵、炔草酯、噁唑酰草胺以及 PPZs 类药剂唑啉草酯产生交互抗性，而对 CHDs 类药剂烯草酮和烯禾啶敏感。

2007 年杨彩宏等报道了油菜田日本看麦娘对高效氟吡甲禾灵产生了抗药性。随后，汤怀武等进一步研究表明，对高效氟吡甲禾灵产生抗药性的日本看麦娘的 ACCase 氨基酸序列发生了 Ile - 2041 - Asn 突变。Mohamed 等研究发现日本看麦娘对精噁唑禾草灵和最新用于防除小麦田禾本科杂草的唑啉草酯产生了抗药性，并发现了抗性日本看麦娘存在 Ile - 1781 - Leu 突变。Trp - 2027 - Cys、Asp - 2078 - Gly 突变也被证实是日本看麦娘对精噁唑禾草灵产生抗性的靶标抗性机理。

⑤W1999 突变日本看麦娘抗性研究。在抗精噁唑禾草灵杂草日本看麦娘中，徐洪乐等首次发现 ACCase 1999 位突变，虽然已经证实该突变能够导致杂草对产生抗药性，但其交互抗性仍不清楚。因此，徐洪乐等以 Trp - 1999 - Cys、Trp - 1999 - Leu 突变的 JLGY - 4 种群为研究对象，对 Trp - 1999 - Cys、Trp - 1999 - Leu 突变导致的交互抗性及 Trp - 1999 - Cys 突变型日本看麦娘 ACCase 活性、ACCase 基因表达量与抗药性的关系进行了深入研究。

分别针对 Trp - 1999 - Cys、Trp - 1999 - Leu 突变进行了 dCAPS 检测方法的建立，检测结果见图 3 - 13。为了进一步验证 dCAPS 检测的准确性，对测序确定具有 Trp - 1999 - Cys、Trp - 1999 - Leu 突变的日本看麦娘 DNA 样本进行检测，结果显示建立的 dCAPS 检测结果与测序结果一致。对每株杂草进行这 2 种突变的检测，由于 dCAPS 对 Trp - 1999 - Cys 检测时，敏感基因型可以被相应的限制性内切酶酶切；而对 Trp - 1999 - Leu 检测时，抗性基因型可以被相应的限制性内切酶酶切。避免了假阳性的酶切，从而避免误检。

在用精噁唑禾草灵、炔草酯、高效氟吡甲禾灵、烯草酮、烯禾啶、唑啉草酯处理后，敏感日本看麦娘种群 JLGY - 1 的所有杂草植株均死亡。这进一步明确了该种群对 ACCase 抑制剂类除草剂敏感。再用建立的 dCAPS 对敏感种群所有 210 株杂草进行检测后发现，没有任何一株杂草具有这 2 个或其中之一的突变。

抗性日本看麦娘种群 JLGY - 4 中共有 60 株杂草经精噁唑禾草灵处理，其中，有 30

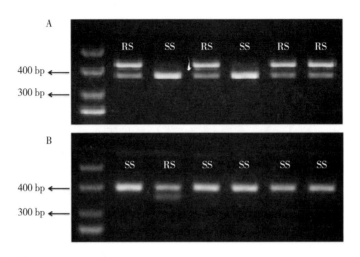

图 3 - 13　dCAPS 对 Trp - 1999 - Cys（A）、Trp - 1999 - Leu（B）
突变的检测

（SS 为纯合敏感型，RS 为杂合突变型）

株杂草仍然能够生长良好，而剩余的 30 株杂草死亡。这表明该抗性种群并不是一个"纯合"的抗性种群，大约有 50% 的杂草植株对精噁唑禾草灵有抗性，而其他则仍然敏感。用 dCAPS 分析 30 株抗精噁唑禾草灵杂草的基因型发现：这 30 株杂草中有 27 株存在 Trp - 1999 - Cys 突变，3 株存在 Trp - 1999 - Leu 突变。此结果进一步明确了 Trp - 1999 - Cys 和 Trp - 1999 - Leu 突变导致日本看麦娘对精噁唑禾草灵的抗药性。在唑啉草酯处理的 60 株杂草中，有 29 株杂草死亡并判定为敏感植株，另外 31 株杂草仍然存活，但是它们的生长状况较差，因此判定这些杂草对唑啉草酯低水平抗性。dCAPS 分析这 31 株对唑啉草酯产生抗性的杂草都具有 Trp - 1999 - Cys 突变。在其余药剂处理的杂草植株中，不论其是否有 Trp - 1999 - Cys、Trp - 1999 - Leu 突变的其中 1 个突变或者 2 个，这些杂草均死亡，可见 Trp - 1999 - Cys、Trp - 1999 - Leu 突变并不导致日本看麦娘对这些药剂的交互抗性。值得注意的是，dCAPS 检测这些突变均为杂合，表明抗性杂草均为杂合突变基因型。总计在 JLGY - 4 检测的 420 株杂草中，220 株杂草有 Trp - 1999 - Cys 突变，25 株杂草有 Trp - 1999 - Leu 突变，2 株杂草既有 Trp - 1999 - Cys 突变又有 Trp - 1999 - Leu 突变（表 3 - 2）。

为了进一步揭示 Trp - 1999 - Cys 和 Trp - 1999 - Leu 突变导致日本看麦娘的交互抗性情况，针对检测到各杂草植株的基因型，将具有一致基因型杂草的地上部分鲜重数据合并处理后计算各基因型的平均鲜重。用精噁唑禾草灵以推荐剂量（62 g a. i. /hm²）处理后，Trp - 1999 - Cys 和 Trp - 1999 - Leu 突变基因型杂草植株的鲜重分别为 0.787 g 和 0.783 5 g，显著高于野生型杂草植株的鲜重。而用炔草酯、高效氟吡甲禾灵、烯草酮、烯禾啶处理后，不管是 Trp - 1999 - Cys 突变或 Trp - 1999 - Leu 突变基因型杂草植株，还是具有 2 种突变的植株鲜重均较低，且与野生型植株的鲜重相当，没有显著性差异。尽管 Trp - 1999 - Cys 基因型植株在唑啉草酯以推荐剂量（45 g a. i. /hm²）处理后的鲜重（0.183 4 g）明显低于在精噁唑禾草灵以推荐剂量处理后的鲜重，但其却显著高于JLGY－1和JLGY－4种群中野生型杂草植株的鲜重（分别为0.064 g和0.077 8 g）（图3－14）。

表3－2 抗性和敏感日本看麦娘种群对除草剂的敏感性（株）

种群 Population	基因型 Genotype	除草剂 Herbicides																	
		APPs									CHDs						PPZs		
		精噁唑禾草灵 Fenoxaprop			炔草酯 Clodinafop			高效氟吡甲禾灵 Haloxyfop			烯草酮 Clethodim			烯禾啶 Sethoxydim			唑啉草酯 Pinoxaden		
		R	r	S	R	r	S	R	r	S	R	r	S	R	r	S	R	r	S
JLGY－1	WT			30			30			30			30			30			30
JLGY－4	WT			30			22			25			26			31			29
	Trp－1999－Cys	27					31			30			30			22			31
	Trp－1999－Leu	3					7			5			2			7			
	Trp－1999－Cys																		
	Trp－1999－Leu												2						

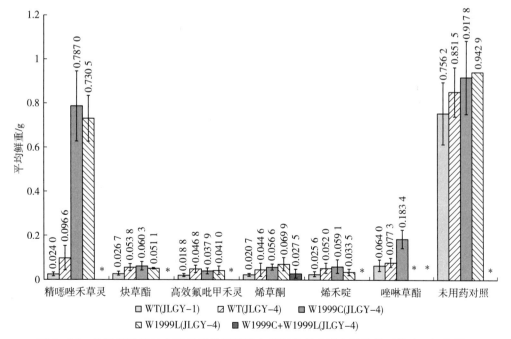

图3－14 抗性和敏感日本看麦娘各基因型在药剂处理后及未用药处理的地上部分鲜重

*表示未检测到

综合以上结果可以得出：Trp－1999－Cys突变导致日本看麦娘对精噁唑禾草灵产生抗性，对唑啉草酯产生较低水平抗性，不导致对炔草酯、高效氟吡甲禾灵、烯草酮、烯禾啶产生抗性；Trp‐1999‐Leu 突变导致日本看麦娘对精噁唑禾草灵产生抗性，不导致对炔草酯、高效氟吡甲禾灵、烯草酮、烯禾啶产生抗性。日本看麦娘 JLGY‐4 种群对精噁唑禾草灵产生了抗药性，并通过对其靶标酶序列分析发现 Trp‐1999‐Cys 和 Trp‐1999‐Leu 突变是该种群产生抗药性的重要机理。针对这 2 个突变，以杂草单株为研究对象对其交互抗性进行了研究。以往交互抗性的研究多以种群为单位，通过对比抗性种群与敏感种群对药剂的敏感性来明确其交互抗性。但是，不同杂草种群具有不同的遗传背景，可能本身对药剂的敏感性就存在一定差异，因此容易得到不真实的交互抗性结果。另外，由于多数自然抗性种群为"杂合"种群，这就会影响所检测的交互抗性水平。以单株作为研究对象并结合分子标记技术是杂草抗性研究的更高要求。

2007 年，Liu 等在研究抗性不实野燕麦时发现了 Trp‐1999‐Cys 突变，并通过酵母重组系统进一步验证了该突变导致对精噁唑禾草灵产生抗药性，而对吡氟氯禾灵、炔草酯和烯禾啶敏感。2013 年，Jang 等研究发现 Trp‐1999‐Cys 突变不仅会导致对精噁唑禾草灵产生抗性而且会导致对精喹禾灵产生抗性，并且指出这 2 种除草剂均具有很大的芳香环，这可能与 Trp‐1999‐Cys 突变导致杂草对这 2 种除草剂产生抗性有关。随后，在鼠尾看麦娘和黑麦草中发现了 Trp‐1999‐Leu 突变，但是在这 2 种杂草中 Trp‐1999‐Leu 突变与抗性的关系并没有得到明确。徐洪乐等研究表明 Trp‐1999‐Cys 突变不仅导致杂草对精噁唑禾草灵和精喹禾灵产生抗药性，还导致对唑啉草酯产生抗药性；而 Trp‐1999‐Leu 突变仅导致杂草对精噁唑禾草灵产生抗药性。

通过对抗性及敏感日本看麦娘 ACCase 的提取及测定，发现在精噁唑禾草灵不同浓度下，突变型和野生型日本看麦娘 ACCase 活性相对于未加药对照的活性变化不同。尽管突变型日本看麦娘的 ACCase 活性在精噁唑禾草灵加入后也逐步下降，但野生型日本看麦娘活性下降得更剧烈，其活性被精噁唑禾草灵明显抑制（图 3‐15）。精噁唑禾草灵抑制突

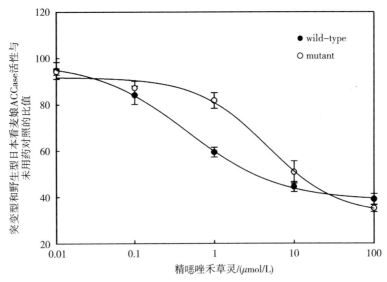

图 3‐15　随精噁唑禾草灵浓度的变化，突变型（mutant）
和野生型（wild‐type）日本看麦娘 ACCase 活性

变型日本看麦娘的 IC_{50} 为（4.58±1.99）μmol/L，而野生型日本看麦娘的 IC_{50} 为（0.46±0.06）μmol/L，抗性指数为 9.96。突变型和野生型日本看麦娘 ACCase 在精噁唑禾草灵处理下不同的活性表明：ACCasse 对精噁唑禾草灵敏感性的改变是 JLGY-4种群中 Trp-1999-Cys 突变型日本看麦娘对精噁唑禾草灵产生抗药性的重要机理之一。

为了探究 Trp-1999-Cys 突变型日本看麦娘 ACCase 基因表达量是否与野生型日本看麦娘存在差异，研究了突变型日本看麦娘相对于野生型日本看麦娘在精噁唑禾草灵施用前后不同组织中 ACCase 基因的表达量。*Acc1;1* 的平均 Cq 为 21.87，扩增效率为 103%（$R^2=0.998$）。*Acc1;2* 的平均 Cq 为 22.67，扩增效率为 105%（$R^2=0.999$）。这表明 *Acc1;1* 的表达量要略高于 *Acc1;2*。总的来说，*Acc1;1* 和 *Acc1;2* 在精噁唑禾草灵施用前后不同组织中表达趋势基本一致。熔解曲线以及单一电泳条带确定了扩增 *Acc1;1* 和 *Acc1;2* 引物的正确性（图 3-16）。

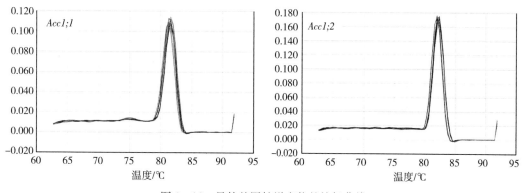

图 3-16　目的基因扩增产物的熔解曲线

在根组织中，不管是药剂处理前还是处理后突变型和野生型日本看麦娘的 ACCase 基因表达量均没有显著性差异（图 3-17 A 和 B）。在茎组织中，突变型和野生型日本看麦娘的 ACCase 基因表达量在药剂处理前，以及药剂处理后的 2 h、6 h、12 h 和 24 h 没有显著性差异。但是在药剂处理后 3 d、5 d 和 7 d，突变型日本看麦娘相对于野生型日本看麦娘 *Acc1;1* 和 *Acc1;2* 的表达量均显著提高（图 3-17 C 和 D）。在叶组织中，除了药剂处理后 2 h 突变型日本看麦娘 *Acc1;1* 和 *Aα1;2* 的表达量显著高于野生日本看麦娘外（分别提高 2.0 倍和 2.2. 倍），其余处理与野生型之间均没有显著性差异（图 3-17 E 和 F）。

在对具有相同遗传背景的 Trp-1999-Cys 突变型和野生型日本看麦 ACCase 基因表达量的研究中发现，在药剂处理前，突变型相对于野生型日本看麦娘 *Acc1;1* 和 *Acc1;2* 的表达量在所有组织中都没有差异，而在药剂处理后茎和叶中 *Acc1;1* 和 *Acc1;2* 表达量均提高。这表明在突变型日本看麦娘中存在除草剂诱导性的 ACCase 基因表达量上调。由于突变型和野生型日本看麦娘中 ACCase 基因的表达量差异较小，另外该表达量的差异是否引起 ACCase 蛋白表达量发生变化以及发生怎样的表达仍然不得而知。因此，ACCase 基因表达量的差异可能是 Trp-1999-Cys 突变日本看麦娘对精噁唑禾草灵产生抗药性的

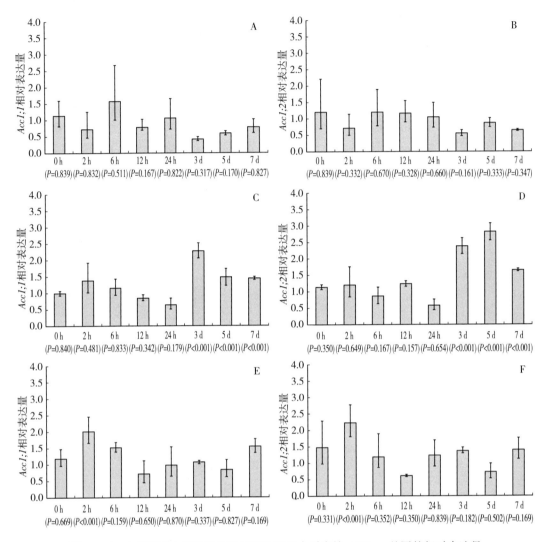

图 3-17 突变型日本看麦娘相对于野生型日本看麦娘 ACCase 基因的相对表达量

A~B. 表示在根中 C~D. 表示在茎中 E~F. 表示在叶中

靶标酶机理之一。

（2）菵草对精噁唑禾草灵靶标抗性机理。近年来，杂草 ACCase 氨基酸的突变被认为是杂草对 ACCase 抑制剂类除草剂产生抗药性的重要机理。潘浪等对从我国长江流域小麦田采集的 27 个抗精噁唑禾草灵菵草种群进行了研究，发现 ACCase 基因位点突变、ACCase 活性相对升高和基因表达量增加的现象。

①菵草 ACCase 的基因克隆及序列分析。设计 11 对相互重叠的引物来扩增菵草 AC-Case 基因 DNA 序列，各目的产物片段电泳检测如图 3-18 所示。可见，各目的片段大小分别为 1 904 bp、1 402 bp、1 329 bp、2 489 bp、1 234 bp、447 bp、854 bp、862 bp、1 489 bp、1 797 bp、1 519 bp，目的条带清晰单一。

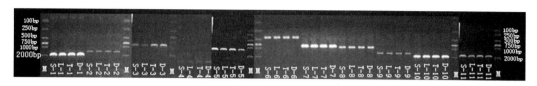

图 3-18 各目的片段电泳检测结果

将测序得到的各片段进行拼接，得到 11 300 bp 的䓟草 ACCase DNA 序列（基因登录号为 KF501579）。将所得序列与已报道的鼠尾看麦娘 ACCase DNA 序列（基因登录号为 AM408429）进行比对，同源性为 94%；与小麦的质体型 ACCase 基因组 DNA 序列进行（基因登录号为 EE660902）比对，同源性为 88%；与节节麦（*Aegilops tauschii*）的质体型 ACCase 基因组 DNA 序列（基因登录号为 EE660897）进行比对，同源性为 87%。这些结果证明，本研究所扩增序列为䓟草的 ACCase 基因序列。

②䓟草 ACCase 基因序列。以总 RNA 为模板，利用反转录和 RACE 技术，扩增䓟草 ACCase 的 cDNA 序列，共设计了 9 对相互重叠的引物来扩增䓟草 ACCase 基因，各目的片段大小分别为 1 177 bp、777 bp、557 bp、885 bp、398 bp、524 bp、1 605 bp、1 627 bp、1 061 bp。得䓟草 ACCase cDNA 片段均为 7 122 bp（基因登录号为 KF501575）。将所得序列与已报道的鼠尾看麦娘 ACCase cDNA（基因登录号为 AJ310767）序列进行比对，同源性为 96%；与黑麦草 ACCase cDNA（基因登录号为 AF359516）序列进行比对，同源性为 93%；与小麦 ACCase cDNA（基因登录号为 AF029895）序列进行比对，同源性为 91%。这些结果证明，本研究所扩得序列为䓟草的 ACCase cDNA 序列。

③不同抗性䓟草种群 ACCase 的基因克隆及序列分析。分别对筛选到的抗精噁唑禾草灵䓟草种群各挑取 10 株进行 ACCase 基因的克隆，将克隆到的基因序列与敏感䓟草 AFCJ 的基因序列进行了比对。

DNA 序列中，以 JYJD、JCJT 和 JCWL 种群为例，通过比对抗性单株与敏感单株所得序列，发现如图 3-19 所示，相比敏感生物型，JCWL 种群的 ACCase DNA 序列在 9424 位存在由 A 到 T 的碱基变化，JCJT-R 种群的 ACCase DNA 序列在 10200 位存在由 T 到 A 的碱基变化，JYJD-R 种群的 ACCase DNA 序列在 10370 位存在由 G 到 C 的碱基变化。

cDNA 序列中，同样以 JYJD、JCJT 和 JCWL 为例，对所得序列进行比对分析，发现如图 3-20 所示，相比敏感生物型，JCWL 种群的 ACCase cDNA 序列在 5398 位存在由 A 到 T 的碱基变化，JCJT 种群的 ACCase cDNA 序列在 6179 位存在由 T 到 A 的碱基变化，JYJD 种群的 ACCase cDNA 序列在 6344 位存在由 G 到 C 的碱基变化。

对这些碱基变化进行进一步分析，发现 JCWL 种群中密码子 ATA 突变为 TTA，导致该种群中 1781 位由异亮氨酸突变为亮氨酸（Ile-1781-Leu，I1781L）；JCJT 种群中密码子 ATT 突变为 AAT，导致该种群中 2041 位由异亮氨酸突变为天冬酰胺（Ile-2041-Asn，I2041N）；JYJD 种群中密码子 GGC 突变为 GCC，导致该种群中 2096 位由甘氨酸

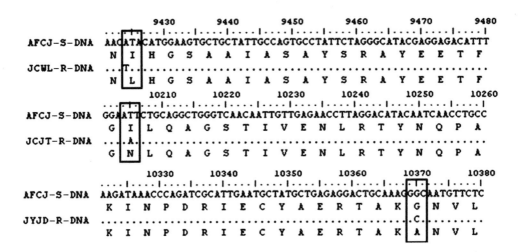

图 3-19　抗性和敏感茵草 ACCase 基因序列比对

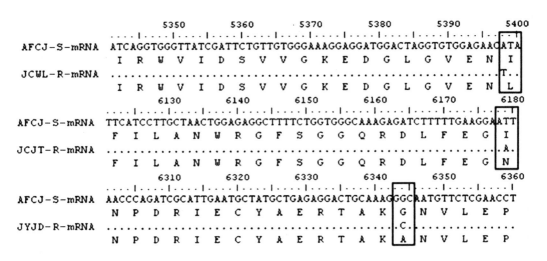

图 3-20　抗性和敏感茵草 ACCase cDNA 序列比对

突变为丙氨酸（Gly-2096-Ala，G2096A）。

　　分析这 27 个抗性茵草种群发现，所有抗性种群均存在靶标位点 ACCase 的突变（表 3-3）。且除上述这 3 种突变外，在 JYMF、JYQL 种群中发现密码子 TGG 突变为 TGC，导致 2027 位由色氨酸突变为半胱氨酸（Trp-2027-Cys，W2027C）；在 JCQH、JYZD 种群中发现密码子 GAT 突变为 GGT，导致 2078 位由天冬氨酸突变为甘氨酸（Asp-2078-Gly，D2078G）。

表 3 - 3　ACCase 位氨基酸抗性和敏感莳草的基因序列比对

氨基酸突变 Mutation	种群 Population
Ile - 1781 - Leu (I1781L)	JCJT、JCJL、JCXC、JYDX、JYFN、JNJR、JCLJ、JYJS
Trp - 2027 - Cys (W2027C)	JYMF、JYQL
Ile - 2041 - Asn (I2041N)	JCWL、JCQH、JSSX、JYLR、JYJB、JYZD、JYZJ、JYJY、JYDG、JYSC、JYYT、 JYJS
Asp - 2078 - Gly (D2078G)	JCQH、JYZD
Gly - 2096 - Ala (G2096A)	JYJD、JCGJ、JYGC

　　④抗性莳草 ACCase 的活性。ACCase 活性是通过加入不同浓度的精噁唑禾草灵后，抗性和敏感莳草种群的 ACCase 活性相对于未加药剂下酶活性的变化来测定的。在精噁唑禾草灵不同浓度下，抗性和敏感种群的活性变化不同。尽管抗性种群的 ACCase 活性在精噁唑禾草灵加入后也逐步下降，但敏感种群活性下降的更剧烈，其活性被精噁唑禾草灵明显抑制（图 3 - 21）。精噁唑禾草灵抑制抗性种群酶活性 50% 的药剂浓度，即 IC_{50}，在抗性种群 JC-WL、JCMF、JCJT、JCQH、JYJD 中分别为 1.63 μmol/L、1.27 μmol/L、1.37 μmol/L、0.76 μmol/L、1.06 μmol/L（表 3 - 4），而敏感种群的 IC_{50} 仅为 0.11 μmol/L，抗性指数分别为 14.8、11.5、12.5、6.9、9.6。抗性和敏感莳草所表现出来不同的 ACCase 活性表明，靶标酶活性的改变是该种群对精噁唑禾草灵产生抗药性的重要生化机理之一。

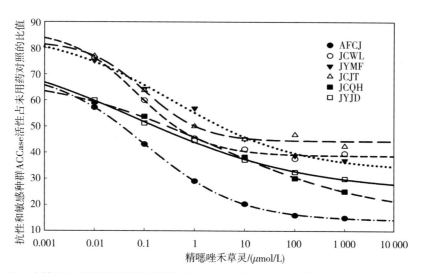

图 3 - 21　在精噁唑禾草灵不同浓度下抗性（R）和敏感（S）莳草种群 ACCase 活性的变化

表 3 - 4　精噁唑禾草灵抑制不同抗性莳草种群离体酶 ACCase 敏感性研究

种群 Population	抑制中浓度 IC_{50} / (μmol/L)	抗性指数 RI
AFCJ	0.11	1.00
JCWL	1.63	14.82

（续）

种群 Population	抑制中浓度 IC$_{50}$ / (μmol/L)	抗性指数 RI
JCMF	1.27	11.55
JCJT	1.37	12.45
JCQH	0.76	6.91
JYJD	1.06	9.64

上述 5 个抗精噁唑禾草灵荩草，其靶标酶 ACCase 的 IC$_{50}$ 显著高于敏感对照种群。该机理也被认为是杂草对精噁唑禾草灵产生抗药性的重要生化靶标机理。杨彩宏等在研究油菜田日本看麦娘对高效氟吡甲禾灵产生抗药性时发现，抗性日本看麦娘的 ACCase 活性在药剂加入后下降很少，而敏感种群酶活性受到明显抑制；有学者在千金子对精噁唑禾草灵抗药性的研究中发现，抗性种群 ACCase 的 IC$_{50}$ 是敏感种群的 10 倍；在墨西哥和智利的野燕麦种群对多种 ACCase 抑制剂类除草剂产生抗药性的重要原因之一也正是 ACCase 活性的改变。随着分子生物学的发展，近年来，已经从分子角度进一步阐明了导致 ACCase 活性改变的原因，即 ACCase 氨基酸突变导致其结构发生变化，最终影响其与药剂的结合。

研究还发现 JYJD 种群酶活性的抗性指数为 9.6，而 JCWL 和 JCJT 种群中分别为 14.8 和 12.5，这表明 Gly - 2096 - Ala 突变导致的酶活性要低于 Ile - 1781 - Leu 和 Ile - 2041 - Asn 突变导致的酶活性。这也解释了为何 JYJD 种群产生的交互抗性水平要低于另外 2 个种群。

⑤抗性荩草 ACCase 基因表达量增加。在精噁唑禾草灵处理前，5 个抗性荩草种群中 ACCase 基因的表达量均高于敏感种群。以敏感荩草 ACCase 基因的表达量作为 1，得抗性荩草 JCWL、JCMF、JCJT、JCQH、JYJD 的相对表达量分别为 4.442、3.721、2.779、2.121、2.312，通过 DPS 数理统计软件进行差异显著性分析，显示 2 种生物型 ACCase 基因的表达量在 95% 置信区间内均有显著差异。而用精噁唑禾草灵处理后，抗性荩草相对于敏感荩草表达量仍然显著较高，且精噁唑禾草灵对荩草中 ACCase 基因的表达量均有一定程度的诱导（图 3 - 22）。该结果表明，荩草中 ACCase 基因表达量的差异可能是荩草对精噁唑禾草灵产生抗药性的机理之一。

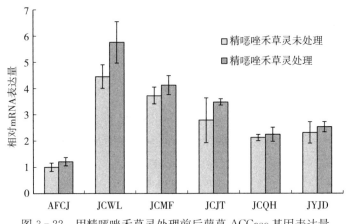

图 3 - 22　用精噁唑禾草灵处理前后荩草 ACCase 基因表达量

近年来，qPCR 已广泛地应用于植物分子生物学研究，成为研究基因表达量的重要方法。研究者发现用精吡氟禾草灵处理抗性牛筋草后第三天其 ACCase 基因的表达量上升。抗性牛筋草中 ACCase 基因的表达量上升可能是由于靶标酶基因的增殖或启动子发生了变化，虽然该种抗性机制还没有在抗 ACCase 抑制剂类除草剂杂草中被证实，但早已在在抗草甘膦杂草中被发现，Gains 等发现抗草甘膦长芒苋的靶基因 5-烯醇式丙酮苯草酸-3-磷酸合成酶（EPSPS）基因发生了增殖，从而导致了该杂草对草甘膦产生了抗药性。

研究发现在 5 个抗性菵草种群中，ACCase 基因在精噁唑禾草灵处理前就有显著性差异。处理后，抗性和敏感的菵草种群表达量均有提高，这表明精噁唑禾草灵处理可以诱导菵草种群中 ACCase 基因表达。当然，由于抗性和敏感菵草中 ACCase 的表达量差异较小，且该表达量的差异是否会引起 ACCase 蛋白表达量发生变化以及发生怎样的表化仍然不得而知。因此，本研究推测 ACCase 基因表达量的差异可能是抗性菵草对精噁唑禾草灵产生抗药性的靶标酶分子机理之一。

总之，靶标酶 ACCase 活性的改变也是抗性菵草对精噁唑禾草灵产生抗药性的重要生化机理之一；抗性菵草种群均存在靶标位点 ACCase 的突变，且突变类型为以下 5 种：1781 位由异亮氨酸突变为亮氨酸（Ile-1781-Leu，I1781L），2027 位由色氨酸突变为半胱氨酸（Trp-2027-Cys，W2027C），2041 位由异亮氨酸突变为天冬酰胺（Ile-2041-Asn，I2041N），2078 位由天冬氨酸突变为甘氨酸（Asp-2078-Gly，D2078G），2096 位由甘氨酸突变为丙氨酸（Gly-2096-Ala，G2096A）位。这些位点突变是导致菵草对精噁唑禾草灵产生抗性的主要原因；靶标酶 ACCase 基因在抗性菵草中的高表达也是抗性菵草对精噁唑禾草灵产生抗性的原因之一。

（3）多花黑麦草对精噁唑禾草灵靶标抗性机理。

①抗性多花黑麦草 ACCase 活性变化。抗性和敏感种群多花黑麦草在空白对照及不同精噁唑禾草灵处理下，ACCase 活性的变化不同。尽管抗性种群多花黑麦草的 ACCase 活性在精噁唑禾草灵加入后也逐步下降，但敏感多花黑麦草活性下降得更剧烈，其活性被精噁唑禾草灵明显抑制（图 3-23）。精噁唑禾草灵抑制江苏抗性种群（JLGY-6）酶活性 50% 的药剂浓度，即 IC_{50} 为（24.33±4.30）$\mu mol/L$，而敏感种群的 IC_{50} 为（2.47±0.61）$\mu mol/L$，抗性指数为 9.85；抗性种群 HZYC-6 的 IC_{50} 为（48.24±5.05）$\mu mol/L$，抗性指数为 19.53。抗性种群和敏感种群多花黑麦草 ACCase 在精噁唑禾草灵处理下所表现出不同的活性表明：ACCase 对精噁唑禾草灵敏感性的改变是 JLGY-6 和 HZYC-6 种群多花黑麦草对精噁唑禾草灵产生抗药性的重要机理之一，且抗性种群 HZYC-6 的酶活抑制中浓度是抗性种群 JLGY-6 的酶活抑制中浓度的近 2 倍（表 3-5）。

表 3-5 精噁唑禾草灵对抗性和敏感多花黑麦草 ACCase 活性的抑制中浓度

种群 Populations	抑制中浓度 IC_{50}±SE/ （$\mu mol/L$）	抗性指数 RI
JNXW-2 (S)	2.47±0.61	1.00
JLGY-6 (R)	24.33±4.30	9.85
HZYC-6 (R)	48.24±5.05	19.53

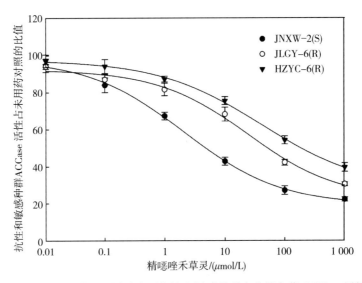

图 3-23　在精噁唑禾草灵不同浓度下抗性和敏感种群多花黑麦草 ACCase 活性的变化

　　目前，越来越多的关于由于 ACCase 活性降低而对药剂产生抗性的报道。Pornprom 等人发现泰国的千金子对精噁唑禾草灵具有抗性，进一步的研究发现 ACCase 活性的下降显著低于敏感的千金子种群。张佩等发现江苏连云港的抗性多花黑麦草种群（JLGY-6）IC_{50} 与敏感种群比，相对倍数是 9.85 倍。Yu 等报道，澳大利亚的瑞士黑麦草因 ACCase 活性降低而对 ACCase 抑制剂类除草剂产生抗药性。

　　②抗性多花黑麦草 ACCase 基因序列分析。分别对 12 个种群各取 100 个样本进行 ACCase 基因克隆，将克隆的基因与敏感多花黑麦草的基因序列进行比对。

　　相对于敏感多花黑麦草的基因序列，河南驻马店地区的抗性种群中都发现有靶标位点的突变（表 3-6）。抗性 HZYC-6 种群所检测的 56 株多花黑麦草靶标只出现 Ile-1781-Leu 突变，密码子 ATA 突变为 TTA 导致，10 株多花黑麦草检测的 2078 位天冬氨酸均突变为了甘氨酸（Asp-2078-Gly），该突变由密码子 GAT 突变为 GGT 导致（图 3-24）。还有 32 株多花黑麦草同时含有 2 种突变（Ile-1781-Leu 和 Asp-2078-Gly）。抗性 HZGX-1 种群所检测的多花黑麦草中也有 80 株出现了的 1781 位异亮氨酸突变为亮氨酸（Ile-1781-Leu），6 株含有 2078 位天冬氨酸均突变为了甘氨酸（Asp-2078-Gly）；抗性 HZGX-2 种群所检测的多花黑麦草中也有 13 株出现了的 1781 位异亮氨酸突变为亮氨酸（Ile-1781-Leu），7 株含有 2078 位天冬氨酸均突变为了甘氨酸（Asp-2078-Gly），还发现了 7 株含有 2041 位异亮氨酸均突变为天冬酰胺（Ile-2041-Asn），该突变由密码子 ATT 突变为 AAT 导致（图 3-25）。抗性 HZGX-3 种群有 95 株发现有 Ile-1781-Leu 突变，是由密码子 ATA 突变为 TTA 导致；23 株含有 2041 位异亮氨酸均突变为天冬酰胺（Ile-2041-Asn）；抗性 HZYC-4 种群有 93 株发现有 Ile-1781-Leu 突变，密码子 ATA 突变为 CTA 导致；7 株含有 2041 位异亮氨酸均突变为天冬酰胺（Ile-2041-Asn）。HZYC-5 种群 100 个样本中有 72 株多花黑麦草有 Ile-1781-Leu 突变，密码子 ATA 突变为 CTA 导致；16 株有 2041 位异亮氨酸均突变为天冬酰胺（Ile-2041-Asn）；

还有 12 株多花黑麦草含有 Cys-2088-Arg 突变（图 3-25），色氨酸突变为精氨酸，这个突变目前只有在黑麦草属有报道。

表 3-6 抗性多花黑麦草种群靶标位点突变情况（个）

种群 Population	Ile-1781-Leu	Ile-2041-Asn	Asp-2078-Gly	Cys-2088-Arg	未突变 No mutation	突变频率 Mutation frequency
HZGX-1（R）	80	—	6	—	14	86%
HZGX-2（R）	13	7	7	—	73	27%
HZGX-3（R）	95	23	—	—	0	100%
HZYC-4（R）	93	7	—	—	0	100%
HZYC-5（R）	72	16	—	12	0	100%
HZYC-6（R）	88	—	42	—	0	100%

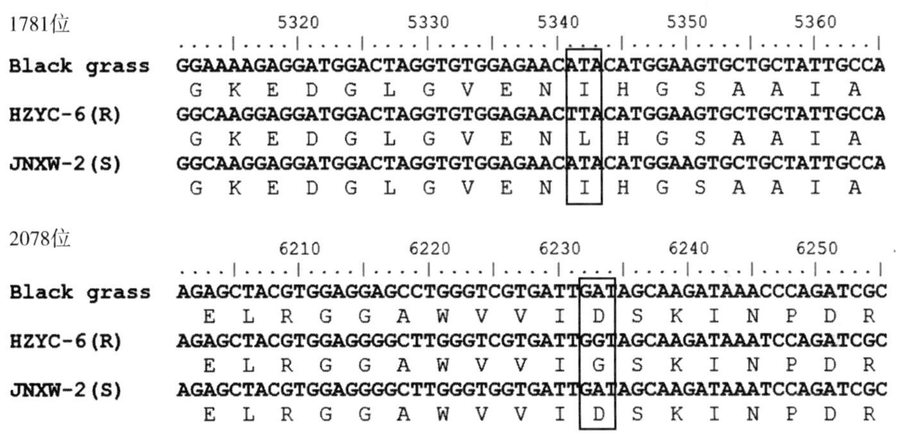

图 3-24 ACCase 1781 位和 2078 位氨基酸突变与敏感多花黑麦草序列比对

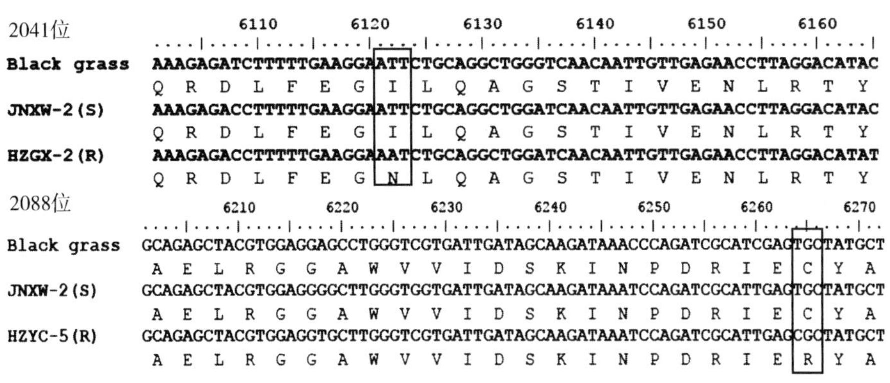

图 3-25 ACCase 2041 位和 2088 位氨基酸突变与敏感多花黑麦草序列比对

通过特异性引物对多花黑麦草 ACCase CT 区基因进行扩增，得到了 1 600 bp 目的片段。这个 DNA 片段中包含了所有已报道的与 ACCase 抑制剂类除草剂抗药性相关的 AC-Case CT 区的 7 个突变位点。通过对收集到的所有江苏抗性多花黑麦草的基因序列分析，发现没有任何位点发生突变，敏感和抗性种群的靶标位点都没有发生改变。以江苏连云港赣榆（JLGY-6）的抗性种群序列分析为例，该种群靶标位点都没有发生变化（图 3-26)，我们也对江苏其他抗性种群都进行的靶标位点的检测，但是都没有发生改变。所以，江苏抗性种群的靶标位点目前的状况还没有变化，不是引起抗性产生的原因，其他方面的原因需要逐一去探讨。

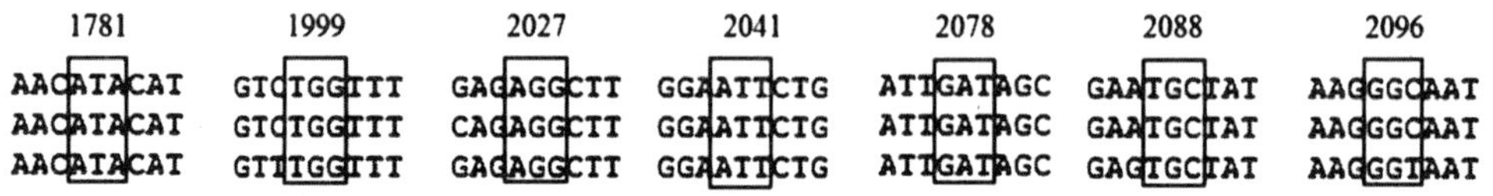

1781	1999	2027	2041	2078	2088	2096
AAC**ATA**CAT	GT**CTGG**TTT	GA**GAGG**CTT	GG**AATTC**TG	AT**TGAT**AGC	GA**ATGC**TAT	AAG**GGC**AAT
AAC**ATA**CAT	GT**CTGG**TTT	CA**GAGG**CTT	GG**AATTC**TG	AT**TGAT**AGC	GA**ATGC**TAT	AAG**GGC**AAT
AAC**ATA**CAT	GT**TTGG**TTT	GA**GAGG**CTT	GG**AATTC**TG	AT**TGAT**AGC	GA**GTGC**TAT	AAG**GGT**AAT

图 3-26　抗性种群（JLGY-6）和敏感性种群（JNXW-2）多花黑麦草种群
ACCase 常见突变位点部分序列

1781 位氨基酸突变是已知引起杂草对除草剂产生抗性的最常见原因。Zagnitko 等人（2001）报道瑞士黑麦草 Ile-1781-Leu 突变导致产生抗性。

在中国多花黑麦草抗性研究中，发现 Ile-1781-Leu 是河南多花黑麦草抗精噁唑禾草灵主要原因，也是中国多花黑麦草抗精噁唑禾草灵的首次报道。在河南驻马店的抗性多花黑麦草种群中还存在 Asp-2078-Gly、Cys-2088-Arg、Ile-1781-Leu 和 Ile-2041-Asn 突变，且一个抗性种群或者一个植株上同时存在 2 种甚至 3 种突变。即不同的除草剂抗性位点突变可能共存于某些一个抗性种群或单个植物个体内。

然而，江苏抗性多花黑麦草种群未发现靶标基因位点突变。原因可能是江苏小麦田的多花黑麦草种群经历的精噁唑禾草灵的选择压力还未达到引起氨基酸发生突变的情况，江苏的多花黑麦草种群抗性水平普遍比河南驻马店抗性种群低，这也和田间调查的情况一致。

③抗性多花黑麦草 ACCase 基因表达量变化。张佩等通过比较抗性多花黑麦草种群茎叶组织在药剂处理前和药剂处理后的不同时间点（0 h、2 h、6 h、12 h、1 d、3 d、5 d 和 7 d）以及敏感种群在药剂处理后的不同时间点（2 h、6 h、12 h、1 d、3 d、5 d 和 7 d）相对于敏感种群在药剂处理前（0 h）的 ACCase 基因表达量来确定基因表达量的变化是否与抗药性有关。由图 3-27 可知，敏感和抗性种群 ACCase 表达量先经过一个缓慢的上升到药后 1 d 达到最大值，然后下降，到 5~7 d 后已基本不再变化。但是，敏感种群 JNXW-2 和抗性未突变种群 JLGY-6 多花黑麦草 ACCase 基因表达量并没有显著的差异；而抗性突变种群 HZYC-6 的 ACCase 基因表达量在药后 1 d 后上升到最大值，是敏感种群的 2 倍，之后又缓慢下降，但是仍然比敏感种群表达量高，是敏感种群的 ACCase 基因表达量的 2~3 倍。

因此，ACCase 基因表达量的差异是抗性突变种群 HZYC-6 对精噁唑禾草灵产生抗药性的主要原因，但不是抗性未突变多花黑麦草 JLGY-6 种群对精噁唑禾草灵产生抗药性的主要原因。

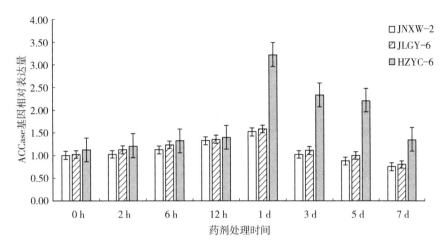

图 3 - 27　精噁唑禾草灵处理不同时间后抗性及敏感多花黑麦草 ACCase 基因相对表达量

杂草对除草剂产生抗药性的靶标酶抗性机理主要包括 3 个方面，即 ACCase CT 区氨基酸突变、ACCase 活性的差异和 ACCase 靶标酶基因的过量表达。相较于前两个方面，靶标酶基因的过量表达是研究报道最少的一种，但也已在多种杂草中被报道和证明是杂草对除草剂产生抗药性的机理之一。2001 年，Bradley 等在石茅中证明了，ACCase 基因的过量表达导致了石茅对 APPs 类和 CHDs 类除草剂产生了抗药性。Cha 等也发现在抗性牛筋草被精吡氟禾草灵处理后的第三天，ACCase 基因的表达量升高，表示牛筋草对精吡氟禾草灵产生抗药性可能与 ACCase 基因的过量表达有关。Iwakami 等也表示靶标酶基因的过量表达可能是引起水稗对 ALS 抑制剂类除草剂产生抗药性的原因之一。徐洪乐等也发现日本看麦娘中 ACCase 基因的表达量在茎组织中最高，其次为叶，根中最低。冯雨娟等发现抗性日本看麦娘被啶磺草胺处理后 5 d 和 7 d 基因表达量升高，敏感种群的基因表达量下降，抗性种群的基因表达量是敏感种群基因表达量的 3 倍。

总之，ACCase 对精噁唑禾草灵敏感性的改变，ACCase 氨基酸 Ile - 1781 - Leu、Ile - 2041 - Asn、Asp - 2078 - Gly 和 Cys - 2088 - Arg 突变以及 ACCase 基因表达量差异是多花黑麦草不同种群产生抗药性的原因。

（4）耿氏假硬草对精噁唑禾草灵靶标抗性机理。

①耿氏假硬草的 ACCase 活性。随着精噁唑禾草灵酸浓度的增高，抗性耿氏假硬草和敏感耿氏假硬草 ACCase 活性出现不同程度的下降（图 3 - 28）。经过比较后发现，敏感耿氏假硬草 ACCase 活性明显受到抑制，而抗性耿氏假硬草 ACCase 活性下降趋势不明显。由表 3 - 7 可知，精噁唑禾草灵酸对抗性耿氏假硬草 ACCase 的 IC_{50} 为（31.16±2.49）$\mu mol/L$，相对于敏感耿氏假硬草［IC_{50} 为（4.81±4.21）$\mu mol/L$］，抗性指数为 6.48。由此，我们可以推测出 ACCase 活性下降很可能是导致耿氏假硬草对精噁唑禾草灵产生抗性机理之一。

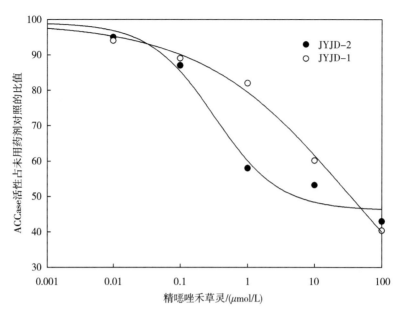

图3-28 在精噁唑禾草灵不同浓度下抗性耿氏假硬草（JYJD-2）
和敏感耿氏假硬草（JYJD-1）ACCase活性的变化

表3-7 精噁唑禾草灵对抗性耿氏假硬草（JYJD-2）和敏感耿氏假硬草
（JYJD-1）**ACCase** 的抑制中浓度

组别 Group	药剂 Herbicide	种群 Populations	抑制中浓度 IC$_{50}$± SE/（μmol/L）	抗性指数 RI
APP	精噁唑禾草灵	JYJD-1（S）	4.81± 4.21	1.00
	fenoxaprop-P-ethyl	JYJD-2（R）	31.16± 2.49	6.48

②耿氏假硬草的ACCase基因序列。在抗性与敏感种群中均发现2条不同的ACCase
序列 Acc1;1 和 Acc1;2，也就是说耿氏假硬草有2个ACCase基因的拷贝。经序列比对发
现，在抗性种群JYJD-2的 Acc1;1 上1999位的氨基酸序列TGG变成TGC，从而导致
原本是色氨酸（Trp）的1999位点变成了半胱氨酸（Cys）（图3-29）。

	1989	**1991**	**1993**	**1995**	**1997**	**1999**	
A. myosuroides	GAG CGG	TCT GTT	CCT CGT	GCT GGG	CAA GTT	TGG	TTT
	E R	S V	P R	A G	Q V	W	F
JYJD-1(S)	GAG CGG	TCT GTT	CCT CGT	GCT GGG	CAA GTC	TGG	TTT
	E R	S V	P R	A G	Q V	W	F
JYJD-2(R)	GAG CGG	TCT GTT	CCT CGT	GCT GGG	CAA GTT	TGC	TTT
(ACC1;1)	E R	S V	P R	A G	Q V	C	F

图3-29 抗性（JYJD-2）和敏感耿氏假硬草（JYJD-1）的ACCase基因序列比对

③耿氏假硬草的 ACCase 基因表达量。通过比较抗性耿氏假硬草种群茎叶组织在药剂处理前和药剂处理后的不同时间点（0 h、2 h、6 h、12 h、1 d、3 d、5 d 和 7 d）以及敏感种群在药剂处理后的不同时间点（2 h、6 h、12 h、1 d、3 d、5 d 和 7 d）相对于敏感种群在药剂处理前（0 h）的 ACCase 基因表达量来确定基因表达量的变化是否与抗药性有关。由图 3 - 30 可知，敏感种群 ACCase 表达量先经过一个缓慢的上升到药后 1 d 达到最大值，然后有一个剧烈的下降到 5 d 之后基本不再变化。抗性种群 ACCase 基因表达量在药后 1 d 之内变化幅度不大且与敏感种群比较并无显著性差异，到药后第 3～7 d 与敏感种群基因表达量相比，其相对倍数均在 2 倍以上。表明，抗性耿氏假硬草在经过药剂处理3 d 后其 ACCase 基因表达量与敏感植株相比均有小幅度的上调。

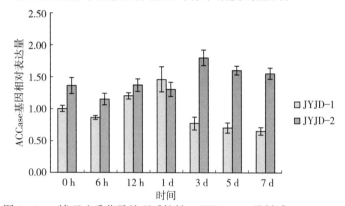

图 3 - 30　精噁唑禾草灵处理后抗性（JYJD - 2）及敏感（JYJD - 1）
耿氏假硬草 ACCase 基因相对表达量

总之，靶标酶 ACCase 与精噁唑禾草灵敏感性的下降以及 ACCase 氨基酸 1999 位色氨酸（Trp）到半胱氨酸（Cys）的突变是抗性耿氏假硬草对精噁唑禾草灵产生抗药性的靶标抗性机理。

（5）早熟禾对精噁唑禾草灵靶标耐药性机理。

①早熟禾的 ACCase 活性。采用同位素标记法测定早熟禾及对照敏感杂草看麦娘 ACCase 对 ACCase 抑制剂类除草剂精噁唑禾草灵的敏感性，结果表明，早熟禾与看麦娘 ACCase 对精噁唑禾草灵（酸）具有不同的敏感性（见图 3 - 31）。精噁唑禾草灵（酸）对早熟禾 ACCase 的 IC_{50} 为 28.06 $\mu mol/L$，为看麦娘（16.66 $\mu mol/L$）的 1.70 倍。

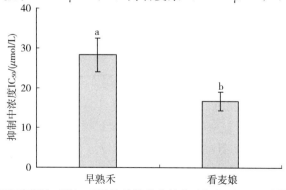

图 3 - 31　精噁唑禾草灵（酸）对早熟禾及看麦娘茎叶组织 ACCase 活性的抑制中浓度

ACCase 催化 ATP-依赖乙酰辅酶 A 羧化作用诱导合成丙二酸单酰辅酶 A，是植物脂肪酸与黄酮生物合成的首要关键步骤。植物体中主要存在 2 种 ACCase 同功酶，即异源多亚基形成的质体型 ACCase 和同源二聚体形式的胞质型 ACCase。但禾本科植物是个例外，其质体和胞质中均为类似的同源二聚体形式。APPs 类和 CHDs 类除草剂通过抑制禾本科杂草质体中同源二聚体形式的 ACCase 活性，导致丙二酰辅酶 A 合成受阻，继而导致脂肪酸的合成及油酸、亚油酸、蜡质层和角质层等的形成受阻，从而杀死杂草。目前，禾本科杂草对 ACCase 抑制剂类除草剂产生抗性主要是由于靶标酶对除草剂的敏感性显著下降所致。DePrado 等研究发现烯草酮、高效氟吡甲禾灵、禾草灵、精吡氟禾草灵、噻草酮、烯禾啶对狗尾草抗性生物型 ACCase 的 IC_{50} 分别为敏感生物型的 5.8 倍、13.9 倍、20.0 倍、102.4 倍、416.7 倍、625.0 倍，从而导致了抗药性的产生。Tal 等研究发现小花蔺草抗性生物型的 ACCase 活性相对于敏感生物型对精噁唑禾草灵表现出 19 倍抗性，对其他 ACCase 抑制剂也产生了一定水平的抗性，从而导致其对精噁唑禾草灵及其他 ACCase 抑制剂产生抗药性。另外，简轴草（*Rottboellia cochinchinensis*）、欧洲稻槎菜（*H. leporinum*）、大狗尾、马唐、石茅、日本看麦娘、鼠尾看麦娘、瑞士黑麦草、千金子、不实野燕麦等杂草均存在由于其 ACCase 活性的提高而导致抗药性产生的抗性生物型。Herbert 等研究表明早熟禾 ACCase 对精喹禾灵不敏感，导致其对精喹禾灵具有耐药性。本研究中，早熟禾茎叶组织中 ACCase 对精噁唑禾草灵不敏感，可能是其对精噁唑禾草灵耐药性的机制之一。

②早熟禾的 ACCase 基因序列。引物扩增早熟禾和看麦娘 ACCase CT 区基因，得到 2 个早熟禾基因片段（*ZJM1*、*ZJM2*）、1 个看麦娘基因片段（*ALA*）。所得 ACCase CT 区基因片段序列与已报道的鼠尾看麦娘序列（Genbenk 登录号：AJ310767.1）核苷酸同源性分别为 93%、91%、97%。

早熟禾 ACCase CT 区基因序列在对应于鼠尾看麦娘序列的 5341 位存在 A/T 的核苷酸多态性现象，其氨基酸序列 1781 位点存在异亮氨酸（Ile）/亮氨酸（Leu）多态性（图 3-32）。该结果与 Délye 和 Michel 的报道相吻合。而看麦娘的 5341 位点为 A，其密码子 ATA 编码 1781 位点为异亮氨酸，该位点与敏感鼠尾看麦娘序列相同。

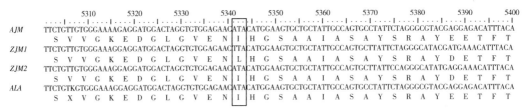

图 3-32 早熟禾与看麦娘质体 ACCase DNA 序列及其氨基酸序列比对

（序列位点参照鼠尾看麦娘 mRNA 全序列，GenBank 登录号为 AJ310767.1）

抗性生物型 ACCase 序列分析研究表明多个位点的氨基酸取代均可导致对除草剂产生抗药性。目前 ACCase 序列中已被证实可导致对除草剂产生抗药性的取代主要有 1781 位点异亮氨酸（Ile）被取代为亮氨酸（Leu）、1999 位点色氨酸（Trp）被取代为半胱氨酸（Cys）、2027 位点色氨酸（Trp）被取代为半胱氨酸（Cys）、2041 位点异亮氨酸（Ile）被取代为天冬酰胺（Asn）、2041 位点异亮氨酸（Ile）被取代为缬氨酸（Val）、2078 位点天冬氨酸（Asp）被取代为甘氨酸（Gly）、2088 位点半胱氨酸（Cys）被取代为精氨酸（Arg）、2096 位点甘氨酸（Gly）被取代为丙氨酸（Ala）。

1781 位点异亮氨酸被取代为亮氨酸是目前杂草抗 ACCase 抑制剂类除草剂的主要机制之一。1781 位点氨基酸的改变导致鼠尾看麦娘、狗尾草、野燕麦、长颖野燕麦和瑞士黑麦草等杂草的抗性生物型对 APPs 类和 CHDs 类除草剂均产生了抗药性。

早熟禾 ACCase 氨基酸 1781 位点亮氨酸与异亮氨酸的同时存在可能与其起源有关。早熟禾可能是由仰卧早熟禾（*Poa supina*）与低矮早熟禾（*Poa infirma* Kunth）杂交而来。1781 位点为亮氨酸的氨基酸序列与仰卧早熟禾 ACCase 氨基酸序列相同，而 1781 位点为异亮氨酸的氨基酸序列可能与低矮早熟禾 ACCase 氨基酸序列相同。王红春等研究中所得 *ZJM* 1 核苷酸序列与仰卧早熟禾质体 ACCase 核苷酸序列（AJ966434.1）同源性为 99%，*ZJM* 2 核苷酸序列与低矮早熟禾质体 ACCase 核苷酸序列（AJ966433.1）同源性为 98%，也验证了早熟禾的起源假说。所以，早熟禾 ACCase CT 区 1781 位点亮氨酸的天然存在可能是其对精噁唑禾草灵产生耐药性机制之一。

③早熟禾的 ACCase 基因表达量。研究表明，早熟禾与看麦娘 ACCase 基因与管家基因 β-actin 的扩增效率基本一致，采用比较 C_T 值的相对定量法（即 $2^{-\Delta\Delta CT}$ 法）进行基因表达量的比较研究。以相对敏感生物型看麦娘 ACCase 基因的表达量为参照，早熟禾相对表达量如表 3-33 所示。相对于敏感生物型看麦娘，早熟禾的 ACCase 基因有 3.2 倍的过量表达。

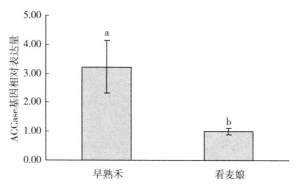

图 3-33　早熟禾与看麦娘的 ACCase 相对表达水平

在除草剂选择压下植物细胞培养组织中靶标酶的过量表达可导致其对除草剂产生抗药性。在除草剂作用下，野胡萝卜、烟草（*N. tabacum*）和菊苣（*Cichorium intybus*）的细胞培养组织的 ALS 扩增量得到提升，从而对 ALS 抑制剂类除草剂产生抗药性。野胡萝卜和紫苜蓿（*Medicago sativa*）的细胞培养组织分别在草甘膦和草铵膦的选择作用下，其 5-烯醇式丙酮莽草酸-3-磷酸合成酶（EPSPS）的扩增水平得到提升而对其产生抗药性。目前有关于 ACCase 基因表达量提升而导致抗性产生的研究报道。Bradley 等研究发现，抗烯禾啶、精喹禾灵、精吡氟禾草灵的石茅生物型的 ACCase 活性、对除草剂的吸收传导及代谢均与敏感生物型相当，推断其抗性是由于 ACCase 相对较高的扩增量所致，但尚未通过荧光定量等方法予以验证。本研究通过相对荧光定量 PCR 的方法对 ACCase 基因表达量与其抗药性进行了研究。研究发现，耐药性杂草早熟禾具有比敏感杂草看麦娘较高的 ACCase 表达量，ACCase 基因高表达量可使杂草在一定的药剂胁迫下顺利进行脂肪酸合成，导致杂草抗（耐）药性的产生。因此，相对较高的 ACCase 基因表达量可能也是早熟禾对精噁唑禾草灵产生耐药性的机制之一。

总之，早熟禾 ACCase 对精噁唑禾草灵极低的敏感性、氨基酸 1781 位点抗性突变类型氨基酸的天然存在及其相对较高的 ACCase 基因表达量可能是早熟禾对精噁唑禾草灵产生耐药性的主要原因。

二、杂草抗精噁唑禾草灵的非靶标抗性机理

非靶标抗性机理（NTSR）越来越受到重视，逐渐被认为是导致杂草对 ACCase 抑制剂类除草剂产生抗药性的重要原因之一。在对 6 个国家 297 个抗性鼠尾看麦娘种群抗性机理大范围调查研究中发现，大部分抗性杂草并没有已知的 ACCase 抗性突变，推测这些抗性杂草可能是非靶标抗性引起的抗性，可见非靶标抗性发生广泛。非靶标抗性往往与靶标抗性在抗 ACCase 抑制剂类除草剂的杂草中同时存在，因此使得非靶标抗性更加难以明确。以往认为非靶标抗性导致的抗性水平较低，但 Kaundun 等研究发现，抗 ACCase 抑制剂类除草剂的鼠尾看麦娘由非靶标抗性导致的抗性水平甚至超过了靶标 1781 位点异亮氨酸突变成亮氨酸导致的靶标抗性水平。有关于黑麦草抗性的大规模调查显示，绝大多数具有抗性的黑麦草植株中并不能检测到已知的靶标位点突变。还有大量研究表明，非靶标抗性经常与靶标抗性同时存在。而在非靶标抗性刚刚产生时，其仅能产生较低水平的抗性，随着时间的推移，非靶标抗性也会不断积累，最终抗性会达到很高的水平并在田间推荐剂量下存活。早期发现的抗高效氟吡甲禾灵杂草正是如此情况。特殊情况下，非靶标抗性赋予杂草的抗性水平甚至可以超过一些常见的靶标位点突变赋予的抗性。Kaundun 等在抗性黑草种群中就发现，非靶标抗性是导致其对炔草酯和唑啉草酯产生抗性的主要原因，而非其带有的氨基酸 1781 位点靶标突变。

非靶标抗性机理比较复杂，包括杂草对除草剂的解毒增强、渗透减弱、吸收减少、传导变缓及屏蔽作用等。20 世纪 90 年代，发现一些杂草种群可以通过膜的去极化对 ACCase 抑制剂类除草剂产生抗性。也有少数研究发现杂草可以减少 ACCase 抑制剂类除草剂的渗透和封存并导致抗药性的产生。近年来，Cummins 等研究发现在多抗性的黑麦草种群中谷胱甘肽-S-转移酶中的 phi 和 lambda 家族基因参与了其抗性的产生。这 2 个谷胱甘肽-S-转移酶家族基因主要是通过联合产生保护性的类黄酮，从而清除在除草剂作用下产生的游离的有害自由基。

虽然非靶标抗性包括除草剂渗透能力的减弱、吸收传导的差异和解毒代谢能力的提高等作用机理，但抗 ACCse 抑制剂类除草剂的抗性机理主要是将除草剂解毒代谢为非毒性物质。在这其中，细胞色素 P450 氧化酶系和谷胱甘肽-S-转移酶被认为与杂草对 ACCase 抑制剂类除草剂产生抗性密切相关。王红春等在对早熟禾耐精噁唑禾草灵机理研究中发现，早熟禾除具有天然的抗性靶标 1781 位点氨基酸由异亮氨酸变成亮氨酸的突变外，在施药后早熟禾细胞色素 P450 与细胞色素 b5 含量及细胞色素 P450 氧化酶系活性出现了

诱导性的提升，这表明细胞色素 P450 氧化酶系介导的代谢加强也是早熟禾对精噁唑禾草灵耐药性的重要机理之一。在研究对精噁唑禾草灵以及多种除草剂产生抗性的水稗中发现，细胞色素 P450 的某些基因表达量上调导致了细胞色素 P450 活性提高，从而进一步导致其对多种除草剂产生抗性。GSTs 是一种广泛分布于生物体内催化还原型谷胱甘肽和多种亲电、疏水性底物轭和的多功能酶系。该酶已经被确认为是植物生长过程中具备脱毒化及其他多种催化作用的第二阶段脱毒酶。Cummins 等研究发现谷胱甘肽-S-转移酶对精噁唑禾草灵代谢活性及谷胱甘肽过氧化酶（GPOX）活性的加强是导致鼠尾看麦娘对精噁唑禾草灵产生抗性的原因。通过实时荧光定量 PCR 对抗 ACCase 抑制剂类除草剂的鼠尾看麦娘中谷胱甘肽-S-转移酶基因表达量的研究发现，在施用精噁唑禾草灵 6 h 后，谷胱甘肽-S-转移酶基因的表达量相对于敏感对照上调，这种除草剂介导的谷胱甘肽-S-转移酶基因表达量上调可能是鼠尾看麦娘产生抗性的机理之一。

在杂草对 ACCase 抑制剂类除草剂产生非靶标抗性中，多数情况下，该杂草可以通过非靶标抗性机理成功将除草剂分子降解代谢为无毒物质。早在 1996 年，研究者就通过 ^{14}C 标记的同位素，成功在黑麦草种群中明确了其代谢抗性的存在。但由于带有同位素标记的除草剂稀少，自那以后，仅有少数的杂草种群中被证明存在代谢抗性。但代谢抗性可通过一些间接的方式进行证明，这些方式包括使用可以有效抑制在 ACCase 抑制剂类除草剂代谢过程中所涉及解毒酶的代谢酶抑制剂，检测时发现缺乏已知的靶标位点突变，以及检测抗敏种群中代谢酶的活性及含量。常见的代谢酶抑制剂有可以有效抑制细胞色素 P450 酶的胡椒基丁醚（PBO）、1-氨基苯并三唑（ABT）和马拉硫磷。而使用抑制剂后的抑制效果虽然有可能是代谢酶抑制剂导致的，但也与除草剂的种类、杂草种群密度及种类密切相关。Preston 等就发现 ABT 虽然可以有效地增加高效氟吡甲禾灵防治抗性黑麦草种群的效果，但同样在这个种群中，苯草酮也被证明与代谢抗性相关，使用 ABT 却对其药效无任何影响。还有，ABT 和马拉硫磷均不能逆转黑麦草种群对精噁唑禾草灵的代谢抗性，但将马拉硫磷和精噁唑禾草灵同时使用，却可以有效地降低野燕麦种群对精噁唑禾草灵的抗性。

近年来，代谢抗性研究一直备受重视，但进展缓慢。目前确认代谢抗性的方法主要有3 个。①以 ^{14}C 作为标记的同位素示踪法检测杂草代谢除草剂的能力；②研究抗性杂草体内细胞色素 P450 氧化酶系和谷胱甘肽-S-转移酶的活性及含量的变化；③使用 P450 抑制剂间接证明抗性是由代谢差异所致。由于条件所限，国内研究代谢抗性少有使用同位素示踪法，大多停留在生理生化层次或是抑制剂的使用，更是鲜有分子生物学层面的研究成果。代谢抗性既是目前杂草抗药性研究的热点，也是将来抗性研究的发展趋势。其涉及的酶系（P450，GST，GT 等）均属于家族基因，有多个基因参与并发挥作用。而杂草的基因组情况未知，研究起来更是困难重重，当前仅有几个稗 P450 基因被分离并鉴定出与代谢抗性相关。近年来，转录组学技术的快速发展为杂草代谢抗性的研究提供了切实可行的手段，运用该技术可以成功挖掘出代谢抗性候选基因。

在我国，同一除草剂连续多年频繁使用，导致我国许多杂草对除草剂产生抗药性。众所周知，非靶标抗性可以导致杂草对除草剂产生较低水平的抗性，这一特性也使得具有非靶标抗性机理的杂草可以被更高剂量的除草剂防治。对于难以防治的田间杂草，农户倾向于加大除草剂使用剂量，这也使得在我国田间能够存活的杂草大多为仅由靶标抗性机理产生的高水平抗性杂草或是靶标抗性与非靶标抗性机理并存的更高抗性的杂草。与 Han 等在澳大利亚黑麦草研究中发现的一样，我国许多抗性杂草中也是靶标抗性机理与非靶标抗性机理并存。但研究人员往往认为该种抗性种群中仅有靶标抗性，非靶标抗性这一本应被重视的问题，却往往被忽视。正确认识田间抗性杂草的抗性机理，尤其是非靶标抗性机理，对于有效地治理田间抗性杂草至关重要。

1. 杂草体内除草剂代谢相关的主要酶系及其功能 除由靶标酶变化导致除草剂与靶标蛋白结合效果降低的靶标抗性之外的抗性，属于非靶标抗性，主要作用机制有减少除草剂的渗透和转移、除草剂降解的加强（代谢抗性）和抗除草剂间接伤害的防御机制。目前的研究认为，代谢抗性是非靶标抗性中最重要的部分。除草剂的在植物体内的代谢是一个复杂的过程，涉及不同种酶的协作，如图 3 - 34 和表 3 - 8。这一过程大致可以分为 3 个阶段。①除草剂分子被转化成一个更加亲水的代谢物，这一阶段涉及细胞色素 P450 氧化酶

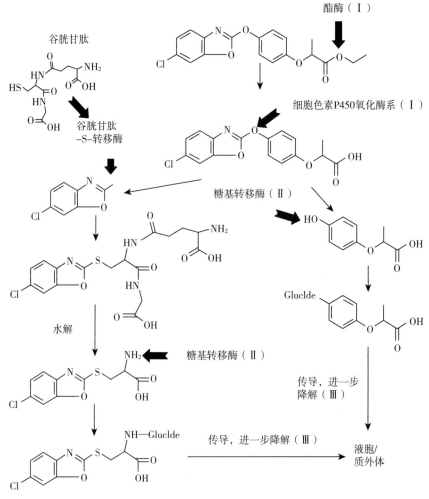

图 3 - 34 精噁唑禾草灵在杂草体内代谢涉及的相关酶

系、酯酶、水解酶、氧化酶和过氧化物酶；②与植物体内受体分子结合，涉及的酶主要有谷胱甘肽-S-转移酶和糖基转移酶；③进一步轭合后，进入氧化步骤，代谢物被运到液泡或者细胞壁进行进一步降解，主要涉及 ABC 转运蛋白。

表 3-8 代谢作用中涉及的相关酶

参与代谢的酶	代谢中可能的作用
细胞色素 P450 氧化酶系	裂解，氧化作用（Ⅰ）
酯酶和水解酶	裂解（Ⅰ）
氧化酶和过氧化物酶	氧化作用（Ⅰ），保护免受氧化胁迫
谷胱甘肽-S-转移酶	与谷胱甘肽轭合（Ⅱ）
糖基转移酶	与糖类轭合（Ⅱ）
ABC 转运蛋白	从细胞液中排泄，隔离（Ⅲ）

注：Ⅰ、Ⅱ和Ⅲ表示除草剂在植物体内降解的阶段。

（1）杂草细胞色素 P450 氧化酶系。细胞色素 P450 氧化酶系（Cytochrome P450，CYP450）参与底物的裂解和氧化作用，酯酶和水解酶参与底物的裂解，氧化酶和过氧化物酶参与第一阶段的氧化反应。其中细胞色素 P450 氧化酶系是第一阶段的最重要的酶，广泛存在于生物中，位于某些细胞的光滑内质网上，因能以其还原态与 CO 结合，并且在 450 nm 处有吸收峰而得名，是植物体内最大的酶家族之一。细胞色素 P450 氧化酶系主要由细胞色素 P450、NADPH-细胞色素 P450 还原酶、细胞色素 b_5、NADPH-细胞色素 b_5 还原酶和磷脂等组成。其中以细胞色素 P450 和 NADPH-细胞色素 P450 还原酶最为重要。细胞色素 P450 基因家族在代谢除草剂第一阶段，可编码最多的通用类的酶用于催化氧化反应和单加氧反应。NADPH-细胞色素 P450 还原酶将 NADPH 中的电子转移到细胞色素 P450 中，为细胞色素 P450 还原反应的提供电子。细胞色素 P450 氧化酶系利用来源于 NADPH 的电子催化分子氧的活化，催化的反应通常为加单氧反应，形成一个 H_2O 分子和氧化产物。

$$RH+O_2+NADPH+H^+ \rightarrow ROH+H_2O+NADP^+$$

反应式中 RH 代表底物，ROH 代表代谢产物，反应需要 2 个电子和 2 个质子。亦有报道说，NADPH-P450 还原酶提供细胞色素 P450 还原反应的第一个电子，而第二个转移到氧化的细胞色素 P450 的电子是由细胞色素 b_5 供给的。细胞色素 P450 氧化酶系参与除草剂代谢的主要作用方式有脱烷基化作用、环甲基羟基化作用、芳环的羟基化作用、脱硫氧化作用和催化酯键断裂等。

（2）杂草谷胱甘肽-S-转移酶。谷胱甘肽-S-转移酶（Glutathione-S-transgerase，GST）是一种多功能酶，也是一种二聚体酶，广泛分布于动植物体内，在每个发育阶段均存在。GST 可以催化各种各样的底物（R-X）与谷胱甘肽（Glutathione，GSH）发生巯基轭合形成一个极性的 R-SG 产物，从而降低毒性，因为 R-X 类底物通常为疏水的亲电有毒化合物。GST 被确认为植物体内第二阶段解毒代谢的重要组成，GST 同样也可能直接与除草剂发生轭合反应。然后，连有 GSH 的代谢物质通过选择性 ABC 转运蛋白转运入液泡，达到去毒作用。目前仍然不清楚 GST 在植物中的详细功能及如何进行抗逆的分子机制，但对其功能的深入研究和遗传转化结果均逐步揭示了该基因在抗逆胁迫中的作用。

（3）杂草糖基转移酶。糖基转移酶（Glycosyltransferase，GT）是参与第二阶段解毒代谢的另一酶家族，专门负责催化糖基化反应的酶类，将活性糖基从糖基供体转移到广泛的亲脂性小分子受体。小分子受体包括植物激素、次生代谢物和外源性物质（如除草剂）等。糖基化可能发生在—OH、—COOH、—NH$_2$、—SH 基团中，因此，糖基转移酶根据糖基化的受体被分为 O-糖基转移酶或 N-糖基转移酶。已经提出关于 O-糖基转移酶和N-糖基转移酶在解毒除草剂中的作用。共轭反应使糖基转移酶通过糖连接物与多种多样的次级代谢物结合，维持细胞内稳态、快速和精确控制植物激素浓度，以及通过在分子上添加糖解毒除草剂。

（4）杂草 ABC 转运蛋白。腺苷三磷酸结合盒转运蛋白（ATP-binding cassette transporters，ABC 转运蛋白）由于含有一个腺苷三磷酸（ATP）的结合盒（ATP-binding cassette，ABC）而得名，参与除草剂解毒代谢第三个阶段。在高等植物中 ABC 转运蛋白具有广泛功能的特点，如排泄有毒化合物、隔离次级代谢产物、转运脂肪酸和磷脂等，同样能够转运激素、重金属等，以维持细胞内稳态。

2. 杂草抗除草剂代谢酶机理研究进展　杂草对 ACCase 抑制剂类除草剂的代谢抗性，既可由杂草自身的代谢酶过量表达，也可由外部因素诱导产生。Brazier 等在黑麦草种群中发现，杂草中细胞色素 P450 酶和谷胱甘肽-S-转移酶的活性水平在精噁唑禾草灵使用后明显升高，正是该种群对精噁唑禾草灵产生抗性的主要原因，在其他黑麦草种群中也发现了同样的机理。而安全剂，如吡唑解草酯，使用后也可以诱导杂草中的过氧化物酶增加，保护谷胱甘肽-S-转移酶中的 phi 和 lambda，进而导致抗性。

低剂量筛选仅能产生低水平的代谢抗性，但该抗性可以不断积累，从而使得该杂草对 ACCase 抑制剂类除草剂产生高水平的抗性。Neve 等就在原本敏感的多花黑麦草种群中，通过低剂量高效氟吡甲禾灵的不断筛选，仅仅经历 3 代后，就使该种群对高效氟吡甲禾灵产生了代谢抗性。而在田间环境下，作物种植密度不同、杂草种子萌发时间也不同，并不能保证田间所有杂草均能喷施到相同浓度的除草剂，其中会有一部分杂草长期处于低剂量除草剂的不断筛选下。这种现象在我国更为常见。黑麦草代谢高效氟吡甲禾灵的过程与小麦类似，它可以将高效氟吡甲禾灵代谢为一定量的酸，并进一步解毒为无毒代谢物。令人感到担忧的是，低剂量筛选获得的代谢抗性还会对与高效氟吡甲禾灵作用机理不同的另外两种除草剂产生抗性。这也与 Petit 等的发现一致，由 ACCase 抑制剂类除草剂筛选出的非靶标抗性鼠尾看麦娘种群，对 ALS 抑制剂类除草剂也产生了抗性。在法国的黑草种群中，研究者发现其非靶标抗性与精噁唑禾草灵的相关性远远大于炔草酯和唑啉草酯。在具有代谢抗性的黑麦草和野燕麦种群中，代谢抗性对唑啉草酯的影响也远大于炔草酯。这些研究结果都说明 ACCase 抑制剂类除草剂筛选出的代谢抗性在除草剂之间还存在着化合物特异性。

非靶标抗性是多基因且复杂的，这在具有代谢抗性的黑麦草种群研究中得到了证实。Busi 等发现由细胞色素 P450 导致的代谢抗性在抗性种群中展示出显性遗传的特点，这表明代谢抗性可以通过花粉和种子进行传播。Petit 在黑麦草种群中研究发现，单株杂草中最多可有 3 个基因可能参与使其产生非靶标抗性。尽管许多研究者通过间接方式证明非靶标抗性在抗 ACCase 抑制剂类除草剂中存在。但目前仅有 Iwakami 等在对水稗抗性研究中发现，细胞色素 P450 的某些基因表达量上调导致 P450 活性提高从而导致抗性产生，Petit 等通过 qPCR 研究了抗 ACCase 抑制剂类除草剂的鼠尾看麦娘中的 GST 基因表达量，发现精噁唑禾草灵施用 6 h 后，抗性种群 GST 的表达量相对于敏感对照上调，这种除草剂介导的 GST 表达量上调可能是鼠尾看麦娘的抗性机理之一。鼠尾看麦娘中鉴定出的 AmGSTF1，将其表达至拟南芥（Arabidopsis thaliana）中后，可使转基因植株对包括精噁唑禾草灵在内的多种除草剂产生抗性。

（1）细胞色素 P450 氧化酶系与杂草的抗药性。1985 年和 1986 年分别首次报道作用于不同靶标位点的除草剂产生交互抗性的鼠尾看麦娘和瑞士黑麦草。进一步研究发现，其抗性是由于细胞色素 P450 氧化酶系活性增强而对许多除草剂的代谢增强所致。目前，已有多种由细胞色素 P450 氧化酶系介导的抗性生物型杂草产生。Owen 等在西澳大利亚发现了 6 个对磺酰脲类除草剂产生了较低抗性水平的瑞士黑麦草种群，并发现，这种抗性并不是由于 ALS 酶活性差异而引起的，并且这 6 个种群均对其他类型的除草剂敏感，然而对其用 P450 抑制剂处理之后，发现抗性种群对 ALS 抑制剂类除草剂的敏感性与敏感种群没有差异。由此得出结论，这 6 个瑞士黑麦草种群对 ALS 抑制剂类除草剂产生的抗性类型是涉及 P450 的代谢抗性。Yu 等对瑞士黑麦草进行了研究，发现瑞士黑麦草对禾草灵的抗药性并不是靶标位点 ACCase 的突变或者过量表达引起的，而且这种抗性与对药剂的吸收和传导均无关。禾草灵在抗性种群和敏感种群体内转化成禾草酸过程中也是没有差异的。然而，对于禾草酸的代谢过程，抗性种群总是比敏感种群进行得快。在抗性种群中禾草酸的量比敏感种群大约要低 2.6 倍左右。这种抗性类似于具有天然耐药性的小麦。研究者认为，这种非靶标的抗性机制提高了对除草剂的代谢速率，而这一过程极有可能有细胞色素 P450 氧化酶的参与。王红春等发现早熟禾对精噁唑禾草灵有天然耐药性。精噁唑禾草灵在施用增效醚（PBO）后有增效作用。在施用精噁唑禾草灵后细胞色素 P450 和 b_5 的含量显著高于仅施用吡唑解草酯和未做处理的对照植株。用模式底物方法间接测量细胞色素 P450 酶活性，发现在施用精噁唑禾草灵后其活性升高。研究最后得出结论，细胞色素 P450 氧化酶系可能在早熟禾对精噁唑禾草灵产生耐药性方面起重要作用。

2014 年 Iwakami 等首次在农田杂草水稗中克隆出 P450 基因并进行研究。用双草醚诱导水稗 P450 基因表达量，用巢式 PCR 技术从 P450 家族基因分离出 39 个假定的 P450 基因，并运用荧光定量 PCR 技术找到 7 个基因在双草醚诱导下出现表达量的上调，其中 CYP71AK2 和 CYP72A254 在抗性种群中表达量显著提高。在 7 个基因中，有 3 个基因发生突变，而导致氨基酸变化的基因仅有 CYP72A254。随后，Iwakami 又研究了抗性和敏感种群对苄嘧磺隆的代谢抗性。抗性种群通过更快速的脱甲基化代谢苄嘧磺隆。从耐苄嘧磺隆的水稻中，分离和分析到水稗的 P450 基因家族中 CYP81A 亚家族。其中 CYP81A12 和 CYP81A21 这 2 个基因在抗性种群中的表达量更高。经过验证，拟南芥只要表达出 1 个基因，就可以在含苄嘧磺隆或五氟磺草胺的培养基中存活，而此时的药剂量使得野生拟南芥停止生长。最后其结果说明，过量表达的 2 个 P450 基因是导致水稗对这 2 种 ALS 抑制剂类除草剂产生抗性。Pan 等发现 2 个细胞色素 P450 基因 *CYP87A3* 和 *CY71D7* 用精噁唑禾草灵处理后在菵草中出现表达量上调，推断与代谢抗性相关。

（2）谷胱甘肽-S-转移酶与杂草抗性。1970 年 Frear 与 Swanson 首次报道玉米（*Zea mays*）、耐药性石茅（*Sorghum halepense*）及苏丹草（*Sorghum sudanense*）对莠去津产生耐药性与 GST 相关。随后被证实在许多作物中由于 GST 的高活性导致其对除草剂具有耐药性。Andrews 等研究发现 GST 在费氏狗尾草（*Setaria faberi*）、稗、马唐、石茅、苘麻（*Abutilon theophrasti*）、裂叶牵牛（*Ipomoea hederacea*）及反枝苋（*Amaranthus retroflexus*）对氟磺胺草醚和丙草胺的代谢中发挥了重要作用。Cummins 等研究发现 GST 对精噁唑禾草灵代谢活性及谷胱甘肽过氧化酶（GPOX）活性的增强导致鼠尾看麦娘对精噁唑禾草灵产生抗性。

在 GST 介导的代谢除草剂安全剂应用中的数据显示，GST 基因可被诱导性表达。此外，在杂草研究中发现，作物中 GST 基因在代谢除草剂中发挥了一定作用。*GSTF1* 基因已被证明在鼠尾看麦娘对除草剂抗性中具有重要作用。Pan 等研究发现菵草 GST 基因 *GST-T3*、*GST-U1* 和 *GST-U6* 用精噁唑禾草灵处理后出现表达量上调。基因的表达量上调可增强杂草对除草剂的代谢能力。

（3）糖基转移酶与杂草抗性。糖基转移酶已被证明解毒各种有毒化学物质，包括污染物和除草剂。有研究证明，糖基转移酶在一种抗多种除草剂的鼠尾看麦娘中活性得到诱导性提高。在作物和模式植物中用除草剂处理后，进一步明确糖基转移酶参与除草剂抗性。有研究表明，2 个大豆中糖基转移酶能够使灭草松初级代谢产物糖基化。此外，用除草剂如 2，4，5-三氯苯酚处理后糖基转移酶已经被克隆和对其活性进行表征。同细胞色素 P450 一样，用安全剂可诱导糖基转移酶基因表达，同样表明糖基转移酶在解毒代谢除草剂中的作用。

（4）ABC 转运蛋白与杂草抗性。很多研究证明除草剂在植物液泡中被代谢，但是鲜有研究将 ABC 转运蛋白与杂草代谢除草剂相关联。尽管如此，在作物和模式植物中已经确认 ABC 转运蛋白参与代谢除草剂。1993 年，有研究显示，植物 ABC 转运蛋白可转运谷胱甘肽轭合物。另一个相似的实验表明，大麦叶肉中 ABC 转运蛋白可隔离氟嘧磺隆代谢物与葡糖糖苷的轭合物。*AtMRP1* 作为第一个被克隆出来的 ABC 转运蛋白基因，能够转运异丙甲草胺的谷胱甘肽轭合物。此外，已经证明，拟南芥中和其他物种中的一些 ABC 转运蛋白能够转运不同除草剂和除草剂代谢产物。ABC 转运蛋白同样在安全剂诱导下表达量上调，因此可以协调过多的谷胱甘肽轭合物。一个参与谷胱甘肽轭合物转运的 ABC 转运蛋白 AtOPT6 在氟嘧磺隆处理后也可出现表达量上调。有研究发现，用草甘膦处理后，几个 ABC 转运蛋白仅在抗性小蓬草中表达量上调。

3. 菵草对精噁唑禾草灵非靶标抗性机理 由于除草剂的大规模使用，除草剂抗性已被广泛认为是杂草适应性进化的结果。抗性杂草可以通过多种抗性机制对除草剂产生抗性，因此，研究抗性机制可为杂草的治理提供有效的信息。杂草抗除草剂的机制主要为靶标抗性（TSR）和非靶标抗性（NTSR）。靶标抗性多由杂草与除草剂结合的靶标位点结构改变或靶标酶蛋白的表达增加所致，而任何不是靶标抗性的机理则均属于非靶标抗性机理。可见，非靶标抗性机理范围更广、内容更多，目前对非靶标抗性机理尤其是分子机理知之甚少，仅有极少数的非靶标抗性基因被认为与杂草对除草剂产生抗性有关。

　　非靶标抗性中研究最多的是代谢抗性。然而关于杂草基因组的信息非常有限，这也使得杂草代谢抗性的分子机理研究非常局限。与靶标抗性相比，代谢抗性会对农业生产造成更大的危害。因此，杂草研究者需要杂草对抗除草剂的代谢抗性机理，尤其在分子层面，进行深入研究。杂草代谢精噁唑禾草灵的过程主要分为 3 个阶段，整个过程涉及 8 种不同类型的代谢酶发挥作用。在阶段Ⅰ，杂草通过体内的细胞色素 P450 氧化酶系、酯酶（Esterases）、水解酶（Hydrolases）、氧化酶（Oxidases）或过氧化物酶（Peroxidases）等 5 种代谢酶的作用，将除草剂分子转化为亲水代谢产物；在阶段Ⅱ，阶段Ⅰ获得的产物会通过谷胱甘肽 - S - 转移酶或糖基转移酶（Glycosyltransferases，GTs）等代谢酶成功结合到杂草受体分子；在阶段Ⅲ，阶段Ⅱ的产物经过进一步的共轭、解离和氧化后，可通过 ABC 转运蛋白运输到液泡中，并在液泡中降解为无毒物质。虽然已知这 8 大代谢酶家族在杂草对精噁唑禾草灵的代谢抗性中发挥着重要的作用，但对这些代谢酶家族基因的研究仍屈指可数。目前仅有 8 个代谢酶基因在杂草中被鉴定出同 ACCase 抑制剂类除草剂抗性相关，包括 2 个 GST 基因、4 个 CYP450 基因、1 个酯酶基因和 1 个 ABC 转运蛋白基因。因此，要想从分子水平上全面深入地阐明杂草对精噁唑禾草灵的代谢抗性机制，建立杂草的代谢酶家族基因库意义重大。

　　转录组测序（RNA - seq）技术可以从大量候选基因中成功筛选到可能与抗除草剂杂草中的非靶标抗性相关基因，它也是目前杂草中研究非靶标抗性相关基因时最有效的技术。该技术还有一大优点，那就是可以通过从头测序技术成功克服杂草中无参考基因组这一劣势。目前，该技术已成功用于鉴定抗禾草灵黑麦草、抗 ALS 抑制剂类除草剂多花黑麦草、抗 ALS 抑制剂类除草剂鼠尾看麦娘中可能与代谢抗性相关基因，并发现：黑麦草有 4 个基因（2 个 CYP450 基因，1 个 GT 基因和 1 个氮酸酯脱氧酶）被认为与代谢抗性相关；在多花黑麦草中有 4 个基因（2 个 CYP450 基因，1 个 GST 基因和 1 个 GT 基因），而鼠尾看麦娘中则有 5 个基因（3 个 CYP450 基因，1 个过氧化氢酶基因和 1 个抗性蛋白相关基因）被认为与 ALS 抑制剂类除草剂代谢抗性有关。

　　世界上关于非靶标抗性的研究多集中于代谢抗性。值得一提的是，尽管小 RNA（特别是 miRNA）等调控因子参与的调控机制被认为在杂草体内发挥着重要的作用，也极有可能参与杂草对除草剂的非靶标抗性并导致抗性的产生，但目前还没有任何杂草抗除草剂的调控机制方面的研究。小 RNA 是内源性小分子核糖核酸，它属于小分子非编码 RNA（约 22 nt），可以对其目标靶基因进行负调控。大量研究发现，小 RNA 可以参与植物对胁迫的反应，尤其是非生物胁迫。迄今为止，越来越多的研究发现小 RNA 在植物非胁迫反应中发挥调控作用，包括调控植物的耐寒性、耐旱性和耐盐性等。与这些逆境类似，除草剂处理同样可以作为一种强大的非生物胁迫，因此小 RNA 参与的调控机理也极可能在杂草对除草剂的逆境反应中发挥作用。杂草中的小 RNA 显然可以在对除草剂的胁迫反应中发挥作用，但这种作用是否足以产生抗性？如果可以，小 RNA 又是通过怎样的调控机制产生抗性？这些都值得深入研究。高通量测序技术的飞速发展不仅为杂草代谢抗性的研究提供了便利，也为杂草中识别和鉴定小 RNA 提供了契机。

　　目前对植物中的漆酶（Laccase）研究甚少，漆酶的许多生物学功能未知。已知植物中漆酶是小 RNA397（miR397）的靶基因。拟南芥中已成功鉴定出具有不同表达模式的 17 个漆酶基因，且部分漆酶基因与拟南芥的木质素合成有关。在水稻中同样鉴定到许多漆酶基因，但其功能均不清楚。不过这 2 个研究中都可以确定漆酶基因是 miR397 的靶基因，且 miR397 在大多数双子叶植物和单子叶植物中均已知。研究者对 miR397 的研究多侧重于其在非生物胁迫反应中的调控作用。如拟南芥体内的 miR397 受到冷、干旱等非生物胁迫，表达量就会上调；水稻中的 miR397 的表达会响应干旱胁迫的诱导，且该 miR-NA 在铜缺乏引起的氧化应激反应下，也会上调表达。以精噁唑禾草灵为代表的 ACCase 抑制剂类除草剂，同样可以引起杂草的氧化应激反应，那么杂草中 miR397 是否会受其诱导并参与反应？这也值得我们关注。

(1) 茵草代谢酶与抗药性。代谢抗性是杂草最普遍的非靶标抗性机制，目前，人们对代谢抗性分子机理方面的了解仍然有限。与靶标抗性不同，代谢抗性对除草剂的交互抗性模式难以预测，甚至可以对那些尚未上市的除草剂产生抗性。前人在代谢抗性上的研究多集中于抗性与敏感杂草代谢酶活性的差异。基因层面目前研究较全的，仅 Iwakami 等在水稗中鉴定并分离出 39 个水稗细胞色素 P450 基因，并对这些基因的表达水平和氨基酸序列在抗性和敏感种群间进行了比较。茵草虽为非模式植物，但在茵草研究中成功建立了其代谢酶家族基因库，并获得茵草的 333 个代谢酶基因。包括细胞色素 P450 基因家族中的 71 个基因，及其他 7 个代谢酶基因家族的 262 个基因。茵草代谢酶家族基因库的建立，及鉴定出与代谢抗性相关的基因，大大促进了杂草代谢过程及代谢抗性机制的研究进展。此外，茵草的代谢酶基因库还有助于检测其他杂草的代谢抗性，南京农业大学除草剂毒理及抗药性实验室已在日本看麦娘对精噁唑禾草灵的代谢抗性研究中进行了尝试，并成功筛选到了部分可能同其代谢抗性相关的细胞色素 P450 基因。

① 茵草代谢酶抑制剂与抗药性。单独施用细胞色素 P450 氧化酶系活性抑制剂增效醚（PBO）或 1-氨基苯并三唑（ABT），对各茵草种群生长均无较大影响。PBO 或 ABT 与精噁唑禾草灵同时喷施后，与仅施用精噁唑禾草灵相比，敏感茵草种群的 GR_{50} 几乎没有变化。PBO 与精噁唑禾草灵同时喷施后，与仅施用精噁唑禾草灵相比，3 个抗性茵草种群的 GR_{50} 分别下降了 303.91 g a.i./hm^2、237.03 g a.i./hm^2 和 181.7 g a.i./hm^2。ABT 与精噁唑禾草灵同时喷施后，与仅施用精噁唑禾草灵相比，3 个抗性茵草种群的 GR_{50} 则分别下降了 280.17 g a.i./hm^2、252.54 g a.i./hm^2 和 145.32 g a.i./hm^2。虽然下降后的 GR_{50} 仍然高于精噁唑禾草灵的田间推荐剂量（62 g a.i./hm^2），但这部分的结果足以证明细胞色素 P450 氧化酶系在抗性中发挥一定的作用，即这 3 个抗性种群中确实存在代谢抗性。

已有大量报道证明，PBO 和 ABT 可以有效抑制杂草体内细胞色素 P450 氧化酶系活性，并降低杂草代谢除草剂的能力，因此其常被用于检测杂草是否带有细胞色素 P450 氧化酶系引起的代谢抗性。已有研究表明，在作物中 PBO 与甲草胺、丙草胺、双草醚混用可提高高粱、豇豆（Vigna unguiculata）、玉米对药剂的敏感性；在杂草中，PBO 与绿麦隆、西玛津混用后可提高药剂对水稗和抗性黑麦草的药效，而与苯草酮混合施用时仅可提高低水平抗性的黑麦草对苯草酮的敏感性，但高水平抗性的黑麦草则不受影响。而 ABT 与禾草灵、西玛津、绿麦隆、APPs 类除草剂、苄嘧磺隆、异丙隆等混用同样可以明显提高该药剂对抗性杂草的药效。

茵草研究中发现，细胞色素 P450 氧化酶系活性抑制剂 PBO 和 ABT 均可有效提高抗性茵草种群对精噁唑禾草灵的敏感性。这是由于细胞色素 P450 氧化酶系在植物体内受到了有效抑制，而无法正常发挥其功能，这一结果表明，细胞色素 P450 氧化酶系在抗性茵草种群对精噁唑禾草灵的抗药性中发挥了很大作用。

②茵草抗精噁唑禾草灵的代谢酶生理生化机理。对抗性和敏感茵草 NADPH - P450 还原酶活性的研究结果进行分析发现，在药剂处理前，敏感种群的 NADPH - P450 还原酶活性为 0.074 5 nmol/min/mg pro，而 3 个抗性茵草种群的 NADPH - P450 还原酶活性分别为 0.064 4 nmol/min/mg pro、0.076 7 nmol/min/mg pro、0.072 4 nmol/min/mg pro，抗性与敏感茵草种群的 NADPH - P450 还原酶之间并无显著性差异（$P>0.05$）。用精噁唑禾草灵处理后，敏感种群的 NADPH - P450 还原酶活性下降至 0.014 5 nmol/min/mg pro，3 个抗性茵草种群的 NADPH - P450 还原酶活性则并未受到药剂影响，分别为 0.090 1 nmol/min/mg pro、0.089 1 nmol/min/mg pro、0.075 7 nmol/min/mg pro。对其差异显著性进行分析，用精噁唑禾草灵处理后的 3 个抗性茵草种群的 NADPH - P450 还原酶活性均显著高于（$P<0.05$）敏感种群。

该研究采用分光光度检测的方法，以 1 -氯- 2,4 -二硝基苯（CDNB）为模式底物测定不同茵草种群的 GST 活性，研究 GST 活性及其对精噁唑禾草灵抗药性的关系。具体方法为把 25 μL 40 mmol/L CDNB 加入测定液中，测定液含 900 μL KH_2PO_4/K_2HPO_4 缓冲液（pH 6.5）、25 μL 酶提取物、50 μL 0.1 mol/L 还原型 GSH（pH 7.0），35 ℃ 反应 10 min 后测定其 340 nm 处 OD 值。测定时以未加酶提取物的处理 35 ℃ 反应 10 min 后作为对照调整仪器基线。以 950 μL KH_2PO_4/K_2HPO_4 缓冲液（pH 6.5），25 μL 酶提取物，25 μL 40 mmol/L CDNB 测定证明酶提取液中有无内源性谷胱甘肽的存在。测定数据以处理减去未加酶提取液的处理作为其反应活性的 A_{340} 值，乘以摩尔消光系数 9.5 mmol/L/cm)来计算活性。计算公式为：蛋白活性（nmol/min/mg）＝A_{340}×1 000/9.5/C，其中 A_{340} 即酶的活性吸收值，C 为酶提取液的蛋白质浓度（mg/mL）。

发现抗性和敏感茵草中 GST 活性的检测结果与其 NADPH - P450 还原酶活性的研究结果类似。对抗性和敏感茵草 GST 活性的研究所得结果进行分析。在药剂处理前，敏感种群的 GST 活性为 3.346 nmol/min/mg pro，而 3 个抗性茵草种群的 GST 活性为 3.848 nmol/min/mg pro、3.384 nmol/min/mg pro、3.745 nmol/min/mg pro，抗性与敏感茵草种群的 GST 活性之间并无显著性差异（$P>0.05$）。用精噁唑禾草灵处理后，敏感种群的 GST 活性开始下降，并降至 0.536 nmol/min/mg pro，3 个抗性茵草种群的 GST 活性不仅未下降，还都有一定程度的提高，分别为 4.872 nmol/min/mg pro、5.034 nmol/min/mg pro、4.747 nmol/min/mg pro。对其差异显著性进行分析，精噁唑禾草灵处理后的 3 个抗性茵草种群的 GST 活性均显著高于（$P<0.05$）敏感种群。

研究发现 GST 可在除草剂代谢抗性的产生上发挥重要作用。用精噁唑禾草灵处理抗性鼠尾看麦娘、黑麦草、野燕麦后，其 GST 活性较敏感种群显著提高。在茵草研究中发现，虽然在精噁唑禾草灵处理前，抗性与敏感种群的 GST 活性之间无显著性差异；但用精噁唑禾草灵处理后，抗性种群的 GST 活性出现了诱导性升高，而敏感种群则是下降明显，且两者之间存在显著性差异（$P<0.05$）。这表明谷胱甘肽－S－转移酶在抗精噁唑禾草灵茵草的代谢抗性中发挥着作用。

NADPH－P450 还原酶的活性也可以影响细胞色素 P450 氧化酶系的代谢能力。NADPH－P450 还原酶可以供给细胞色素 P450 还原反应所需的第一个电子，并将该电子从 NADPH 传递给细胞色素 P450 的中间体。它是细胞色素 P450 氧化酶系中的重要组成成分。已有研究发现，抑制小麦体内 NADPH－细胞色素 P450 还原酶活性后，除草剂禾草灵中的芳环羟基化也会受到抑制，从而导致小麦对禾草灵产生抗性。在对抗精噁唑禾草灵早熟禾的研究中，精噁唑禾草灵施用后会明显提升早熟禾 NADPH－细胞色素 P450 还原酶活性，从而为早熟禾代谢精噁唑禾草灵做出贡献。与 GST 研究结果类似，茵草研究中也发现在精噁唑禾草灵处理后，3 个抗性茵草种群中 NADPH－P450 还原酶活性显著高于敏感种群（$P<0.05$）。这表明，抗性茵草种群可提高体内 NADPH－P450 还原酶活性来增强对精噁唑禾草灵的代谢作用，从而表现出对精噁唑禾草灵产生抗性。该研究从生理生化角度进一步证明，细胞色素 P450 氧化酶系和谷胱甘肽－S－转移酶都在茵草对精噁唑禾草灵的代谢抗性中发挥作用。

③茵草代谢酶家族基因库的建立。结合转录组测序的分析结果及与已知植物中的代谢酶基因的比对结果，茵草中所有可能参与代谢的代谢酶基因均被鉴定出来。再根据转录组测序获得的每个代谢酶基因的表达序列标签，结合 cDNA 末端快速扩增技术和逆转录-聚合酶链反应技术，分别得到每个代谢酶基因的序列全长，最终该研究成功建立了茵草的代谢酶家族基因库。该代谢酶家族基因库总计有 333 个茵草代谢酶基因，涉及杂草代谢精噁唑禾草灵 3 个阶段的 8 大代谢酶家族。

333 个代谢酶基因中共有 213 个基因涉及阶段Ⅰ，这些基因隶属于细胞色素 P450 基因家族、酯酶家族、水解酶家族、氧化酶家族和过氧化物酶家族。其中：细胞色素 P450 基因共 71 个，分布在 36 个细胞色素 P450 亚家族中；酯酶家族基因共 42 个，分布在 5 个 GDSL esterase/lipase family 亚家族，还包括 Esterase－D 和 Esterase－PIR 亚家族；水解酶家族基因共计 36 个，包括 21 个 Ubiquitin carboxyl－terminal hydrolase 家族基因、14 个 Nudix hydrolase 家族基因和 1 个 Laccase（漆酶）基因；氧化酶家族基因参与其中的主要有 Cytochrome c oxidase subunit、Ubiquinol oxidase、L－ascorbate oxidase 家族；过氧化物酶家族中共有 48 个基因，其中有 42 个基因属于 Peroxidase 家族和 6 个基因属于 L－ascorbate peroxidase 家族。共有 58 个基因涉及阶段Ⅱ（包括谷胱甘肽－S－转移酶和糖基转移酶）和 62 个基因涉及阶段Ⅲ（ABC 转运蛋白）。涉及阶段Ⅱ的 58 个基因中有 24 个基因分布在 5 个 GST 亚家族中，有 34 个基因分布在 20 个 uridine diphosphate（UDP）－glycosyltransferase 亚家族中。涉及阶段Ⅲ的 62 个转运蛋白基因分布在 8 个 ABC transporter 亚家族中。

④茵草代谢阶段Ⅰ基因与抗药性。茵草代谢阶段Ⅰ中共有 9 个基因上调表达和 3 个基因下调表达。其中：细胞色素 P450 基因家族中有 2 个基因上调表达（CYP71D7 和 CYP87A3；NCBI 基因号分别为 KP852260 和 KP852286）和 2 个基因下调表达（CYP71C2 和 CYP99A2）；酯酶基因家族中有 2 个基因上调表达（Esterase PIR7B 和 GDSL esterase/lipase 4g01130；NCBI 基因号分别为 KP768111 和 KP852010）；水解酶基

因家族中，仅有 1 个基因上调表达（*Ubiquitin carboxyl-terminal hydrolase 1*；NCBI 基因号为 KP852100）和 1 个基因下调表达（*Laccase*）；氧化酶基因家族中，2 个基因上调表达（*Ubiquinol oxidase 1* 和 *l-ascorbate oxidase*；NCBI 基因号分别为 KP852132 和 KP852131）；过氧化物酶基因家族中，也是有 2 个基因上调表达（*Peroxidase 1* 和 *Peroxidase 66*；NCBI 基因号分别为 KP852135 和 KP852173）。

在阶段Ⅰ中，发现 3 个基因有氨基酸变化，包括 *CYP87A3*（抗性植株中碱基在 324 位由 C 变为 T，并导致其氨基酸 108 位由亮氨酸变为苯丙氨酸）、*Peroxidase 1*（抗性植株中碱基在 424 位由 G 变为 C，并导致其氨基酸 142 位由丙氨酸变为脯氨酸）、*Esterase PIR7B*（抗性植株中碱基在 263 位由 G 变为 C，并导致其氨基酸 88 位由甘氨酸变为丙氨酸）。

菵草中发现 2 个细胞色素 P450 基因（*CYP87A3* 和 *CYP71D7*）可能与对精噁唑禾草灵的代谢抗性相关。细胞色素 P450 氧化酶系在代谢除草剂中发挥着非常重要的作用，这个酶也是杂草代谢抗性中研究最多的。抗性杂草中细胞色素 P450 活性的提高或基因表达升高均可提高其对除草剂的代谢能力。在抗多种除草剂的稗种群中，其体内的多个细胞色素 P450 基因有着较高的表达水平。此外，研究者也在天然耐受除草剂的作物中鉴定出一些与抗性相关的 CYP450，包括水稻 *CYP81A6*、小麦 *CYP71C6v1a*、大豆 *CYP71A10* 和洋甘菊（*Matricaria chamomilla*）*CYP76B1*。

杂草对除草剂的代谢抗性既可以是由于代谢基因的上调所致，也可能是由于代谢酶基因的突变所致。在研究植物体内细胞色素 P450 基因的功能时，Gotoh 就发现细胞色素 P450 的代谢能力除了同该基因的转录调控有关外，还会受到该基因多态性的影响。这些研究均表明细胞色素 P450 氧化酶系的单核苷酸多态性（Single Nucleotide Polymorphisms，SNP）也有助于提高杂草对药剂的代谢抗性。在菵草研究中也发现了抗精噁唑禾草灵菵草种群与敏感菵草种群之间，代谢酶基因 *CYP87A3* 中存在氨基酸突变，这些突变也极有可能同代谢抗性相关。

⑤菵草代谢阶段Ⅱ基因与抗药性。在阶段Ⅱ中，共有 5 个基因上调表达和 2 个基因下调表达。其中：在 GST 基因家族中，有 3 个基因上调表达（*GST-T3*、*GST-U1*、*GST-U6*；NCBI 基因号分别为 KP852075、KP852076 和 KP852077），2 个基因下调表达（*GST-F6* 和 *GST-U16*）；糖基转移酶家族中，2 个基因上调表达（*UDP-glycosyltransferase 73C1* 和 *UDP-glycosyltransferase 85A2*；NCBI 基因号分别为 KP852029 和 KP852044）。在阶段Ⅱ中，有 2 个基因在抗性和敏感种群间有氨基酸变化，分别为 *GST-U6*（有 2 个氨基酸变化：抗性植株中碱基在 107 位由 C 变为 T，并导致其氨基酸 36 位由丝氨酸变为苯丙氨酸；抗性植株中碱基在 161 位由 T 变为 C，并导致其氨基酸 54 位由异亮氨酸变为苏氨酸）、*UDP-glycosyltransferase 85A2*（抗性植株中碱基在 566 位由 C 变为 A，并导致其氨基酸 189 位由丙氨酸变为甘氨酸）。此外，在阶段Ⅱ的 *GST-U1* 基因中，发现在 258 位碱基由 C 变化为 T，但并未导致氨基酸变化。

菵草中发现 3 个 GST 基因（*GST-T3*、*GST-U1*、*GST-U6*）可能同其对精噁唑禾草灵的代谢抗性相关。GST 在除草剂代谢中发挥着非常重要的作用，抗性杂草中 GST 活性的提高或基因表达升高均可提高其对除草剂的代谢能力。Cummins 等也发现 *GSTF1* 在鼠尾看麦娘对 ACCase 抑制剂类除草剂的非靶标抗性中发挥着重要的作用。此外，研究者也在天然耐受除草剂的作物中鉴定出一些与抗性相关的 GST，包括玉米 *GST-2* 和 *GST-I*，大豆 *GmGSTU21* 和 *GmhGS*。GST 酶家族的的 Tau 和 Phi 亚家族已被证明可将包括精噁唑禾草灵在内的几种除草剂解毒为无毒物质，这更进一步证实菌草研究中发现的 *GST-U1* 和 *GST-U6* 可能与抗性菌草对精噁唑禾草灵的代谢抗性有关。植物中通过分子建模技术，成功解释了 GST 基因上的单核苷酸多态性是如何提高 GST 催化效率并影响除草剂的底物特异性的。这些研究均表明，GST 的单核苷酸多态性也有助于提高杂草对药剂的代谢抗性。在菌草研究中也发现了抗精噁唑禾草灵菌草种群与敏感菌草种群之间，*GST-U6* 中存在氨基酸突变，这些突变也极有可能同代谢抗性相关。

在杂草体内，混合功能氧化酶（水解酶、酯酶、氧化酶、过氧化物酶）也可发挥作用从而解毒除草剂。除草剂分子进入杂草体内后，水解酶和酯酶可以裂解除草剂分子，并利用氧化酶和过氧化物酶将裂解物转化为亲水代谢物质。此外，氧化酶和过氧化物酶还可保护杂草体内细胞免受除草剂处理引起的氧化损伤，该保护机制同样有助于杂草对除草剂产生抗性。糖基转移酶是另一种参与代谢阶段Ⅱ的酶，它可以催化糖基与大量的小型脂质分子受体（如次生代谢产物）或异类物质（如除草剂）相结合，这可尽量降低这些物质对植物的伤害。糖基转移酶的多样性也是其对除草剂产生抗性的一个重要原因，Brazier 等在抗多种除草剂的鼠尾看麦娘中发现，糖基转移酶参与的代谢抗性是其对多类除草剂产生抗性的重要机理。在菌草研究中，同样在这几大代谢酶中发现了数个可能与精噁唑禾草灵抗性有关的基因，这些基因在抗性菌草对精噁唑禾草灵的代谢过程中也发挥着重要的作用。

⑥菌草代谢阶段Ⅲ基因与抗药性。在阶段Ⅲ中，ABC 转运蛋白家族基因中只有 1 个基因（*ABC transporter B family member 10*；NCBI 基因号为 KP852195）上调表达。此外，并未发现基因在抗敏种群间有氨基酸变化，仅在 *ABC transporter family B member 10* 基因的 174 位处发现碱基变化（由 G 变为 C），但未导致氨基酸变化。

菌草研究鉴定到了 62 个 ABC 转运蛋白基因，且发现 ABC 转运蛋白家族中的 1 个基因（*ABC transporter B family member 10*）在抗性种群中表达量上调。这个基因也有可能与菌草对精噁唑禾草灵产生代谢抗性相关。已知在杂草对除草剂产生抗性的过程中，酯酶可以裂解除草剂分子，随后 ABC 转运蛋白将裂解产物转运至杂草体外。鼠尾看麦娘中的转运蛋白基因 *AtOPT6* 正是发挥这样的作用，并导致该鼠尾看麦娘种群对 ACCase 抑制剂类除草剂产生了抗性。ABC 转运蛋白还在一些植物中被发现可以运输不同的除草剂分子（如精噁唑禾草灵）及这些除草剂分子的代谢产物至体外。

之前的杂草非靶标抗性研究中，多集中于比较 1 个抗性种群和 1 个敏感种群之间的差异，这极易产生"假阳性"基因。"假阳性"基因是指在抗性种群和敏感种群之间存在基因表达或是基因结构的差异，但该差异多是由于材料本身地域上的不同所致，与真正的非靶标抗性机理无关。为了排除这些"假阳性"基因，在菌草研究中最先在转录组测序时使用了 3 个遗传背景不同的抗性菌草种群与敏感种群 AFCJ 进行对比；而后，在进行进一步验证时，又使用了 3 对分别具有相同遗传背景的抗性种群与敏感种群，对候选代谢抗性基因进行验证。这 2 步大大降低了"假阳性"基因产生的概率，也使筛选到的代谢抗性候选基因更为准确可靠。

（2）茵草 miRNA 与抗药性。

①茵草 miRNA 库的建立。为鉴定出与非靶标抗性机理相关的茵草小 RNA，有研究使用高通量测序的方法成功建立了茵草的小 RNA 库，该小 RNA 库中包括 3 个抗性茵草种群和 1 个敏感茵草种群。原始 reads 经过去过滤低质量、接头及过长过短序列后，得到了无冗余 reads，即干净的序列（clean reads）。将 clean reads 分别与 GeneBank 库、Rfam 库比对，获得 ncRNA 注释信息，与参考茵草转录组比对获得比对到该转录组的序列。随后，统计小 RNA（sRNA）的种类及数量，并对小 RNA 进行长度分布统计，发现 4 个库中的小 RNA 序列长度主要分布在 18~30 nt，且大多在 18~25 nt。

为了鉴定出茵草中的 miRNA，该研究使用 BLASTn 软件将茵草中的 miRNA 库同 miRBase 16.0 中的已知植物 miRNA 进行比较。比对后发现，在茵草的 4 个小 RNA 库中成功鉴定出了 41 个已知 miRNA。为了区分出茵草中特有的 miRNA，将未注释的茵草 miRNA 匹配到茵草转录组数据中，搜索可能的 miRNA 前体，从而得到 36 个符合鉴定标准的茵草新 miRNA。

该研究首次在杂草中使用高通量测序的技术检测 miRNA。对抗性与敏感茵草种群的 miRNA 表达谱进行比较，成功鉴定出茵草中可能参与非靶标抗性的 miRNA。这也是首次在在抗性杂草中对其调控机制进行研究。该研究建立的茵草小 RNA 库，共得到超过 80 000 个长度在 18~30 nt 的序列，并从中鉴定出 77 个 miRNA。鉴定出的 miRNA 数目较少的主要原因是缺少茵草的基因组信息，该研究中只能以测得的茵草转录组作为参考。今后若有完整的茵草基因组信息，则有望鉴定出更多的茵草 miRNA。

②茵草 miRNA 靶基因的表达分析。将茵草中的 77 个 miRNA 与茵草的转录组数据进行对比后，共预测到 403 个 miRNA 的靶基因。用 COG 数据库给 403 个茵草 miRNA 的可能靶基因进行预测和分类，发现其中有 117 个靶基因被分配到 21 个 COG 分类中，其中最大的聚类是"一般功能预测基因"类，随后是"复制、重组、修复"类和"转录"类。又使用 Blast2GO 对茵草 miRNA 的靶基因进行了 GO 分析，将其分到所属相关基因的分子功能、基因参与的生物过程和各类基因所处的细胞位置中。又根据 KEGG 数据库将 miRNA 的可能靶基因分配到各自的 KEGG 路径，共发现 55 个路径，这其中茵草 miRNA 靶基因参与最多的是"代谢途径"，其次是"次生代谢产物生物合成途径"。

将高通量测序结果中的抗性茵草种群同敏感种群的 miRNA 的表达量进行比较，成功鉴定出表达有差异的茵草已知 miRNA 和新 miRNA。共 8 个茵草 miRNA（包括 4 个已知 miRNA 和 4 个新 miRNA）在抗性种群中较敏感种群表达有差异。以茵草的转录组数据作为参考，预测这 8 个表达差异的 miRNA 的靶基因，成功鉴定出这 8 个 miRNA 可能的靶基因。与敏感种群相比，抗性种群中 *bsy-miR160a-5p*、*bsy-miR397*、*novel-bsy-miR-15*、*novel-bsy-miR-29* 基因的表达量上调，而其靶基因则表达量下调。另外 4 个 miRNA 基因 *bsy-miR164a*、*bsy-miR408-3p*、*novel-bsy-miR-12*、*novel-bsy-miR-19* 则在抗性种群中表达量下调，而其靶基因则在抗性种群中表达量上调。

从茵草 miRNA 库中鉴定出 4 个已知的 miRNA（*bsy-miR160*、*bsy-miR164*、*bsy-miR397*、*bsy-miR408*）及其靶基因可能与茵草对精噁唑禾草灵的非靶标抗性相关。这其中 *bsy-miR160* 可以调节生长素应答因子 *ARF8*，该基因是生长素信号通路中生长和发育的负调节因子，且被报道与植物胁迫反应有关。在盐胁迫条件下的毛泡桐（*Paulownia tomentosa*）、干旱胁迫条件下的桃树（*Amygdalus persica*）及冷胁迫条件下的枸橘（*Citrus trifoliata*）中，均发现有 miR160 介导的 *ARF8* 调节其对逆境胁迫的反应。因此，该研究中发现的菵草 *bsy-miR160* 也极有可能调控 *ARF8*，并在精噁唑禾草灵胁迫下作出反应。已知 *ARF8* 基因可有效调节转录阻遏物的活性或丰度，该转录阻遏物可与植物防御基因启动子中的调控元件相互作用，反应后进一步调节杂草中与除草剂解毒有关酶的基因表达。在该研究中，当用精噁唑禾草灵处理抗性菵草后，可能会通过 *bsy-miR160* 介导触发 *ARF8* 基因，从而导致抗性菵草体内参与排毒和防御的蛋白（如 GSTs）的非特异性表达，进而对抗性产生影响。这一机制类似于在抗禾草灵杂草中，使用 2,4-滴对抗性杂草进行预处理，可以增加抗性杂草体内代谢禾草灵的活性成分，进而降低其代谢抗性。

miR164 主要通过调节 *NAC*（NAC domain-containing protein 100）基因来参与植物应激反应，并在外界各种胁迫压力下发挥作用。已知水稻中的 miR164 可调节其抗旱性，而拟南芥的中的 miR164 可调节其耐盐性。在拟南芥中，*NAC* 基因的上调表达还可降低其下游基因的表达，并通过乙二醛途径来解毒醛酶。乙二醛属于碳水化合物且是脂类代谢的副产品，因此，它在谷胱甘肽参与的解毒甲基乙醛的过程中发挥着重要作用。在用精噁唑禾草灵处理抗性菵草时，也有可能会通过 *bsy-miR164* 诱导其 *NAC* 基因的表达，进而调控其下游部分基因，并增强谷胱甘肽对精噁唑禾草灵的解毒作用。这样的机制同样可能会导致非靶标抗性的产生。

miR408 的靶基因 *VINI*（Vernalization insensitive 3-like 1）可以在应激反应下去除外界胁迫产生的活性氧化物质，是植物代谢过程中的主要参与者。已知在拟南芥中过表达鼠尾看麦娘的 *AmGSTF1* 基因时，该基因可直接发挥代谢作用，导致拟南芥体内的保护性黄酮开始积累，从而除去由于除草剂处理产生的多种氧化活性物质，进而使过表达 *AmGSTF1* 的拟南芥对多种除草剂产生抗性。与之类似，抗性菵草体内的 *bsy-miR408* 也可调节其靶基因，使得抗性菵草体内抗氧化代谢物质不断积累，进而增强抗性菵草种群的代谢能力，最终导致其对精噁唑禾草灵产生抗性。

除了 3 个已知菵草 miRNA 外，该研究中还发现了 4 个菵草特有的新 miRNA。其中菵草中的 2 个新 miRNA（*novel-bsy-miR-12* 和 *novel-bsy-miR-19*）的靶基因分别是丝氨酸/苏氨酸蛋白激酶（*MPK3*）和受体蛋白激酶（*CRK45*）。*MPK3* 和 *CRK45* 可以参与植物的各种非生物胁迫反应途径。已知 *MPK3* 是植物抗寒和抗盐的关键调控因子，而 *CRK45* 则是抗旱的关键因子。虽说不同逆境条件对植物的影响不尽相同，但这 2 种激酶在植物抗逆性中的关键作用，仍表明其可以在杂草对除草剂这一逆境反应下发挥作用。精噁唑禾草灵主要的毒性来源是其破坏初级代谢后产生的过氧化氢。也正因如此，过表达 *AmGST2* 的转基因拟南芥中，谷胱甘肽过氧化物酶的表达增强，可以有助于该植物解毒过氧化氢，从而对精噁唑禾草灵产生抗性。该研究中发现的 *MPK3* 和 *CRK45* 同样可以保护植物的抗氧化损伤，在抗性菵草中，这 2 种激酶的表达增强，从而增加抗性菵草的抗氧化能力，以给菵草细胞更多的时间降解代谢精噁唑禾草灵，最终产生抗性。

现有研究表明 miRNA 主要是通过降解其靶基因或抑制其靶基因转录后的翻译，从而负调控其靶基因的表达。该研究中发现 4 个 miRNA 的靶基因在抗精噁唑禾草灵菵草种群中较敏感种群上调表达，而另外 4 个 miRNA 的靶基因则是在抗性种群中表达较低，这 8 个 miRNA 的靶基因的表达模式并不相同。miRNA 靶基因的表达模式正是反映了杂草在应对除草剂这一外界压力时的不同反应阶段。当除草剂刚刚接触杂草时，杂草对除草剂的防卫系统刚刚触发，随后杂草体内会对其资源进行重新分配，并迅速进入到对除草剂的防御系统。*ARF8* 基因的下调表达正可能是发生于除草剂刚与杂草进行接触时，该基因影响着植物生长发育的多个方面，其下调表达有助于杂草体内资源的重新组合分配；当杂草适应除草剂这一外界胁迫后，其体内的 *CRK45*、*MPK3* 和 *NAC* 等基因开始上调表达，并调控它们的下游基因基因以增强杂草对除草剂的代谢能力，最终导致杂草对精噁唑禾草灵产生抗性。茵草中 miRNA 对其靶基因的调控也可以反向利用以增强作物对除草剂的抗性。已知过表达植物中 *miR319* 基因可以增强亚伯利亚剪股颖（*Agrostis stolonifera*）的耐盐性和耐旱性，及水稻的耐寒性。该研究中鉴定出的 8 个 miRNA 同样可用于开发抗除草剂作物，并将之应用于开发更有效的杂草治理策略，具有重大的实践意义。

③茵草中漆酶基因是 *bsy-miR397* 的靶基因。

已知在水稻中漆酶基因的表达可以被 *miR397* 基因调控。该研究通过网站 http：//www.mirbase.org 进行预测，发现茵草漆酶基因 *bsy-Laccase* 的 714~734 bp 部分，可以成为被 *bsy-miR397* 切割的靶标片段。烟草的瞬时表达实验已被认为是验证植物中小 RNA 与其靶基因之间关系的有效手段。该研究在烟草中共表达了 *bsy-miR397* 和 *bsy-Laccase* 基因，以期证明在茵草中 *bsy-Laccase* 基因是 *bsy-miR397* 的靶基因。

在茵草中，成功扩增出中全长为 1 740 bp 的漆酶基因。将构建的 2 个载体（35S：*bsy-Laccase* 和 35S：*bsy-miR397*）双酶切后，得到 2 个大小不同的片段，其中小片段为插入片段（漆酶基因的大小为 1 740 bp），大片段为切开的载体 PEG202。将得到的 2 个 35S 驱动的融合表达载体连接产物转入大肠杆菌 DH5α 中，提取阳性质粒并进行 PCR 验证及测序，结果也均符合预期，说明成功构建植物过表达载体 35S：*bsy-Laccase* 和 35S：*bsy-miR397*。再通过 qPCR 实验，发现在共表达了 35S：*bsy-Laccase*/35S：*bsy-miR397* 的烟草中，漆酶基因的表达水平比仅表达了 35S：*bsy-Laccase* 的烟草中低了 3.6 倍。这表明在共表达了 35S：*bsy-Laccase*/35S：*bsy-miR397* 的烟草中，*bsy-Laccase* 基因的表达被 *bsy-miR397* 抑制。这实验也证实了茵草中 *bsy-Laccase* 正是 *bsy-miR397* 的靶基因。

bsy-miR397 是鉴定出的可能与非靶标抗性有关的 miRNA，漆酶是其靶基因。漆酶是含铜原子的糖蛋白，且可催化合适的底物分子（如二酚、苯二胺和邻氨基苯甲酸酯衍生的代谢物等）进行氧化，并产生水和低聚物。铜离子位于漆酶的活性位点，它可以组合漆酶活性位点周围的酸性氨基酸残基的游离 ω-羧基阴离子，进而影响电子转移期间的电荷分布来诱导漆酶活性。与真菌中的漆酶不同，植物中漆酶的相关功能研究较少，目前仅有研究发现植物中漆酶与木质素生物合成及铜稳态相关。漆酶在能量转导和氧化应激反应过程中都是维持铜稳态所必需的。因此，该酶的下调有可能会限制植物体内一些非必要的生物过程，进而保护植物体内的部分能源，并将这些能源用于抵御外界的胁迫。在该研究中，*bsy-miR397* 基因的上调表达导致其靶基因漆酶的表达下调，该基因的下调表达可以限制茵草中一些非必需生物过程，从而为抗性所需的重要蛋白（如属于氧化酶的细胞色素 c 氧化酶）储备能量。而氧化酶在杂草对除草剂的非靶标抗性中发挥重要作用，这也说明 *bsy-*

miR397 及漆酶很有可能在菵草对精噁唑禾草灵的非靶标抗性中发挥作用。

④菵草中 *bsy-miR397* 与抗药性的关系。*miR397* 在大多数单子叶和双子叶植物中均已知，而精噁唑禾草灵对阔叶杂草烟草无效，有研究使用了野生型水稻及过表达 *OsmiR397* 的转基因水稻以研究 *miR397/laccas* 与精噁唑禾草灵抗药性之间的关系。使用精噁唑禾草灵的田间推荐剂量（62 g a.i./hm^2）对野生型水稻和过表达 *OsmiR397* 的转基因水稻进行处理，并以清水处理的水稻作为对照。喷施精噁唑禾草灵 7d 后，野生型水稻上开始出现药害症状，如叶片枯萎及高度降低，而过表达 *OsmiR397* 的转基因水稻的生长未受任何影响。精噁唑禾草灵处理 3 周后，野生型水稻大部分地方出现严重病斑，而过表达 *OsmiR397* 的转基因水稻仍健康及绿色。此外，在用精噁唑禾草灵处理后，与野生型相比，过表达 *OsmiR397* 的转基因水稻在根长、株高、鲜重等生长指标均优势明显。喷施精噁唑禾草灵 6 周后，野生型水稻死亡，而过表达 *OsmiR397* 的转基因水稻上则仅出现轻微的伤害。这些结果表明 *miR397/laccase* 的调控机制可以对过表达 *OsmiR397* 的转基因水稻在防卫精噁唑禾草灵伤害方面提供保护，也预示着 *miR397/laccase* 可能与精噁唑禾草灵非靶标抗性机理相关。

在检测的抗性和敏感菵草种群中，20 mmol/L CuSO$_4$ 处理 1 h 后，漆酶基因的表达均显著上升，这表明 20 mmol/LCuSO$_4$ 可以激活菵草中的漆酶基因，诱导其上调表达。单独使用 20 mmol/L CuSO$_4$ 对抗性和敏感菵草植株进行处理，对其生长均无显著影响。精噁唑禾草灵和 20 mmol/L CuSO$_4$ 组合后对抗性菵草种群处理，其 GR$_{50}$ 较仅有精噁唑禾草灵处理的抗性种群的 GR$_{50}$ 有显著的下降（$P<0.05$），该组合对敏感种群的 GR$_{50}$ 则没有影响。这表明在抗性菵草种群中，CuSO$_4$ 可诱导其漆酶基因的上调表达，从而增加了抗性菵草种群对精噁唑禾草灵的敏感性。

⑤菵草中 *bsy-miR397* 参与调控抗精噁唑禾草灵。对菵草转录组测序结果进行分析，发现菵草中共有 587 个基因被命名为转录因子。而在这些基因中，共有 4 个转录因子在抗性菵草种群中下调表达，剩余基因的表达则无变化。这 4 个转录因子包括 2 个 *MYB*（成髓细胞血症家族）基因（*bsy-MYB39* 和 *bsy-MYB2*）和 2 个 *ARF*（生长素应答因子）基因（*bsy-ARF5* 和 *bsy-ARF8*）。*bsy-MYB39*、*bsy-MYB2*、*bsy-ARF5*、*bsy-ARF8* 基因的表达在抗性种群中比敏感种群中低 3～6 倍。已有研究发现，这 2 个转录因子家族可调控植物中的氧化酶和过氧化物酶基因，结合发现的与菵草对精噁唑禾草灵抗性相关的代谢酶基因，这 4 个转录因子极有可能与菵草中发现的 4 个与抗性相关的代谢酶基因共同作用并导致抗性。

为进一步确认菵草中 *miR397/laccase* 基因可能参与的非靶标抗性机制。菵草研究又在野生型水稻和过表达 *OsmiR397* 的转基因水稻中，对这 4 个转录因子及 4 个代谢酶基因的表达进行了研究。结果发现，水稻中 *Os-peroxidase 66* 和 *Os-ARF8* 在野生型水稻和过表达 *OsmiR397* 的转基因水稻中表达未改变，而 *Os-ARF5*、*Os-MYB2*、*Os-MYB39* 基因的表达在过表达 *OsmiR397* 的转基因水稻中则显著较野生型中要低，*Os-l-ascorbate oxidase*、*Os-ubiquinol oxidase 1*、*Os-peroxidase 1* 的表达水平在过表达 *OsmiR397* 的转基因水稻中则显著要高，这 6 个基因的表达模式同菵草中是一致的。具体来说，与野生型相比，*Os-MYB2*、*Os-MYB39*、*Os-ARF5* 基因的表达比在过表达 *OsmiR397* 的转基因水稻中分别为 16.13％、28.58％、33.33％。与之相反的是，与野生型相比，*Os-l-ascorbate oxi-dase*、*Os-ubiquinol oxidase 1*、*Os-peroxidase* 基因的表达在过表达 *OsmiR397* 的转基因水稻中则要分别高 4.1 倍、4.4 倍、2.2 倍。

因此，茵草研究在水稻中发现 3 个转录因子及 3 个氧化酶/过氧化物酶基因的表达结果同茵草中一致，表明这些基因（*ARF5*、*MYB2*、*MYB39*、*L-ascorbate oxidase*、*ubiquinol oxidase 1*、*peroxidase 1*）很有可能同 *miR397/Laccase* 一起组成调控网络，并导致了茵草及水稻对精噁唑禾草灵的抗性。

已有多项研究表明，*miR397* 在植物对不同非生物胁迫的反应中发挥着重要作用，如抗旱性、抗寒性、抗涝性、抗盐性等。然而之前从未有过研究 *miR397* 与除草剂抗性之间的关系及其可能的分子机制。在茵草研究中，首次证实了茵草和水稻中的 *miR397* 可以增强其对除草剂精噁唑禾草灵的抗性。在茵草研究中，发现了抗性茵草中的 *miR397*（*bsy-miR397*）基因表达与敏感茵草相比上调，而其靶基因漆酶基因（*bsy-Laccase*）的表达与活性则呈现相反的趋势。随后，在茵草研究中，还发现 *OsmiR397* 过表达的转基因水稻对精噁唑禾草灵的抗性增强；而使用 $CuSO_4$ 处理诱导 *bsy-Laccase* 基因上调表达后，抗性茵草种群对精噁唑禾草灵的抗性则显著降低。这些研究结果均表明，茵草中的 *miR397/Laccase* 与其对精噁唑禾草灵的抗性相关。为进一步揭示其作用机制，又对其可能调控机理进行了探索。发现，茵草中的 miR397，漆酶、转录因子及氧化酶/过氧化物酶基因，共同形成了调控网络，增强了茵草对精噁唑禾草灵的解毒代谢。在茵草研究中首次对抗除草剂杂草中具体 miRNA 的功能进行了研究，并揭示了其可能的调控网络；同时还首次发现代谢酶基因（漆酶）的下调同样可以增强代谢抗性。

在茵草和水稻中，漆酶基因是 *miR397* 的靶基因。茵草研究中发现 *miR397* 的表达水平在抗性茵草种群中要显著高于敏感茵草。且在用精噁唑禾草灵处理后，过表达 *miR397* 的转基因水稻仍能正常生长，而野生型水稻则被药剂影响严重（出现矮化和黄化），并最终致死。此外，20 mmol/L 的 $CuSO_4$ 可以诱导茵草中的漆酶基因上调表达。当抗性茵草中漆酶基因表达升高以后，其对精噁唑禾草灵的敏感性也显著升高。在杂草中漆酶基因下调表达后，可通过铜稳态/能量守恒增强杂草对精噁唑禾草灵的抗性；而当抗性茵草中漆酶基因被诱导上调表达后，根据能量守恒定律，这会减少抗性茵草代谢必需的氧化酶蛋白的数目并降低其表达，从而导致抗性茵草对精噁唑禾草灵的抗性水平降低。

除草剂分子可被氧化酶和过氧化物酶转化为更亲水的代谢产物，这有助于提高对除草剂的抗性。在茵草研究中已发现，抗性茵草种群中有 4 个氧化酶和过氧化物酶基因表达上调。已有报道发现 *miR397* 可调节其靶基因漆酶基因，随后漆酶基因再调控其下游的转录因子及氧化酶/过氧化物酶基因的表达，从而形成调控网络调节木质素生物合成途径。鉴于氧化酶/过氧化物酶在杂草对除草剂的抗性中可以发挥重要的作用，根据茵草研究推测，抗性茵草中同样可能会形成这样一个 *miR397* 调控的网络，并最终导致其对精噁唑禾草灵产生抗性。茵草研究中发现氧化酶基因家族中的 2 个基因（*ubiquinol oxidase 1*、*L-ascorbate oxidase*）和过氧化物酶家族中的 2 个基因（*peroxidase 1*、*peroxidase 66*）在抗性茵草种群中上调表达。又发现抗性茵草种群中的 4 个转录因子（*bsy-MYB39*、*bsy-MYB2*、*bsy-ARF5*、*bsy-ARF8*）较敏感种群表达下调。为了对其进一步证实，茵草研究还在野生

型和过表达 *miR397* 的转基因水稻中，对这些转录因子和氧化酶/过氧化物酶基因的表达进行了检测，结果发现有 3 个转录因子（*ARF5*、*MYB2*、*MYB39*）和 3 个氧化酶/过氧化物酶基因（*L-ascorbate oxidase*、*ubiquinol oxidase 1*、*peroxidase 1*）在过表达 *miR397* 的转基因水稻中的表达模式与抗性茵草中的表达模式一致。在过表达 *miR397* 的转基因水稻中，仅有 *miR397* 被过度表达，其他条件均与野生型一致，这也证明这 3 个转录因子和 3 个氧化酶/过氧化物酶基因的表达变化正是由 *miR397* 上调表达引起。

因此，通过茵草研究认为，在抗性茵草种群中，*bsy-miR397*/*bsy-Laccase*、相关的转录因子和氧化酶/过氧化物酶，共同组成了调控网络，该调控网络最终导致其对精噁唑禾草灵产生抗性。其抗性产生的模式图可能为：在抗精噁唑禾草灵茵草种群中 *bsy-miR397* 基因表达水平较高，并导致其靶基因 *bsy-Laccase* 表达降低，下调的漆酶基因在 3 个茵草转录因子（*bsy-MYB39*、*bsy-MYB2*、*bsy-ARF5*）的共同作用下，通过铜稳态/能量守恒为下游更重要的氧化酶蛋白储备能量，并诱导其下游途径的 3 个氧化酶/过氧化物酶基因（*ubiquinol oxidase 1*、*L-ascorbate oxidase*、*peroxidase 1*）的表达，从而增强抗性茵草对精噁唑禾草灵的代谢，最终产生抗性。

在我国，精噁唑禾草灵长期频繁使用，已导致杂草对该药剂的抗性在麦田中不断演变。正是在这样的大背景下，抗精噁唑禾草灵茵草成为了我国稻麦连作麦田中危害最为严重的杂草。尽管 Cummins 等发现有 2 类 GST 基因与鼠尾看麦娘和黑麦草对精噁唑禾草灵产生抗性有关，目前研究者对于抗精噁唑禾草灵杂草的非靶标抗性仍知之甚少。除代谢抗性外，Cummins 等还认为黑麦草对精噁唑禾草灵产生抗性也有可能是由特定的 GST 对过氧化物酶的清除引起的。GST 可产生保护性黄酮类化合物，以消除在精噁唑禾草灵作用下产生游离有害自由基的伤害。而茵草研究发现上调的氧化酶/过氧化物酶基因，也有可能是通过清除过氧化物的方式使茵草对精噁唑禾草灵产生非靶标抗性。

4. 日本看麦娘对精噁唑禾草灵非靶标抗性机理　细胞色素 P450 氧化酶系，是植物体内重要的酶家族，它参与除草剂进入植物体内第一个阶段的代谢。第一阶段是植物代谢除草剂最为重要的时期，通过官能团如—OH、—NH₂、—SH、—COOH 的加入使得除草剂活性得到有效降低，使其继续代谢更容易进行。在这一时期中，P450 具有多样的催化机制，由此可以对不同种类的除草剂通过脱烷基化等作用进行修饰。谷胱甘肽-S-转移酶广泛分布于生物体内，为多功能酶系。GST 可催化生物体内源或外源化合物与谷胱甘肽的巯基轭合，改变亲脂分子的亲电子中心而形成低活性的最终产物。目前，已经确认GST 是植物生长过程中具备脱毒化及其他多种催化作用的第二阶段脱毒酶。Hatton 等报道玉米和杂草苘麻、马唐、稗、黍（*Panicum miliaceum*）、费氏狗尾草、高粱属杂草的GST 对甲草胺、莠去津、三氟羧草醚及丙草胺活性的差异而使作物和有关杂草对除草剂存在选择性。在植物体内 GST 可催化外源或内源物质亲电子中心与还原型谷胱甘肽发生亲核取代的轭合反应。植物体内谷胱甘肽轭合通常是芳香环、杂环或烷基亲电子位点上的卤素被亲电物质代替。亲电子物质与谷胱甘肽的轭合反应形成较母本化合物活性低、水溶性高的 S-谷胱甘肽产物，其 S-谷胱甘肽轭合物被标记，通过 ABC 转运子由细胞内转运至液泡中以便被贮存排出，加速了内源或异源物质的最终排除。

南京农业大学除草剂毒理及抗药性实验室已对日本看麦娘抗精噁唑禾草灵的代谢机理

进行了研究，并成功发现细胞色素 P450s 参与日本看麦娘抗精噁唑禾草灵的代谢作用，在抗性种群中细胞色素 P450 含量、活性和基因表达量方面均显著高于敏感种群，同时施用 P450 抑制剂后，药效提高；而在精噁唑禾草灵处理后 GST 酶活性和基因表达量升高，但抗性与敏感种群之间无差异，因此推断 GST 变化不是日本看麦娘种群产生抗性的原因。

（1）日本看麦娘细胞色素 P450 氧化酶系与抗药性。

①日本看麦娘细胞色素 P450 抑制剂与抗药性。单独施用 PBO 时，对敏感种群和抗性种群抑制效果不明显。施用 PBO 与精噁唑禾草灵后，4 个抗性日本看麦娘种群抗性指数分别下降 28.36、7.94、5.81 和 1.28。单独施用 ABT 时，各种群无明显影响。施用 ABT 与精噁唑禾草灵后，AHFD-1、4 个抗性日本看麦娘种群种群抗性指数分别下降 1.67、33.05、12.50、25.47 和 3.60。施用细胞色素 P450 氧化酶系抑制，可有效减少靶标生物对药剂的代谢能力。研究结果显示，细胞色素 P450 氧化酶系抑制剂提高了日本看麦娘 AHFD-3、JCJT-1、JCJT-2 和 JZJR-1 种群对精噁唑禾草灵的敏感性，这是由于细胞色素 P450 氧化酶系在植物体内得到有效抑制，而无法正常发挥作用。这一结果又一次证明了细胞色素 P450 氧化酶系在日本看麦娘对精噁唑禾草灵的抗药性中发挥了举足轻重的作用。但喷施细胞色素 P450 氧化酶系抑制剂之后，抗性日本看麦娘种群对精噁唑禾草灵仍然具有较高水平的抗性，这也说明日本看麦娘对精噁唑禾草灵产生抗性的原因并不是只有细胞色素 P450 氧化酶系在起作用。值得注意的是喷施 P450 抑制剂后并没有使 AHFD-1 种群对精噁唑禾草灵更为敏感，这一结果与在该种群中的生化结果相一致。

②日本看麦娘抗精噁唑禾草灵的细胞色素 P450 生理生化机理。细胞色素 P450 氧化酶系是存在于高等植物体内一种多功能氧化酶系，可催化多种外源化合物代谢，参与除草剂在植物体内第一个阶段的代谢过程，降低除草剂毒性，从而降低除草剂对植物体的伤害。

2005 年 Yun 等人发现，用精噁唑禾草灵、双草醚和禾草丹处理，水稗细胞色素 P450 含量都能获得诱导性升高，这是促使其抗药性出现的原因。由此可知，能用植物 P450 含量作为衡量植物对有毒物质代谢能力的重要指标。用精噁唑禾草灵药剂处理之后，日本看麦娘 AHFD-3、JCJT-1、JCJT-2 和 JZJR-1 种群，细胞色素 P450 含量与敏感种群相比有显著的上升，P450 含量的升高促使日本看麦娘更加容易代谢除草剂。然而抗性种群细胞色素 b_5 含量均低于敏感种群，推测细胞色素 b_5 可能参与负调节，今后可对细胞色素 b_5 进一步研究，明确细胞色素 b_5 在代谢中的作用。

用精噁唑禾草灵药剂处理后，日本看麦娘 AHFD-3、JCJT-1 与 JCJT-2 种群细胞色素 P450 氧化酶系介导的 PNOD 活性和 NADPH-P450 还原酶活性出现的显著升高，表明细胞色素 P450s 活性的升高可增强日本看麦娘对精噁唑禾草灵的代谢。已有研究表明，水稻对苄嘧磺隆和吡嘧磺隆 O-脱甲基作用的增强可使其免受除草剂伤害，而 NADPH-细胞色素 P450 还原酶活性受抑制时亦影响细胞色素 P450s 的催化反应。

③日本看麦娘细胞色素 P450 氧化酶基因与抗性的关系。P450 基因存在于细菌、真菌、动物和植物中。植物中 P450 的基因数量极多，是一个巨大的超基因家族，在水稻中就有 356 个 P450 基因以及 99 个相关的假定基因，烟草基因组学分析中鉴定了烟草中 44 个 P450 基因家族共 263 个成员。1993 年第一次从向日葵中克隆出能够代谢除草剂的

P450 基因 *CYP73A1*，这个基因对绿麦隆的催化代谢有一定程度的贡献。近年来，随着研究的不断深入，了解到越来越多的植物 P450 基因与多种除草剂的代谢相关，尤其是发现了一些与苯基脲类除草剂解毒有关的 P450 基因。Robineau 等发现菊芋（*Helianthus tuberosus*）*CYP71A10* 和 *CYP76B1* 能代谢绿麦隆，表达 *CYP76B1* 的转基因烟草对绿麦隆和利谷隆的抗性分别提升了 10 倍和 20 倍。烟草 *CYP81B2*、*CYP71A11* 和大豆（*Glycine max*）*CYP71A10* 也能代谢脲类除草剂。从小麦分离的 *CYP71C6v1* 基因，在酵母中表达后反映出对氯磺隆和醚苯磺隆的 5-羟基化酶活性，同样也能催化甲磺隆、苄嘧磺隆和苯磺隆代谢为未知化合物。Pang 等从水稻分离到 1 个由 *Bel* 基因编码的 *CYP81A6*，研究证明，这类新发现的 P450 单加氧酶与水稻抗灭草松和磺酰脲类除草剂相关。Iwakanmi 等首次在农田杂草中发现，用双草醚处理后，有 3 个基因在抗性水稗中出现诱导性表达，从分子机理阐述由 P450 介导的除草剂的代谢抗性。

张腾等采用保守序列的方法在日本看麦娘中克隆出 10 条 P450 家族基因，通过比较抗精噁唑禾草灵日本看麦娘与敏感种群茎叶组织在药剂处理前后 P450 基因的表达量，来确定基因表达量的变化是否与抗药性有关。药剂处理后 *Alo-1*、*Alo-4* 和 *Alo-7* 基因在抗性与敏感日本看麦娘中均出现下调；*Alo-5*、*Alo-6* 和 *Alo-10* 基因在敏感种群中明显上调或上调不明显，而抗性种群基因表达量出现下调；*Alo-8* 基因在抗性与敏感种群中均表达上调，但与敏感种群药后相比倍数未达 2 倍；*Alo-2* 和 *Alo-9* 基因在抗性与敏感种群均出现表达量上调，与敏感种群药后相比倍数在 2 倍以上；*Alo-3* 基因在敏感种群中出现下调，而在抗性种群中出现上调。

张腾研究发现 4 个日本看麦娘抗性种群的 P450 含量显著高于敏感种群，其中抗性日本看麦娘种群细胞色素 P450s 的活性也出现显著升高。研究表明，细胞色素 P450s 含量与活性的升高主要与细胞色素 P450 家族基因的表达量上调相关，而鲜有报道明确验证细胞色素 P450s 代谢增强与氨基酸突变有关。Iwakanmi 等人首次在农田杂草中发现，用双草醚处理后，P450 基因在抗性水稗中出现诱导性表达量上调，从分子机理阐述由 P450 介导的除草剂的代谢抗性。随后在 Pan 和 Yu 等转录组数据分析，也发现 P450 基因上调与除草剂代谢抗性相关。张腾等对 P450 基因表达量进行研究，结果发现 3 个基因在抗性日本看麦娘体内出现诱导性表达量上调，细胞色素 P450 基因的过量表达为代谢除草剂提供可能。这是首次在日本看麦娘中克隆出多个 P450 家族基因并发现表达有差异的 P450 基因，从分子机理确定抗性日本看麦娘种群细胞色素 P450s 中存在由细胞色素 P450 介导的代谢抗性。

（2）日本看麦娘谷胱甘肽-S-转移酶与抗药性。

①日本看麦娘抗精噁唑禾草灵的谷胱甘肽-S-转移酶生理生化机理。采用分光光度检测法研究日本看麦娘谷胱甘肽-S-转移酶的活性，以 CDNB 为模式底物测定不同突变日本看麦娘种群的 GST 活性，研究 GST 活性与其对精噁唑禾草灵抗药性的关系。CDNB 法主要是把 25 μL 40 mmol/L CDNB 加入测定液中，测定液含 900 μL KH_2PO_4/K_2HPO_4 缓冲液（pH 6.5）、25 μL 酶提取物、50 μL 0.1 mol/L 还原型 GSH（pH 7.0），35 ℃反应 10 min 后测定其 340 nm 处 OD 值，测定时用没有添加酶提取物的处理 35 ℃反应 10 min 后作为对照调整仪器基线。再以 950 μL KH_2PO_4/K_2HPO_4 缓冲液（pH 6.5）、25 μL 酶

提取物，25 μL 40 mmol/L CDNB 测定证明酶提取液中是否含有内源性谷胱甘肽。检测数据以处理减去没有添加酶提取液的处理当作其反应活性的 A_{340} 值，乘以摩尔消光系数 9.5 mmol/L/cm）来计算活性。实验中药剂浓度设置参照精噁唑禾草灵田间推荐剂量下限 41.4 g a. i. /hm^2。发现精噁唑禾草灵处理后，GST 活性总体先上升，后下降，且抗性种群 GST 活性并不显著高于敏感种群。有研究报道，明确了 GST 参与杂草体内代谢精噁唑禾草灵的第二个阶段。GST 与植物体抵御外源物质侵害及对多种逆境胁迫的抗性具有重要的相关性。研究表明，还原性谷胱甘肽（GSH）可抑制不饱和脂肪酸生物膜组分及其他敏感部分的氧化分解，可防止膜脂质过氧化，调节蛋白质的 SH/SS 值，从而保持细胞膜系统的完整性，延缓细胞的衰老和增强植物抗逆性。GST 能够促进植物体内谷胱甘肽与多种除草剂的轭合作用，从而迅速消除其对植物的影响。GST 作为植物体内的非常重要的代谢酶，其活性高低直接影响着植物体的解毒代谢能力。大穗看麦娘、硬直黑麦草、野燕麦，用精噁唑禾草灵处理后，GST 活性较敏感生物型显著提高，可见抗性的产生与代谢提升相关。因此，日本看麦娘研究通过研究抗性和敏感种群的 GST 的活性，寻找日本看麦娘抗性产生的机制。在精噁唑禾草灵田间推荐剂量处理下，抗性种群与敏感种群 GST 活性均出现诱导性升高，但抗性种群较敏感种群并未出现明显升高，表明 GST 在解毒作用中可能起到一定作用。

　　②日本看麦娘谷胱甘肽-S-转移酶基因与抗性的关系。依据大穗看麦娘、茵草及小麦 GST 序列进行克隆，得到 3 个 GST 家族基因。该研究以 JNXW－1 敏感种群日本看麦娘精噁唑禾草灵处理前基因表达量为参照，作为 1，比较抗精噁唑禾草灵种群与敏感种群 GST 基因的表达量。对 3 条基因进行表达量研究，发现药剂处理前后，GST 基因在抗性日本看麦娘种群中并未出现表达量上调。Cummins 等报道在 2 个大穗看麦娘抗性群体中 GST 对精噁唑禾草灵代谢活性的增强导致了抗性，同样在大穗看麦娘中发现 GST 基因的大量表达，可使其对百草枯产生抗性。GST 作为植物体内一种与抗性产生相关的代谢酶，GST 基因的表达量直接关系植物的代谢反应。因此，在杂草抗性产生的代谢酶机理中，对 GST 基因在植物体内表达量的检测显得尤为重要。日本看麦娘研究通过定量 PCR 技术对抗性和敏感日本看麦娘的 GST 基因的表达量进行研究，发现敏感种群的 GST 基因的表达量与抗性种群药剂处理药后无显著差异，说明在抗性日本看麦娘种群中 GST 基因含量未发生显著变化。抗性种群 GST 活性与敏感种群无差异，表达量结果与 GST 活性的结果趋势相同，表明 GST 的基因表达量差异同样不是导致日本看麦娘种群对精噁唑禾草灵敏感性差异的原因。

5. 早熟禾对精噁唑禾草灵非靶标耐药性性机理　　杂草代谢酶抗性机制研究主要集中在谷胱甘肽-S-转移酶（GST）和细胞色素 P450 氧化酶系。GST 对精噁唑禾草灵代谢活性的增强是鼠尾看麦娘对其产生抗药性的主要机制。但目前 GST 在早熟禾对精噁唑禾草灵的耐药性中是否发挥作用尚未有研究报道。细胞色素 P450 氧化酶系介导的除草剂抗性发展迅速，给农业带来了巨大的威胁。1985 年和 1986 年发现的具有多抗性的鼠尾看麦娘和瑞士黑麦草，是细胞色素 P450 氧化酶系活性增强了对多种除草剂的代谢能力，从而导致了多抗性的产生。目前，已有多种杂草由于细胞色素 P450 氧化酶系介导的代谢加强而产生抗性生物型，如瑞士黑麦草、鼠尾看麦娘、绿穗苋、旱雀麦、不实野燕麦、小花蘬草、水稗、繁缕、马唐、野欧白芥等。细胞色素 P450 氧化酶系介导的抗性杂草生物型可对多种除草剂，包括未使用过的除草剂产生抗药性，从而给化学除草带来了巨大的挑战。对细胞色素 P450 氧化酶系介导的杂草抗药性进行研究具有重要的理论及实际意义。但是由于植物细胞壁不易破碎，酚类物质、色素物质（叶绿素、类胡萝卜素等）等干扰物质含量高，蛋白水解酶、脂肪酶和过氧化物酶等活性高，细胞色素 P450 氧化酶系含量低且不稳定等特点，致使植物细胞色素 P450 氧化酶系的相关研究进展比较缓慢。目前，仅从抗性水稗中成功分离出具有除草剂降解活性的细胞色素 P450 微粒体，由瑞士黑麦草、鼠尾看麦娘抗性生物型中分离具有降解活性的细胞色素 P450 微粒体的尝试尚未成功，对细胞色素 P450 氧化酶系介导除草剂抗性的生化机制知之甚少。对早熟禾细胞色素 P450 氧化酶系的组分含量及其活性进行研究，具有丰富杂草抗性理论、为相关研究提供借鉴的重要意义。

南京农业大学除草剂毒理及抗药性实验室已在早熟禾对精噁唑禾草灵的代谢抗性研究中进行了尝试，并成功发现细胞色素 P450s 和 GST 参与早熟禾抗精噁唑禾草灵的代谢作用，施药后早熟禾 GST 活性先升高，后降至未施药对照水平，GST 在早熟禾对精噁唑禾草灵产生的耐药性中可能发挥一定的作用；施药后早熟禾细胞色素 P450 与细胞色素 b_5 含量得到诱导性提高，为其代谢精噁唑禾草灵提供了可能；施药后早熟禾细胞色素 P450 氧化酶系介导的对硝基苯甲醚－O－脱甲基酶（PNOD）、甲氧基试卤灵－O－脱甲基酶（MROD）、乙氧基试卤灵－O－脱乙基酶（EROD）、乙氧基香豆素－O－脱甲基酶（ECOD）和 NADPH－细胞色素 P450 还原酶活性均有所升高，以 ECOD 与 NADPH－细胞色素 P450 还原酶活性升高相对较为显著。这些证明细胞色素 P450 氧化酶系活性的加强可能是早熟禾对精噁唑禾草灵产生耐药性的机制之一。

（1）早熟禾细胞色素 P450 氧化酶系与耐药性。

①早熟禾细胞色素 P450 氧化酶系活性抑制剂与耐药性。精噁唑禾草灵与细胞色素 P450 氧化酶系活性抑制剂混合施用对杂草可产生不同的影响。吡唑解草酯单独施用、吡唑解草酯与马拉硫磷混合施用、吡唑解草酯与 ABT 混合施用对早熟禾及看麦娘的生长均无影响。单独施用 PBO、吡唑解草酯与 PBO 混合施用时，早熟禾及看麦娘产生较低水平的药害。当 PBO 茎叶喷施或水溶液培养后喷施精噁唑禾草灵可显著增加精噁唑禾草灵对早熟禾的药效，但其 GR_{50} 依然显著高于精噁唑禾草灵的田间推荐剂量。水培法与茎叶喷雾法施用 PBO 时精噁唑禾草灵对早熟禾的 GR_{50} 分别为单独使用精噁唑禾草灵 GR_{50} 的 0.15 倍、0.19 倍，但依然为精噁唑禾草灵田间推荐剂量下限（41.1 g a. i. /hm^2）的 8.11 倍、10.26 倍。水培法 PBO 处理与茎叶喷雾施用 PBO 均可增加精噁唑禾草灵对早熟禾的药效，且两者之间无显著差异，表明水培法与茎叶喷雾法均可应用于细胞色素 P450 氧化酶系活性抑制剂 PBO 对精噁唑禾草灵的增效研究之中。

单独使用马拉硫磷未对早熟禾及看麦娘产生任何药害。不同剂量的马拉硫磷与精噁唑禾草灵混合施用时，未增加精噁唑禾草灵对早熟禾的药效。PBO、马拉硫磷处理后茎叶喷施精噁唑禾草灵均未增加精噁唑禾草灵对看麦娘的药效，其 GR_{50} 与单独施用精噁唑禾草灵的 GR_{50} 无显著差异。单独使用 ABT，早熟禾及看麦娘未出现任何药害症状。ABT 施用后喷施精噁唑禾草灵可有效增加精噁唑禾草灵对早熟禾的药效，其 GR_{50} 仅为单独施用精

噁唑禾草灵的 GR_{50} 的 0.13 倍。但 ABT 施用后喷施精噁唑禾草灵对早熟禾的 GR_{50} 依然显著高于精噁唑禾草灵的田间推荐剂量（41.1 g a.i./hm²），为田间推荐剂量的 6.80 倍。

杂草的多抗性是指一种抗性杂草生物型对作用机理完全不同的 2 种及其以上的除草剂表现抗药性。多抗性杂草的发现给化学除草剂带来极大的挑战，严重威胁了粮食安全。细胞色素 P450 氧化酶系及谷胱甘肽-S-转移酶（GST）介导的代谢活性的增强是导致多抗性杂草产生的主要机制之一。目前对细胞色素 P450 氧化酶系介导的除草剂抗耐药性的生化机制知之甚少。王红春等的研究成功从早熟禾及敏感杂草看麦娘中提取细胞色素 P450 氧化酶系，测定其主要组分细胞色素 P450 与细胞色素 b_5 含量，研究其介导的对硝基苯甲醚-O-脱甲基酶（PNOD）、甲氧基试卤灵-O-脱甲基酶（MROD）、乙氧基试卤灵-O-脱乙基酶（EROD）、乙氧基香豆素-O-脱甲基酶（ECOD）和 NADPH-细胞色素 P450 还原酶活性。施药后早熟禾细胞色素 P450 与细胞色素 b_5 含量诱导性提高，为其代谢精噁唑禾草灵提供了可能。施药后早熟禾细胞色素 P450 氧化酶系介导的 PNOD、MROD、EROD、ECOD 和 NADPH-细胞色素 P450 还原酶活性均有所升高，以 ECOD 与 NADPH-细胞色素 P450 还原酶活性升高相对较为明显。细胞色素 P450 氧化酶系活性的增强可能是早熟禾对精噁唑禾草灵产生耐药性的机制之一。施用细胞色素 P450 氧化酶系活性抑制剂 PBO 与 ABT 可显著增加精噁唑禾草灵对早熟禾的伤害，再次验证了细胞色素 P450 氧化酶系在早熟禾对精噁唑禾草灵产生耐药性中发挥了重要作用。

②早熟禾细胞色素 P450 和 b_5 含量与耐药性。采用 CO 差光谱法对施药及未施药的早熟禾及对照敏感杂草看麦娘的细胞色素 P450 与细胞色素 b_5 含量的变化动态，发现施药后早熟禾细胞色素 P450 与细胞色素 b_5 含量先升高，后逐渐降低，但其含量始终高于未施药植株；施药后看麦娘细胞色素 P450 含量先升高，后降至未施药水平之下，其细胞色素 b_5 含量则呈波浪状变化。吡唑解草酯处理后早熟禾与看麦娘的细胞色素 P450 含量与未处理植株细胞色素 P450 含量水平相当，吡唑解草酯处理后其含量稍有上升（约 1.07 倍），后逐渐降至未施药对照水平。细胞色素 P450 蛋白是细胞色素 P450 氧化酶系的末端氧化酶，决定底物和产物的特异性，是酶系的关键组分。用精噁唑禾草灵、双草醚或禾草丹处理后，水稗细胞色素 P450 含量均可得到诱导性提高，导致抗药性的产生。用精噁唑禾草灵 41.4 g a.i./hm² 处理后，早熟禾细胞色素 P450 含量得到显著性提升，为代谢精噁唑禾草灵提供了可能。

③早熟禾细胞色素 P450 氧化酶系活性与耐药性。荧光分光光度法测定施药后早熟禾与看麦娘细胞色素 P450 氧化酶系介导的对硝基苯甲醚-O-脱甲基酶（PNOD）、甲氧基试卤灵-O-脱甲基酶（MROD）、乙氧基试卤灵-O-脱乙基酶（EROD）、乙氧基香豆素-O-脱甲基酶（ECOD）和 NADPH-细胞色素 P450 还原酶活性变化动态。结果表明，施药后早熟禾细胞色素 P450 氧化酶系介导的 PNOD、EROD、ECOD、NADPH-细胞色素 P450 还原酶活性均有所升高，以 ECOD 与 NADPH-细胞色素 P450 还原酶活性升高相对较为显著。而看麦娘 P450 氧化酶系介导的 PNOD、EROD、ECOD 活性较未施药植株均有所下降，而 NADPH-细胞色素 P450 还原酶活性则先稍有升高，后降至未施药植株水平之下。细胞色素 P450 氧化酶系抑制剂 PBO 与 ABT 对精噁唑禾草灵具有增效作用。细胞色素 P450 氧化酶系活性的提高可能是早熟禾对精噁唑禾草灵产生耐药性的机制

之一。

用吡唑解草酯处理后，早熟禾与看麦娘 NADPH -细胞色素 P450 还原酶活性与未处理对照植株相当。小麦体内 NADPH -细胞色素 P450 还原酶活性受到 98％的抑制时，禾草灵的芳环羟基化受到了 85％的抑制。施药后早熟禾 NADPH -细胞色素 P450 还原酶活性得到显著性提高，表明 NADPH -细胞色素 P450 还原酶在早熟禾对精噁唑禾草灵的代谢过程中可能发挥了一定的作用。

（2）早熟禾谷胱甘肽- S -转移酶（GST）与耐药性。鼠尾看麦娘植物体内谷胱甘肽- S -转移酶对精噁唑禾草灵代谢活性的增强是抗性的产生机制。早熟禾如何呢？有研究发现未施药条件下早熟禾 GST 活性显著高于看麦娘，施药后 1 d 其 GST 活性有较低程度提高，表明在早熟禾对精噁唑禾草灵产生耐药性的机制中，GST 可能发挥了一定的作用。

采用模式底物（CDNB）分光光度法对早熟禾及对照敏感杂草看麦娘的谷胱甘肽- S -转移酶活性进行了测定。未用药剂精噁唑禾草灵处理时，早熟禾与看麦娘的 GST 活性存在较大差异。早熟禾的 GST 活性显著高于看麦娘，为看麦娘的 3.60 倍。说明早熟禾的 GST 代谢能力比看麦娘要强。用精噁唑禾草灵处理后，早熟禾 GST 活性仍然高于对照杂草看麦娘 GST 的活性。就早熟禾而言，其 GST 活性药后 2 d 内略有上升，施药 1 d 后 GST 活性是未施药对照的 1.21 倍，2 d 后降至较未施药略低水平。而施药后看麦娘 GST 活性总体呈下降趋势，基本低于未施药对照，特别是 9 d 后呈现快速下降趋势，到 17 d 时已接近 0，可能是看麦娘逐渐死亡所致。吡唑解草酯处理后早熟禾及看麦娘的 GST 活性基本未有变化，与未处理植株 GST 活性无显著差异。1970 年 Frear 与 Swanson 首次报道 GST 介导的莠去津去毒化作用是玉米、石茅和苏丹草对莠去津产生耐药的原因。随后证实许多作物的 GST 在除草剂的抗耐药性上发挥了重要作用。1997 年 Cummins 等研究发现 GST 对精噁唑禾草灵代谢活性的增强导致了鼠尾看麦娘抗性生物型的产生。1997 年 Reade 等通过 CDNB 对 GST 进行活性测定研究发现抗性鼠尾看麦娘生物型的 GST 活性为敏感生物型的 2 倍左右。CDNB 可与 GSH 轭合导致其在 340nm 处吸收值的改变，从而作为 GST 活性研究的模式底物而应用于 GST 活性的光谱分析。该研究发现，用精噁唑禾草灵处理 1 d 后，早熟禾 GST 对 CDNB 的活性提高 1.21 倍，表明 GST 在精噁唑禾草灵的代谢中可能也发挥一定的作用。

但 Andrews 等 1997 年研究发现 GST 对 CDNB 的活性并不能完全反映 GST 对除草剂的活性。因此，GST 在早熟禾对精噁唑禾草灵代谢发挥的作用还需要进一步通过其代谢产物的鉴定分析进行验证。

第四章
抗精噁唑禾草灵杂草的适合度代价

一、杂草适合度代价概念

杂草适合度是指杂草或杂草群体对环境适应的量化特征，是分析估计杂草所具有的各种特征的适应性，以及在进化过程中继续往后代传递的能力指标。抗性杂草适合度代价是指某种杂草在获得抗药性特性后其生理学或生物学特征的变化，或者说是某种杂草以失去或降低某些生物学、生理学特征而获得抗药性的特性。

在全球作物生产体系中，杂草是作物生产的重要限制因素，而除草剂是控制杂草的关键手段。除草剂的大量使用对具有遗传多样性的杂草种群在抗药性方面有较强的选择性，杂草种群的抗药性在全世界均有报道。

植物在适应新环境的过程中通常会产生负面的多效性影响，即所谓的适合度代价，这是进化遗传学的基本原则。这些适合度代价会阻碍新产生的等位基因在种群中的固定从而有助于维护种内的遗传多样性。而具体到杂草中，抗性杂草的适合度是指除草剂抗性生物型相对于敏感生物型的生长和繁殖能力。当然，也有研究表明，有些抗性等位基因并没有对植物适合度产生明显的影响。了解除草剂抗性生物型在除草剂存在和缺乏的情况下适合度的变化，对于预测除草剂抗性进化机制是十分重要的，同样在抗性治理策略上也具有十分重要的意义。

当一个除草剂抗性等位基因产生适合度代价时，至少有三种原因可以解释它的形成。

第一，适合度代价可能来源于除草剂靶标酶相应位点的突变即靶标抗性，该突变影响了杂草体内其他正常功能和代谢水平。例如，单位点氨基酸突变可能导致靶标酶结构的改变，从而降低相应种类除草剂与靶标酶的结合能力，但同时也有可能影响酶正常功能和活力，导致杂草的生长繁殖能力受到损害。

第二，资源平均分配理论认为植物在生长、繁殖、防御之间要进行资源折中。除草剂抗性作为杂草防御机制的一种进化形式，极有可能会使杂草从生长和繁殖方面转移资源以保证抗性的持续存在。例如，杂草增强对除草剂的抗性可能依赖于细胞色素 P450 氧化酶系的过量表达，而根据资源分配理论，当这些酶表达量增加时，额外的能量和资源就会从生长和繁殖当中转移过来从而导致适合度代价的产生。

第三，适合度代价可能是生态上各方面相互作用的结果。如果一个抗性等位基因有多效性影响，那么这种抗性基因型在生态上很多方面会有相应的表现，例如，缺乏传粉能力和更容易感染病菌等，此时由于正常代谢的改变而导致的适合度代价就会出现。这一点强调的主要是与除草剂抗性相关的等位基因在多代累积以后可能会对适合度代价的表达产生一定影响。

这些内容不仅在除草剂抗性进化研究及其治理方面具有重要意义，而且与除草剂抗性进化相关的适合度代价也解释了植物适应性代价方面的诸多问题。此外，植物在应对外界环境的变化、胁迫以及干扰时，改变资源获取和分配的生物学机理及进化机制研究，也为杂草的生物多样性、能量流动以及潜在的杂草入侵等相关研究提供了重要依据。

二、抗性杂草适合度代价研究原则

国外很多科研单位对除草剂抗性杂草的适合度代价进行了较为系统的研究，尽管很多关于杂草适合度代价的研究使用了有缺陷的方法，但一些适合度变化的特点仍被检测出来，主要原因是该抗性生物型表现出的适合度代价非常显著。而随后有大量证据表明与除草剂抗性相关的基因突变或其他抗性机制存在时，会在杂草适合度的某些方面表现出积极的、消极的或中性的效果。此时，如果使用存在缺陷的方法继续进行适合度代价研究会导致不准确甚至是错误的结果。一般来说，在研究除草剂抗性适合度代价的实验中要注意 3 个因素。

1. 控制遗传背景　在生物或非生物选择压力下，杂草种群在不同的限制条件下通常会产生不同的生态表现性，因此不同杂草种群的抗性和敏感个体在适合度的不同方面将会呈现出遗传多样性。这就需要在研究过程中必须满足不同生物型除抗性等位基因不同外其他遗传背景相同这一条件。在过去的研究当中，大量关于抗性适合度代价的研究并没有将抗性和敏感生物型的遗传背景差异控制在最小。而在同一种群繁殖过程中，通过对子代抗性和敏感生物型的分离可以实现控制遗传背景的目的。还有一个可以消除种群遗传背景不同对实验结果产生影响的方法是，对多个敏感和抗性生物型的研究结果进行平均，这种方法在之前的研究中也有广泛的应用。

2. 明确抗性产生机理　在进行抗性杂草适合度研究之前，要尽可能找到导致其抗性的生化及分子理论基础，明确这些机理对于研究特定基因和突变对杂草适合度的影响以及生理生化方面的原因是至关重要的。在很多情况下，不同抗性突变在种群和个体水平上有多种抗性机理存在。例如，瑞士黑麦草种群会通过解毒作用和降低靶标酶与药剂结合能力来提高对乙酰辅酶 A 羧化酶抑制剂和乙酰乳酸合酶抑制剂的抗性，关于 2 种除草剂抗性有很多种不同的突变，其中有些导致了适合度代价的产生而另一些却没有，而过去已经发表的研究中，仍有很多并没有建立相应的抗性生理生化及分子理论基础，因而导致对适合度代价研究结果的解释有明显的局限性。

尽管我们强调在进行杂草适合度研究过程中相关抗性的生理生化及分子机理最好是已知的，但在暂时不能明确抗性机理的情况下，对杂草适合度的研究仍然是可以进行的，这些实验结果对于制定杂草抗性治理策略仍然是至关重要的，抗性与敏感生物型之间显著的生物学特性差异对抗性杂草治理有重要的指导意义。除草剂抗性机理大致可分为靶标抗性机理和非靶标抗性机理，大多数抗性杂草适合度代价的研究是关于靶标抗性机理的，而研究非靶标抗性机理方面却较少。之前有统计表明，只有大约 1/3 的研究将控制基因遗传背景和相关抗性生理生化和分子机理基础结合到一起。

3. 全面研究生活史特征（生物学特性）　植物适合度可以定义为遗传给后代的相关生物学特性，这就意味着植物的繁殖能力是适合度的一个重要方面，因此，有很多研究是比较杂草抗性个体和敏感个体的种子产量。然而，种子产量高的基因型比产量低的基因型有优势这一假定，只有在种子传播、种子寿命、萌发和出苗率、幼苗活力及抵抗病原体能力相同的情况下才成立。此外，在计算个体种子产量时只能估计雌性植株的繁殖能力状况，而实际上与雄性的繁殖能力也有关系。例如，在雌雄异株杂交物种中，如果抗性植株被临近的敏感植株传粉，其真实的种子繁殖能力可能会被过高估计。这就要求在进行杂草适合度研究过程中不能只关注于某一生物学特性，而要对其整体的生活史特征进行把握，大多数的适合度代价研究并没有注意到这一点。很多方法可以用来测定雄性繁殖能力，如抗性个体和敏感个体之间花粉生活力的比较等。同样，胚珠大小和数目同样也可以用来估计雌性个体繁殖能力。其他关于防止不同基因型之间杂合的方法，例如，防止异花授粉等也是为了能够在研究抗性与敏感适合度时减小试验误差。

在不同的生活史阶段，一个方面的改变很可能牵涉其他很多方面。种子繁殖能力是一个至关重要的因素，它影响到了抗性和敏感个体其他生活史阶段的特征。因此，了解抗性杂草的生长发育及适合度代价特点对抗性杂草的治理是十分重要的，绝大多数研究也都涉及了植物生长繁殖阶段的形态和生理指标。探究植物在生长发育过程中的适合度代价是十分重要的，在竞争环境中很多适合度代价会使植物在生长发育过程中受到不利影响。但在已经报道的研究中，只有较少的一部分评估了种子萌发和植株生长过程中的适合度代价。

抗性个体适合度状况最好的证明是抗性基因在自然条件下繁殖几代之后的频率变化情况，这一点也是最能估计抗性等位基因适合度代价的指标。在没有基因漂移等其他干扰因素的情况下，检测除草剂停止使用一定时间之后抗性生物型频率以及抗性等位基因频率的变化，可以用来评估抗性杂草适合度情况。在植物没有特定特征可以识别的情况下，等位基因频率能估计抗性基因型的进化轨迹。这些试验方法已经被证明是研究与杀虫剂、杀菌剂相关适合度的正确方法，并且可以扩展到研究多基因性状和未知的生理生化抗性机理。在这一方面，在合适的自然环境中进行的研究最接近农业生态系统中适合度代价表达的情况。

三、不同抗性机理引发的杂草适合度代价研究进展

1. 乙酰辅酶 A 羧化酶靶标位点抗性引发的适合度代价　在大多数单子叶物种中，乙酰辅酶 A 羧化酶抑制剂类除草剂是作用于质体型乙酰辅酶 A 羧化酶的关键抑制剂。AC-Case 被抑制导致的直接后果是脂肪酸合成过程中断，很多杂草种群通过降低 ACCase 对除草剂的敏感性进而获得对此类除草剂的抗性。至今为止，已证明 7 个氨基酸位点的替换会导致杂草对此类药剂产生抗药性。

杂草的生态适应性是指杂草由于存在某种抗性机理，从而导致其表型及对外部压力的适应性特征受到影响的现象。对 7 种不同抗精噁唑禾草灵杂草的研究表明，其潜在的生态适应性与其对 ACCase 抑制剂类除草剂的抗性相关（表 4-1）。然而，由于目前用来比较

生态适应性的敏感和抗性杂草种群大多并不具有相同的遗传背景，导致许多生态适应性相关的发现并不能得到合理的解释。

表 4-1 抗 ACCase 抑制剂类除草剂杂草的生态适应性情况

杂草 Species	抗性机理 Mechanism	相对生长速率 Relative growth rate	地上部干重 Shoot dry biomass	种子产量 Seed yield	种子萌发 Seed germination	竞争能力 Relative competitive ability
鼠尾看麦娘 A. myosuroides	I1781L	不受影响	不受影响	不受影响	萌发推迟，最终萌发率增加	未研究
	D2078G	降低	降低	降低	萌发提前	未研究
	I2041N	不受影响	不受影响	不受影响	不受影响	未研究
瑞士黑麦草 L. rigidum	代谢抗性	降低	降低	不受影响	不受影响	降低
	I1781L	不受影响	不受影响	不受影响	埋土情况下萌发率降低	未研究
	未知机理	未研究	未研究	未研究	常温下萌发率降低	未研究
不实燕麦 A. sterilis	未知机理	不受影响	未研究	不受影响	不受影响	竞争有优势
野燕麦 A. fatua	非靶标抗性	不受影响	分蘖少	降低	萌发提前	未研究
狗尾草 S. viridis × S. italica	I1781L	增加	未研究	增加	萌发提前，出苗率降低	未研究
白花龙 S. faberi	未知机理	不受影响	不受影响	不受影响	未研究	不受影响
马唐 D. sanguinalis	未知机理	未研究	不受影响	不受影响	未研究	不受影响

1781 位点的异亮氨酸突变为亮氨酸已经被证明发生在多种杂草种群中，该种氨基酸位点突变并不导致 ACCase 功能的变化，在对黑麦草 1781 位突变抗性种群适合度研究过程当中没有发现生态学及生理上的抗性代价，植物的繁殖能力也没有明显下降。有趣的是，当 1781 位突变渗入到另外一些杂草种群中时，相应的适合度指标反而会上升，从而导致抗性基因频率在种群中不断上升。在一些黑麦草种群中，1781 位点突变已经被证明与杂草种子休眠有密切关系，在相应光照和温度条件下能促进种子的萌发和出苗。尽管研究结果表明，该种突变并没有体现出相应的适合度代价，但同样可以指导实际的农事操作以减少抗性杂草的数量。虽然这些表现型已经被证明是遗传特征，但是在其他遗传背景下的发生情况仍有待评估。

2041 位点的异亮氨酸突变为天冬酰胺和 2078 位点的天冬氨酸突变为甘氨酸导致的乙酰辅酶 A 羧化酶对除草剂靶标抗性及其相应适合度代价也已经被研究。经过与小麦 2 年的竞争实验证明，2041 位突变在植物生长及繁殖方面没有产生任何不良影响。而 2078 位突变的植物个体在限制水分的条件下生长能力明显减弱，在株高、生物量以及繁殖能力方面与野生型相比都有明显下降，但这只有在纯合突变个体中才能显现出来，表明该适合度代价是隐性的并且依赖外界环境而表达。以上 2 种突变也已经被证明会导致乙酰辅酶 A 羧化酶活性受损，酶活大幅降低也解释了 2078 位点突变会导致适合度代价的原因。而对瑞士黑麦草乙酰辅酶 A 羧化酶抗性突变（2088 位半胱氨酸突变为精氨酸）的酶活研究发现，突变个体酶活性只有野生型的一半，而酶活受损很可能在整株水平上得到体现。

在对除草剂的抗药性这一特性上有区别。Menchari 等已做了相关尝试，他们确定了 3 种不同的 ACCase 上的靶标突变，分别为 I1781L、I2041N 和 D2078G，并获得了它们的野生型、杂合子突变型和纯合子突变型，这些突变型均分离自同一母系种群。随后，Menchari 等对这些材料的生态适应性进行了研究，发现 L1781 和 N2041 突变均无适合度代价。而与带有野生型 D2078 的杂草植株相比，带有 G2078 突变的杂草单株生长周期短，产生的生物量及种子数目均较少。此外，生态适应性还同杂草种群的遗传背景和生长环境相关。同样是野生和突变的 1781、2041 和 2078 杂草生物型，Délye 等研究了其萌发动力学和幼苗生长，发现带有野生型 I2041 和突变型 N2041 突变的杂草单株在这些特征上极为相似，而带有突变型 G2078 突变的单株则明显萌发较快且种子形态扭曲。与此相反，带有突变型 L1781 突变的单株则明显萌发较慢。事实上，与 L1781 等位基因相关的萌发延迟现象被认为在农业系统中是有益的，因为这一特性可以帮助带有 L1781 突变的杂草种子躲过早期除草剂的筛选，从而成功存活并繁殖。

同样，研究者在研究带有 L1781 突变的大看麦娘（*Alopecurus pratensis*）时，发现其无论是在温室条件或是田间环境下，生长、开花、分蘖和种子生产等特性均存在适合度代价。研究表明，带有 L1781 突变型的杂草的种子产量较高，但由于其存在适合度代价，导致其在田间的生存率极低。有意思的是，同样带有 L1781 突变的黑麦草种群就并不存在适合度代价，这是由于该种群内不仅有靶标酶上的 L1781 突变，还有基于细胞色素 P450 代谢的非靶标抗性机理。研究者将该材料进一步的进行分离，获得了仅有细胞色素 P450 代谢机理的黑麦草种群，发现其总体的生殖产量与野生型黑麦草种群相近，但是地上部生物量与野生型相比明显较少。同样，在与小麦的种内和种间竞争条件下，仅有细胞色素 P450 代谢抗性机理的黑麦草种群在总体生殖产量和地上部生物量方面也处于劣势。这符合资源型理论提出的资源竞争能力预示着植物生长与防御之间的负相关关系。更重要的是，该理论还假设在无除草剂使用的情况下，已产生适合度代价的材料会在一定阶段内丧失该项特性，这一假设还需要对由靶标抗性或非靶标抗性导致的抗 ACCase 抑制剂类除草剂的杂草种群进行进一步研究而加以验证。

以上结果已证实，乙酰辅酶 A 羧化酶抗性等位基因适合度代价的表达与不同的氨基酸突变位点有着密切联系，相同基因中不同的氨基酸位点突变对酶的活性有着不同影响，进而对植物生长造成多方面的影响。

2. 乙酰乳酸合酶靶标位点抗性引发的适合度代价　乙酰乳酸合酶（ALS）抑制剂类除草剂主要作用于 ALS。ALS 是缬氨酸、亮氨酸、异亮氨酸三种支链氨基酸合成的关键酶。伴随着 ALS 抑制剂类除草剂的广泛使用，很多杂草种群通过 ALS 基因的突变进化出了靶标抗性。被报道的突变主要集中在 122 位丙氨酸、197 位脯氨酸、205 位丙氨酸、376 位天冬氨酸、574 位色氨酸、653 位丝氨酸、654 位甘氨酸等 7 个关键的氨基酸位点上。

研究表明，在 197 位脯氨酸位点存在多种突变会导致杂草对 ALS 抑制剂类除草剂产生抗性，目前只有 197 位脯氨酸突变为组氨酸的适合度影响被研究过。一项研究 197 位脯氨酸到组氨酸突变在田间演化频率的试验表明，抗性个体所占比例在 3 年内下降了 25%～86%，适合度代价十分明显，在 3 种不同比例的竞争条件下相对敏感个体而言生物量有明显降低。

在对 574 位色氨酸到亮氨酸突变的苋属杂草的田间试验研究中发现，该突变在植物形态学上产生了强烈的影响导致了相应适合度代价的产生。对几种抗性种群的研究表明，该突变与根茎变细和叶面积减少有关，并导致结实量下降 67％。有相关研究表明，654 位甘氨酸到谷氨酸突变的水稻产量与常规水稻产量相比降低 5％～11％。

对靶标抗性来说，除草剂靶标作用酶的氨基酸位点突变降低了与除草剂的结合作用。但突变也有可能影响酶本身活性和酶与底物的亲和能力。事实上，在 197 位脯氨酸到组氨酸突变和 205 位丙氨酸到缬氨酸突变的植物中就存在这种酶活降低的情况。在这 2 种生物型下，酶活性相比较野生型降低了近 50％。同样的，在酵母体系中的 122 位丙氨酸到缬氨酸和 205 位丙氨酸到缬氨酸突变，以及在烟草中的 574 位色氨酸到苯丙氨酸突变也表现出酶活降低的现象。然而对于其他突变则没有发现此类情况，甚至某些突变还有酶活上升的情况（197 位脯氨酸突变为丝氨酸、574 位色氨酸突变为亮氨酸）。很显然，ALS 中每种特殊氨基酸突变的影响应当进行单独分析而不是整体归纳。

ALS 酶活性是由支链氨基酸最终合成量的积累反馈得来。在 197 位脯氨酸到组氨酸突变和 205 位丙氨酸到缬氨酸中能明显发现氨基酸突变导致了缬氨酸、亮氨酸和异亮氨酸的合成受到抑制，但在有些研究中，例如，197 位脯氨酸到丝氨酸突变杂草种群中却并不是这样的结果。

对抑制剂敏感性下降可能导致的后果是在植物组织中累积支链氨基酸。过量或不平衡的氨基酸含量会导致对细胞代谢的毒性作用以及使相关植物生长活动减弱。高浓度的支链氨基酸含量已经在某些 197 位突变中被报道。有趣的是，游离氨基酸浓度较高的种子在较低的温度下有较高的萌发率。在低温下较快的萌发是相应靶标抗性的一个特征，这一点在现行农业生态系统条件下可以转变为优势或劣势。

3. 细胞色素 P450 氧化酶系代谢抗性引发的适合度代价　细胞色素 P450 氧化酶系作为一大类蛋白质家族参与细胞多种合成代谢功能。除了必要的代谢作用，在解毒除草剂过程中细胞色素 P450 氧化酶系也起到至关重要的作用。当前研究表明，多个 CYP450 酶系亚型对除草剂代谢起到重要作用，具有广泛的除草剂代谢特异性。然而，CYP450 参与除草剂代谢的分子机理仍有待进一步确定。

很多研究表明，瑞士黑麦草因 CYP450 代谢抗性而获得了对多种除草剂的抗性。适合度研究表明，由于 CYP450 代谢抗性产生的对 ACCase 抑制剂类除草剂抗性瑞士黑麦草种群在营养生长方面降低了 20％。营养生长的减少与净同化率的降低有关，CYP450 代谢抗性个体在与小麦竞争条件下相比较敏感个体净同化率即表现出明显的降低，这些生态代价表现在营养阶段降低 30％和生殖阶段降低 23％。

研究 CYP450 抗性适合度代价的重要意义在于验证生态方面的假设，例如，植物在生长和防御之间的平衡作用，然而并没有相关详细的研究充分说明 CYP450 抗性产生适合度代价的机制，因此，限制了除草剂代谢抗性适合度代价研究结果的应用。鉴于 CYP450 代谢抗性的重要性，植物必需投入一定的资源产生 CYP450，这方面还有很多工作需要进行。

4. 有机磷类除草剂抗性引发的适合度代价　有机磷除草剂是一类由亚磷酸酯、硫代磷酸酯或含磷杂环有机化合物构成的除草剂，代表品种有草甘膦。草甘膦是世界上应用最广泛的除草剂，而草甘膦抗性作物在美洲的广泛种植也导致了很多草甘膦抗性杂草的产生。在很多杂草种群中，草甘膦的抗性与根茎分生组织中草甘膦的转移减少有关。这种作用机理导致的抗性瑞士黑麦草个体在与小麦的竞争条件下相对于敏感个体并没有展现出明显的营养生长减少的现象。另外一项研究也表明，在小麦低密度竞争条件下草甘膦抗性个体生物量稍有下降但却产生了更多的种子。而当经过 3 年无草甘膦环境下生长之后，抗性基因型频率会有 11％～45％的显著降低。

草甘膦抗性可能是由于靶标基因 *EPSPS* 基因突变导致的。到目前为止，关于 *EPSPS* 基因突变对抗性植株的适合度影响研究仍然较少。草甘膦抗性作物在农业生产中日益重要，而草甘膦抗性杂草种群分布也越来越广泛，更加表明了研究 *EPSPS* 基因突变对抗性植株适合度影响的重要性。

5. 三氮苯类除草剂抗性引发的适合度代价　已经有大量研究表明，三氮苯类除草剂靶标位点抗性产生了适合度代价。例如，很多研究表明三氮苯类除草剂抗性来源于光系统Ⅱ D1 蛋白中的叶绿体 *psbA* 基因 264 位丝氨酸到甘氨酸的突变。该突变降低了三氮苯类除草剂对其相应位点的结合能力，但同时也导致了光合作用中光系统Ⅱ电子传递链的电子传递能力下降。同样在有该突变的其他抗性杂草种群中也明显出现光合作用减弱、生长速率降低、资源竞争弱化以及繁殖能力下降等现象，表明该突变降低了光合作用中的光反应效率。此外，一个重要的研究结果就是该突变的适合度表达状况受生物和非生物因素的调控。不同光照和温度的组合会放大、中和甚至扭转它在植物生长和光合作用上的不利影响。三氮苯类除草剂抗性植物同样易受到真菌感染和害虫取食，这也是 264 位丝氨酸到甘氨酸突变导致的结果。有研究证明在三氮苯类除草剂抗性植物的叶片中含有更高浓度的氮素，进而推测这可能是对光合作用损伤的补偿作用。

6. 苯氧羧酸类除草剂抗性引发的适合度代价　尽管苯氧羧酸类除草剂的作用机制并不明确，但其可以干扰植物内源激素代谢，而一些田间选择的杂草抗性种群可以降低此类除草剂与激素受体的结合作用。经过长时间的使用，很多杂草已经进化出了对此类除草剂的抗性。在一些苯氧羧酸类除草剂抗性杂草种群中也进行了较为明确的适合度研究。在新西兰的田间调查表明，2 甲 4 氯抗性毛茛个体的比例逐年下降 5％。该研究与报道的在除草剂移除的条件下生长的抗性种群 GR_{50} 下降 50％的结果相一致，但其产生抗性的分子基础仍未明确。

对野薄荷种群的研究表明，其对苯氧羧酸类的多种药剂已产生抗性，而其抗性对植物的形态学和生理学产生一定影响。抗性生物型在资源获取方面明显减少，导致植株较小、叶面积降低以及根部受损。在此类杂草中较高的叶绿素和细胞分裂素水平与生长素类除草剂抗性相关。导致野薄荷抗性的基因并未明确，而使用不同遗传背景的植物材料进行适合度研究是可行的，但是需要在抗除草剂转基因拟南芥中进行。

7. 拟南芥作为模式植物研究除草剂靶标抗性等位基因的适合度代价　模式植物拟南芥，为研究除草剂抗性等位基因的适合度代价提供了一定的基础。将已知的抗性等位基因插入到标准的遗传背景中，或诱导其产生抗除草剂基因的突变，适合度可以通过统计转基因或突变个体的种子产量及生长状况来评估。

有一个通过转基因和诱导突变拟南芥的研究 197 位脯氨酸突变为丝氨酸的例子，携带此类突变的转基因植株在单株结实量方面出现 26％～34％的下降，但是总生物量和种子萌发状况没有明显变化。有研究还发现，在相同突变体的资源分配中在繁殖方面降低了 37％。种子量的减少对植物适合度产生了明显的影响，进而导致 197 位脯氨酸到丝氨酸突变的基因频率在缺乏除草剂选择压的情况下随时间延长而降低。这种适合度代价在氮含量受限制的条件下会更加明显，可能产生的结果就是减少反馈抑制以及促进较高酶活性和氨基酸的生物合成。然而 653 位丝氨酸到天冬酰胺突变可以产生对除草剂的抗性，而在植物生长和种子产量方面没有影响。

位点突变引起的生长素类抑制剂抗性适合度代价也已经在诱导突变的拟南芥中进行了研究。生长素 *AUX1* 基因 459 位甘氨酸到天冬氨酸突变没有明显的适合度代价，但对根的形态有所改变。相反，*AXR1*（154 位半胱氨酸突变为色氨酸）和 *AXR2*（87 位脯氨酸突变为丝氨酸）基因突变表现出明显的适合度代价。2 种抗性等位基因对胚轴长和株高以及叶片形态有明显的影响，进而导致在繁殖阶段产生了 78% 和 89% 的适合度代价。

在拟南芥中测定适合度代价的方法给那些在杂草中不容易评估的情况提供了一定的参考。然而就其本质而言，源于实验室的突变体并不一定就代表大田中的真实情况。诱导突变也有可能产生其他对适合度产生影响的突变，因此就很难明确抗性等位基因的适合度代价。转基因方法也会受到基因位置影响，所以也依赖于基因插入位置。最后，在田间进化种群中，选择过程对适合度代价也会有一定的补偿作用，而在实验室条件下无法评估这些，进而造成对适合度代价不准确甚至错误的估计。

四、抗精噁唑禾草灵杂草适合度代价

1. 抗精噁唑禾草灵日本看麦娘适合度代价　除草剂抗性可能导致适合度代价的产生，进而影响杂草抗性的传播与治理。徐洪乐、董立尧等以抗精噁唑禾草灵 ACCase 1999 位氨基酸突变日本看麦娘为对象，研究了抗性和敏感生物型个体在非生物胁迫下的种子萌发与出苗情况，比较了两者对非生物胁迫的耐受能力，分析了 2 种生物型在非竞争条件下的生长繁殖能力以及在种内和种间竞争条件下的竞争能力，明确该抗性生物型的适合度变化情况。

（1）抗性和敏感生物型日本看麦娘的选育及分析。采用 dCAPS 方法对抗性及敏感生物型日本看麦娘的氨基酸突变进行检测，检测结果表明，敏感生物型可以被 *Msp*I 内切酶酶切成为可见的 359 bp 和不可见的 47 bp 条带，而抗性生物型则不可以被 *Msp*I 内切酶酶切显示出 406 bp 的完整扩增条带。对 120 株抗性生物型个体进行检测，结果表明有 115 株为杂合突变，5 株为敏感生物型，突变频率为 95.83%，敏感生物型之中未发现突变个体存在。通过 dCAPS 方法以及氨基酸突变频率的检测，证明经过 3 年的种子繁育及纯化后，得到了具有相同遗传背景的抗性和敏感生物型日本看麦娘个体，试验材料符合适合度研究的相关要求，为接下来的研究奠定了基础。采用整株生物测定法（茎叶处理），测定了抗性和敏感生物型日本看麦娘对精噁唑禾草灵的敏感性。两者的 GR_{50} 分别为 575.97 g a. i. /hm² 和 9.94 g a. i. /hm²，抗性指数为 57.95，抗性生物型相对于敏感生物型表现为高抗。

遗传背景影响的控制在抗性杂草适合度的研究中占有十分重要的地位，是一切适合度代价研究开展的前提条件，其要求为抗性和敏感生物型必需具有除了突变的抗性等位基因之外的相同遗传背景。遗传背景的控制在适合度研究中经常被忽略，因此很多关于除草剂抗性适合度代价的观测结果是不准确的。而控制遗传背景的方法也在很多研究中有所体现。

理想的控制遗传背景的方法是创建近等基因系。成为近等基因系的 2 个种群只有特定抗性等位基因不同。因此，在适合度研究中体现出的任何差异都有可能是抗性等位基因造成的。使用遗传背景完全不同的 2 个杂草种群创建近等位基因系是很困难的，通常需要 5～8 代的时间。其创建需要物种有轻易能够进行个体杂交的能力，抗性植株需要杂交敏感植株，之后进行一系列的回交。每一代中，一半的等位基因将被从抗性亲本中移除，7 代回交之后 2 个种群等位基因不同的数量将会小于 0.5%。达到这一目标的方法是从同一个种群中选择抗性和敏感个体。这种方法适用于异花授粉物种，原因是相比较自花授粉物种，异花授粉种群中更能够共享相同的遗传背景。还有一种方法是从杂合个体 F$_2$ 代分离，该方法一般用在单基因突变中，而在多基因不同时较为困难，该方法也较为耗费时间，因其需要 2 代。

日本看麦娘为异花授粉物种，而其在田间由敏感种群转变为抗性种群已经经历了数代的相互杂交繁育，同一种群中的抗性和敏感个体具有相同的遗传遗传背景。在抗性和敏感生物型的选育过程中，首先让原种群杂交繁育，进一步确保遗传背景的一致性，之后利用 dCAPS 方法对繁育的第二代个体进行鉴定分离，既符合适合度材料获取的试验要求，同时又节约了大量时间。

dCAPS 检测方法能够对目前所有由于靶标酶氨基酸突变导致的日本看麦娘对精噁唑禾草灵的抗药性进行检测，且被广泛应用于杂草抗性突变的检测中。其优点主要有：方便快速，不需要特殊昂贵的仪器与试剂，数小时内即可实现对抗性突变的可视化检测，且检测结果与测序结果完全一致。目前，已经在多种杂草中建立了该检测方法。利用此方法对分离的生物型进行检测，得到其准确的突变频率为 95.83% 且突变个体均为杂合基因型，此外，在其原始种群中也未检测出纯合突变个体，推测纯合突变可能由于适合度代价过大导致个体无法存活。

该研究通过综合各种适合度材料获取的方法，对 ACCase 1999 位氨基酸突变日本看麦娘种群进行检测和生物型分离，最终得到分离的抗性和敏感生物型材料，通过 dCAPS 方法鉴定准确得出抗性生物型的基因型及突变频率，整株测定得到其抗性指数，同时对得到的实验材料进行进一步的验证，满足适合度研究中控制遗传背景及明确抗药性机理这 2 个前提条件，为之后研究的进一步开展奠定了基础。

（2）非生物胁迫下抗性和敏感生物型日本看麦娘适合度研究。抗性杂草适合度代价的表达程度与环境梯度有着密切的关系，抗性生物型在正常环境下可以很好的生长繁殖并不代表它也能在某些不适宜环境下正常存活，例如，依赖于除草剂隔离和解毒的抗性机制的杂草个体需要含氮量较为丰富的蛋白质，如果让其生长在氮素缺乏的环境中必然会受到一定影响，此时该种抗性生物型的适合度代价便会表达。因此环境梯度作为除草剂抗性杂草适合度代价研究的基本原则之一必须被考虑到研究过程中，只在杂草适宜生长的环境下研究很可能会产生错误的结果。进行抗性杂草适合度代价研究的另一基本原则是必须考虑到杂草的整个生活史特征，包括从种子萌发、出苗、幼苗期、营养生长期以及繁殖生长期等。只从单方面对除草剂抗性杂草生物型的适合度进行研究是不全面的，综合考虑抗性和敏感生物型杂草在多种环境梯度下各个生长期的情况，才能对该种抗性杂草的适合度变化情况得出较为准确的答案。

杂草种子在各个环境梯度下成功萌发和出苗关系到杂草种群在农田生态系统中的成功

建立，种子萌发阶段也是杂草对外界条件刺激最敏感的时期，研究该阶段抗性生物型和敏感生物型种子在各个环境条件下萌发情况有助于对除草剂抗性适合度代价进行全面的了解。多种环境胁迫会对杂草生长产生不利影响，导致其体内包括抗氧化酶系在内多项生化指标发生变化，进而反映出杂草对逆境胁迫的耐受能力。研究各个环境胁迫下除草剂抗性生物型和敏感生物型的生理生化指标变化情况，同样有利于全面地了解该种抗性杂草的适合度变化情况。

①非生物胁迫下抗性和敏感生物型日本看麦娘种子生物学特性的研究。对抗性和敏感生物型日本看麦娘在不同环境条件下的种子萌发和出苗情况进行了研究，结果表明，在 12/12 h 光照/黑暗的大多数温度条件下，抗性和敏感生物型日本看麦娘的最终萌发率超过 80%，且两者之间并没有显著性差异，而在 5 ℃ 及以下和 30/25 ℃ 以上时两者均无法萌发，10 ℃ 条件下抗性生物型的 t_{E50}（萌发 50% 所需时间）和 MET（平均萌发时间）显著高于敏感生物型，15/10 ℃ 时抗性生物型的 t_{E50} 显著高于敏感生物型。全黑暗条件下，5 ℃、10/5 ℃、30/25 ℃ 条件下均没有种子萌发，10 ℃ 时敏感生物型萌发率（47%）显著高于抗性生物型（23%），25 ℃ 时则相反。在 NaCl 浓度小于 150 mmol/L 条件下 2 种生物型的萌发率均大于 90%，250 mmol/L 条件下敏感生物型萌发率（44%）显著高于抗性生物型（31%），抗性生物型的 t_{E50}（12.77 d）显著高于敏感生物型（12.21 d）。在 150 mmol/L、200 mmol/L、250 mmol/L 条件下，抗性生物型的 MGT 均显著高于敏感生物型，抑制抗性生物型 50% 萌发的 NaCl 浓度为 228.91 mmol/L，而抑制敏感生物型 50% 萌发的 NaCl 浓度为 243.45 mmol/L（图 4-1）。水势降低至 -0.5 MPa 时，敏感生物型最终萌发率（36%）显著高于抗性生物型（27%），抑制抗性生物型最大萌发率 50% 所需水势为 -0.42 MPa，而敏感生物型则为 -0.44 MPa（表 4-2）。覆盖有机质在 8 cm 深度时，抗性生物型的 t_{E50} 和 MET 分别为 11.41 d 和 12.02 d，显著高于敏感生物型（10.67 d 和 11.12 d），GI（萌发指数）（1.74）则显著低于敏感生物型（2.32）。以上结果表明，在某些极端非生物胁迫条件下，抗性生物型在种子萌发和出苗方面表现出微弱的适合度代价，但在一般环境条件下与敏感生物型并无显著性差异。

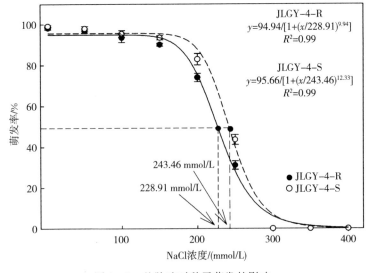

图 4-1　盐胁迫对种子萌发的影响

表 4-2　水势胁迫对种子萌发的影响

水势/MPa	萌发 50% 所需时间 $t_{E50}\pm SE/d$		平均萌发时间 $MGT\pm SE/d$		萌发指数 $GI\pm SE$	
	R	S	R	S	R	S
0	7.16±0.14	6.78±0.11	7.61±0.13	7.12±0.13	3.21±0.10	3.33±0.06
−0.1	7.23±0.13	7.03±0.07	7.59±0.12	7.37±0.07	3.16±0.09	3.24±0.08
−0.2	7.53±0.09	7.68±0.11	7.85±0.08	8.01±0.10	2.97±0.05	2.89±0.06
−0.3	8.68±0.16	8.53±0.10	8.99±0.16	8.84±0.10	2.49±0.07	2.36±0.07
−0.4	10.69±0.11*	10.17±0.22	10.96±0.12	10.59±0.21	1.28±0.15	1.47±0.18
−0.5	13.34±0.27	13.23±0.24	13.57±0.26	13.49±0.23	0.50±0.04*	0.68±0.05

注：* 代表 t 检验的显著性差异（$P<0.05$）。

　　杂草种群的成功建立依赖其种子在广泛的环境条件下的萌发和出苗能力。不同的种子生物学特性决定了抗性和敏感生物型种子在土壤中的存活状况。此外，抗性和敏感生物型种子之间适合度的不同也决定了其入侵和危害能力。这些信息有助于人们通过控制日本看麦娘的萌发和出苗来减少其在农业生产中的危害。目前，影响杂草种子萌发和出苗的所有因素并未完全研究透彻，一般来说是内部因素和外部因素共同作用的结果。内部因素包括种子活力、成熟度、休眠作用和特定基因型等，而外部环境因素诸如温度、光照、盐分和水势等都会影响种子萌发和出苗。

　　在温度和光照方面，2 种生物型日本看麦娘可以适应较宽的温度范围，且光照条件下种子萌发状况要优于黑暗条件。对 ACCase 1781 位突变适合度的研究表明，环境对不同生物型种子萌发有较强的影响，1999 位突变日本看麦娘也显示出类似的结果，抗性生物型的萌发率在低温条件下要低于敏感生物型，且萌发时间延长，然而在高温条件下萌发率则高于敏感生物型。在较低温度条件下，抗性引起的适合度代价可能导致抗性个体萌发失败，进而减少种群中抗性个体的数量，而当除草剂选择作用存在时，抗性个体在种群中仍会长期存活。

　　盐胁迫会对植物生长产生诸多负面影响，其中的钠离子会对植物造成毒害作用，并能替代土壤中的钙和镁进而改变土壤结构，造成水分胁迫和养分缺乏。杂草在高盐环境萌发的能力对于其入侵农田并成功建立种群具有重要意义。我们的结果表明，抗性生物型日本看麦娘在萌发方面与敏感生物型相比仍具有较强的盐胁迫耐受能力，这使其在沿海等高盐地带能够发生和繁育。水势对杂草种子萌发的影响至关重要，在大多数水势条件下，抗性生物型的最终萌发率与敏感生物型十分接近，仅仅在萌发时间上有所延长，表明抗性个体对土壤水势的变化具有较强的适应能力。抗性个体能够在广泛的 pH 范围内萌发，我国长江中下游地区土壤 pH 为 5.0～10.0，完全满足抗性日本看麦娘萌发的条件，这也解释了抗性个体大量存在的原因。日本看麦娘能够在较深的土层下成功萌发，且由于种子较大，所含营养物质丰富，在其出苗前能提供充足的养分，使得其具有较强的出苗能力。尽管在有机质覆盖 8 cm 条件下，抗性生物型出苗率显著低于敏感生物型，但仍有相当数量个体成功出苗，这一特点也成为抗性生物型传播的优势之一。

综合 2 种生物型在萌发和出苗方面的表现来看，尽管在某些极端条件下抗性生物型表现出微弱的适合度代价，但在一般萌发和出苗条件下两者并无显著差异，这一现象也在其他杂草中有所体现。而从对田间种群的抗性个体检测的结果来看，抗性个体占有 50% 左右的比例，表明该突变并未产生明显的适合度代价。日本看麦娘为四倍体物种，并未检测到纯合抗性突变个体的存在，原因可能为纯合个体因适合度代价过大导致无法存活，而杂合个体则由于其多倍体特性降低了适合度代价的作用，使抗性个体正常生长繁殖，从而有利于抗性的发展。

②非生物胁迫下抗性和敏感生物型日本看麦娘幼苗生物学特性的研究。在杂草的整个生活史中不可避免会受到各种逆境的胁迫，从而对杂草的生长代谢和发育繁殖造成不同程度的影响。在一定逆境胁迫条件下，植物能够调控与抗逆性有关的基因表达，随之产生一系列形态及生理生化等方面的变化来缓解逆境胁迫。除草剂靶标酶基因的改变，一方面会导致除草剂抗性的产生，另一方面也可能会对靶标酶的正常功能造成损害，进而影响杂草体内其他正常功能和代谢水平。杂草在生长、繁殖以及防御之间会进行资源分配，在除草剂抗性方面过多投入可能会导致其在生长和繁殖方面分配较少资源，从而导致在逆境环境下无法正常完成生长繁殖过程。在明确抗性机理基础并控制遗传背景的基础上，可以设置一定的逆境胁迫，研究抗性生物型相对于敏感生物型的适合度变化情况。

活性氧具有极强的氧化能力，通过破坏生物分子而形成氧化损伤。在植物细胞的正常代谢过程中，活性氧的产生和清除成动态平衡状态，但在逆境胁迫下，植物体内活性氧含量会大量提高，使动态平衡受到破环，自由基积累，膜内磷脂双分子层中含有的不饱和脂肪酸链就被过氧化分解而造成膜整体破坏。抗氧化酶系统是植物清除体内活性氧的重要系统。超氧化物歧化酶（SOD）、过氧化物酶（POD）和过氧化氢酶（CAT）是重要的植物抗氧化酶，SOD 可以将超氧自由基转化为 H_2O_2，而 POD 和 CAT 可将 H_2O_2 转化为水和氧气，进一步清除过氧化物及活性氧自由基（ROS）。植物抗氧化酶系统的活性与植物的抗逆性有关，逆境胁迫会导致植物体内的抗氧化酶活性发生变化。外界环境变化会导致植物细胞内可溶性蛋白含量发生改变。一方面植物会主动产生可溶性蛋白作为渗透调节物质抵抗逆境，但由于胁迫的持续进行，蛋白酶的活性提高，加快蛋白质的水解，同时 RNA 转录和翻译受到抑制，造成可溶性蛋白含量减少。叶绿素是光合作用的物质基础，其生物合成是一系列酶促反应，可能会受到外界环境的影响，长时间受到逆境胁迫，会导致叶绿素合成受阻并加快分解。

在对抗性和敏感生物型日本看麦娘进行 35 ℃ 高温胁迫处理时，两者的抗氧化酶系有明显的变化，表明其通过调节抗氧化酶活性以防止自身受到高温伤害。但两者的酶活性在大部分时间点无显著差异，表明抗性生物型受胁迫的影响与敏感生物型基本一致。此外，可溶性蛋白含量和叶绿素含量也表现出相同的趋势，证明在幼苗时期遭受高温胁迫时，抗性生物型日本看麦娘具有与敏感生物型相近的耐受能力。同样在 200 mmol/L NaCl 模拟的盐胁迫（图 4 - 2）以及 PEG6000 模拟的 −0.8 MPa 水势条件（图 4 - 3）下，在处理的大部分时间段内，2 种生物型日本看麦娘在抗氧化酶活性、可溶性蛋白及叶绿素含量上无显著性差异，表明在这 2 种胁迫条件下抗性生物型同样具有与敏感生物型相近的耐受能力。

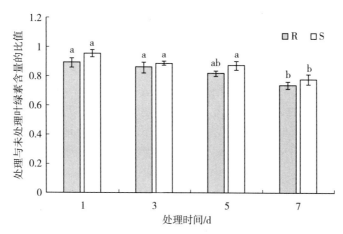

图 4-2　盐胁迫下抗性和敏感生物型日本看麦娘叶绿素含量的测定

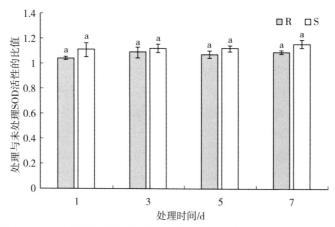

图 4-3　水势胁迫下抗性和敏感生物型日本看麦娘 SOD 活性的测定

　　土壤氮含量直接影响到植物的生长和繁殖，同时也会影响抗性杂草适合度代价的表达。例如，某些抗性机制的杂草个体需要含氮量较为丰富的蛋白质，如果让其生长在氮素缺乏的环境中必然会受到一定影响，此时抗性生物型的适合度代价便会表达。而在该研究中，抗性生物型在氮肥施用量每公顷 0 kg、50 kg、100 kg 条件下，其最终株高、地上生物量以及相对生长速率与敏感生物型均无显著性差异，表明其在营养生长方面无明显的适合度代价。而在繁殖方面，每公顷 100 kg 条件下敏感生物型单株种子数及种子重均显著高于抗性生物型，表明在该条件下产生了抗性适合度代价。

　　（3）生物胁迫下抗性和敏感生物型日本看麦娘适合度研究。资源竞争与环境梯度是抗性杂草适合度研究中必须遵循的基本原则，适合度研究过程中要涉及杂草的各个生长繁殖阶段的形态和生理指标，方能较为全面的对抗性生物型的适合度代价表达状况得出结论。在自然条件下，杂草种群中总是存在着相互的竞争作用，包括杂草与杂草之间的种内竞争以及杂草与作物之间的种间竞争。杂草竞争能力的强弱直接关系到其能否成功入侵农田生态并对农业生产造成危害。有研究表明，当杂草对除草剂产生抗性时可能会损害其自身对资源的获取和利用的能力，进而在资源竞争条件下产生适合度代价。明确抗性生物型在竞争和非竞争条件下相对于敏感生物型的生长繁殖能力，是适合度代价研究的重要方面。

徐洪乐等研究了非竞争条件、种内竞争及种间竞争条件下抗性和敏感生物型日本看麦娘的生长繁殖能力。结果为：在非竞争条件下，抗性生物型株高为 75.34 cm，显著高于敏感生物型的 73.26 cm；抗性生物型单株分蘖数为 14.28 个，显著高于敏感生物型的 12.97 个；敏感生物型穗长为 7.34 cm，显著高于抗性生物型的 7.06 cm；抗性生物型种子千粒重为 1.19 g，显著低于敏感生物型的 1.26 g；而两者在地上部生物量和单株种子数方面无显著性差异，表明抗性生物型具有与敏感生物型相同的生长繁殖能力；在种内竞争条件下，株高、去穗鲜重、分蘖数、穗数、穗鲜重、去穗干重、穗长、穗干重、地上部鲜重、地上部干重的相对竞争系数（RCC）分别为 0.97、0.95、0.93、0.97、0.97、0.97、0.99、1.02、0.96、0.99，表明在该条件下敏感生物型竞争能力稍强于抗性生物型，但差异并不显著；在与小麦的种间竞争条件下，抗性和敏感生物型的株高、生物量、分蘖数、穗重等指标在各个种植密度下均无显著性差异，结合非线性拟合参数结果表明，两者具有相同的竞争能力。可见，抗性生物型日本看麦娘相对于敏感生物型在生长繁殖、资源获取与利用及竞争能力方面并未产生明显的适合度代价。

植物适合度可以定义为遗传给后代的相关生物学特性，意味着在进行抗性杂草适合度代价研究过程中要尽量对杂草的生理生态指标进行全面考察。而很多抗性杂草的适合度代价在温室条件下并不一定会显现出来，相反在自然环境下会得到真实的体现。抗性杂草的繁殖能力是适合度代价体现的一个重要方面，因而，有很多研究是比较杂草抗性个体和敏感个体的种子产量。然而，种子产量高的基因型比产量低的基因型有优势这一假定，只有在种子传播、种子寿命、萌发和出苗率、幼苗活力及抵抗病原体能力相同的情况下才成立，因此，对抗性生物型进行的繁殖能力研究必须结合其种子生物学特性方面的结论综合考虑。

适合度代价研究的另一个重要原则为资源竞争。抗性生物型在非竞争环境下未显示出适合度代价并不表示其在竞争条件下也具有相同的结果。杂草在农田生态系统中不仅面临着与作物之间的竞争，其自身内部也存在相互竞争作用。适合度代价的表达依赖于和其他生物或不同生物型之间的相互作用，在捕食作用、植物病虫害、竞争等条件下其表达可能会更加明显。如果一个除草剂抗性等位基因使得该个体在资源获取和利用能力上受到了损伤，那么相应的适合度代价在较为激烈的资源竞争条件下会更为明显。基于这一点，适合度代价应当在资源竞争条件下进行衡量。

对抗性和敏感生物型日本看麦娘在非竞争条件下的生长研究表明，两者在独立的生长及繁殖方面没有明显的适合度代价。结合衡量适合度代价最重要的指标，即 2 种生物型产生后代的数量，以及对不同环境条件下 2 种生物型种子萌发及出苗特性，表明抗性生物型相对于敏感生物型并未产生明显的适合度代价。在种内竞争条件下，2 种生物型在株高、去穗鲜重、分蘖数、穗数、穗鲜重、去穗干重、穗长、穗干重、地上鲜重、地上干重等一系列指标上均未出现明显差异，各项参数对抗性和敏感生物型竞争能力的估计也表明，该种氨基酸突变并未导致明显的适合度代价。而在与小麦竞争条件下，尽管两者的生物量等参数随小麦种植密度增大而降低，但相同条件下抗性和敏感生物型均无显著性差异，表明抗性生物型具有与敏感生物型相同的与作物竞争的能力。也就是说，抗性生物型日本看麦娘相对于敏感生物型在竞争能力方面并未产生明显的适合度代价。

2. 抗精噁唑禾草灵菵草适合度代价　作为目前农业生产系统中最具挑战性的生物，杂草可以同农作物争夺光、水和土壤养分。如果不对其加以控制，全球六大农作物的平均产量会下降 35%。萌发是杂草生长发育的一个重要阶段，杂草在田间的危害很大程度上正是依赖于其在不同农业环境中均能够萌发生长。杂草萌发是其本身特性和外界环境共同作用的结果。而温度、光照、盐分、酸碱度和水势等都是影响杂草种子萌发的主要环境因素。至于杂草本身的特性与萌发之间的关系，以 ACCase 抑制剂类除草剂为例，由于靶标抗性对该类除草剂产生抗性的杂草有时会表现出适合度代价，而适合度代价会对抗性杂草的生长发育的多个方面有影响，包括萌发。已有研究发现抗性杂草靶标酶 ACCase 不同的突变类型与该杂草的萌发特性有关。但是该突变类型是如何导致其萌发发生改变的，这些仍不得而知。

种子的萌发过程主要分为外种皮破裂和胚乳破裂两个阶段。在恒温条件下，Vila-Aiub 等和 Délye 等已经发现带有 ACCase Leu1781 突变的抗性杂草萌发比敏感杂草要慢，但变慢的原因并不清楚。$Expansins$（EXP）基因是多基因家族编码，且在裸子植物和被子植物中高度保守。植物 $Expansins$ 基因的膨胀性与细胞壁的可扩展性有关，而该基因的家族成员在植物中的广泛分布也表明它们可以参与植物包括种子萌发在内的不同发育过程。然而，目前仅有极少数的 $Expansins$ 基因在植物中被鉴定出来，且这些基因的功能尚不清楚。

在比较特定基因的功能，如研究生态适应性时，所比较材料的遗传背景保持一致非常重要。可惜的是，目前杂草研究中在比较基因功能时，大多并未对遗传背景进行控制，这也使得研究发现的差异大多为所比较材料的背景不一所致，而非特定基因的功能导致。研究抗性杂草种子萌发的生物学特性，确定其在不同环境条件下的长势，有助于预测抗药性基因的传播并提供治理抗性杂草的有效方法。之前已有研究发现，抗 ACCase 抑制剂类除草剂的杂草在 ACCase 上的突变对其种子萌发特性有影响。

（1）抗性和敏感生物型菵草的选育及分析。获得 3 对菵草材料（JYDX－1781SS 和 JYDX－1781RR，SHQP－2041SS 和 SHQP－2041RR，JYSC－2096SS 和 JYSC－2096RR），除了抗性与敏感菵草种群之间有靶标酶 ACCase 上的点突变外，分别具有相同遗传背景的抗性种群与敏感种群，其分别分离自同一抗性种群，生长繁殖环境也都是一模一样。这足以保证用这些材料研究抗性与敏感菵草种子的萌发特性差异仅与其在靶标酶 ACCase 上的突变相关，为研究生态适应性的理想材料。

研究者前期发现，3 个抗性菵草种群中均有靶标酶 ACCase 上的基因突变，其中 JYDX 带有 Ile－1781－Leu 突变、SHQP 带有 Ile－2041－Asn 突变、JYSC 带有 Gly－2096－Ala 突变。又在这 3 个抗性种群中，每个种群随机挑选 50 株使用精噁唑禾草灵＋PBO 进行处理，再选 20 株仅用精噁唑禾草灵处理的单株作为对照，发现 PBO 在这 3 个种群中并不能降低抗性；也发现这 3 个抗性种群同敏感种群均无差异表达 miRNA。这些结果表明这 3 个抗性种群中并没有已知的非靶标抗性。因此获得了 3 个仅有靶标抗性的抗精噁唑禾草灵菵草种群（JYDX、SHQP、JYSC）。

为获得 3 对分别具有相同遗传背景的抗性种群与敏感种群，从这 3 个抗性茵草种群中（JYJD、JCJT、JCWL）分别分离抗性和敏感单株。从每个抗性种群随机挑选出 100 个单株在 12 cm 直径的塑料盆钵内进行单株种植，盆钵中装有培养基质和土的质量比为 2：1 的混合土，每盆移栽 1 株。置于光照培养箱培养，培养条件为白天 20℃、晚上 15℃，光照周期为 12 h 白天/12 h 黑夜。待其生长至分蘖期时，将每个单株拨成 2 个分蘖：一个分蘖用于抗性检测并利用 dCAPS 方法鉴定其生物型，另一个分蘖用于繁育种子。抗性检测时，对待测分蘖进行茎叶喷雾，使用剂量为精噁唑禾草灵的田间推荐剂量（62 g a.i./hm²），在推荐剂量下仍能够继续存活的为抗性植株，死亡的为敏感植株。抗性单株再通过 dCAPS 方法确定其为杂合突变型或纯合突变型，舍弃杂合突变型的抗性单株，保留纯合突变型的抗性单株。

将每个种群中确定为抗性纯合突变型和敏感型的分蘖分别用花粉罩隔离，避免花粉之间的传播。于翌年 5 月份收获第二代种子，此时 2 种生物型已经分离。将 2 种生物型茵草种子分别种植于塑料盆钵内，待生长至 3 叶期时，对抗性生物型个体喷洒精噁唑禾草灵的推荐剂量，以确保其中不含有敏感生物型个体。同时对仍存活的抗性单株进行 dCAPS 检测，确保其仍为纯合突变型。之后 2 种生物型个体移植至繁种池中继续生长，开花前覆盖花粉罩防止串种，于第三年收获成熟种子。最终，该研究获得了 3 对分别具有相同遗传背景的抗性种群与敏感种群（JYDX-1781SS 和 JYDX-1781RR，SHQP-2041SS 和 SHQP-2041RR，JYSC-2096SS 和 JYSC-2096RR）。

从分离出的种群（JYDX-1781SS 和 JYDX-1781RR，SHQP-2041SS 和 SHQP-2041RR，JYSC-2096SS 和 JYSC-2096RR）中随机挑选 50 株进行敏感性测定，发现：3 个敏感种群（JYDX-1781SS、SHQP-2041SS、JYSC-2096SS）中的 50 个单株均对精噁唑禾草灵敏感；3 个抗性种群（JYDX-1781RR、SHQP-2041RR、JYSC-2096RR）中的 50 个单株则均对精噁唑禾草灵产生抗性。使用 dCAPS 检测方法对其基因型进行研究，确定 JYDX-1781RR 种群中的 50 个抗性单株均带有 Ile-1781-Leu 纯合突变；SHQP-2041RR 种群中的 50 个抗性单株均带有 Ile-2041-Asn 纯合突变；JYSC-2096RR 种群中的 50 个抗性单株均带有 Gly-2096-Ala 纯合突变。至此，该研究中得到了 3 对具有相同遗传背景的抗性与敏感茵草生物型，且敏感种群中的单株均对精噁唑禾草灵敏感，而抗性种群中的单株则都带有靶标酶纯合突变。这些种群是研究生态适应性的理想材料。

生态适应性研究材料的基本要求是除了突变的抗性等位基因外，比较时所用的除草剂抗性和敏感生物型必须具有相同的基因背景。以遗传背景完全不同的 2 个杂草种群创建近等基因系通常需要杂草繁殖 5~8 代。南京农业大学除草剂毒理及抗药性实验室采用了一个不同的方法获得遗传背景相同的抗性与敏感茵草生物型。该方法主要是从同一个母系抗性种群中进行分离，通过鉴别出这个抗性种群中的抗性单株和敏感单株，并进行繁殖，从而获得大量种子。相较创建近等基因系获得遗传背景相同的抗性和敏感茵草种群，该研究中所用方法仅需繁殖 2~3 代即可，大大节约了时间。

种子萌发是决定杂草能否侵染农业生态系统的重要因素之一。目前在抗药性杂草适合度或生态适应性方面的研究工作中，由于未能控制好抗性与敏感材料的遗传背景，导致这些研究工作中有75%的研究都存在着缺陷。潘浪、董立尧等的研究中获得的3对分别具有相同遗传背景的抗性种群与敏感种群（JYDX-1781SS和JYDX-1781RR，SHQP-2041SS和SHQP-2041RR，JYSC-2096SS和JYSC-2096RR），除了抗性与敏感茵草种群之间有靶标酶ACCase上的点突变外，其分别分离自同一抗性种群，生长繁殖环境也都是一模一样，遗传背景近乎一致。这是研究生态适应性的理想材料，也足以保证用这些材料研究抗性与敏感茵草种子的萌发特性，发现的差异仅与其在靶标酶ACCase上的突变相关。

（2）抗性和敏感茵草生物型种子生物学特性的研究。对抗性和敏感生物型茵草在不同环境条件下的种子萌发情况进行了研究，发现在温度、光照、酸碱度、盐胁迫等不同环境条件下，7个茵草生物型最终的萌发率均相似，这表明在这些环境条件下抗性生物型与敏感生物型并无显著性差异。而水势胁迫对抗性与敏感茵草种子的最终萌发率影响较大。当水势在-0.2 MPa和-0.3 MPa时，JYDX-1781SS生物型的最终萌发率高于JYDX-1781RR生物型。当水势在-0.4 MPa时，JYDX-1781SS生物型的最终萌发率显著高于JYDX-1781RR生物型，而SHQP-2041SS生物型的最终萌发率则显著低于SHQP-2041RR生物型的最终萌发率。当水势在-0.5 MPa时，JYSC-2096SS生物型的最终萌发率显著高于JYSC-2096RR生物型，而JYDX-1781RR生物型则没有萌发。此外在所有检测的条件下，JYDX-1781RR和JYSC-2096RR生物型的t_{E50}分别高于JYDX-1781SS和JYSC-2096SS生物型，表明这2个种群萌发较慢。与之相反的是，SHQP-2041RR生物型的t_{E50}低于SHQP-2041SS生物型，表明该生物型萌发较快。

不同茵草生物型的适宜萌发温度范围广，且在几种光照条件下均能顺利萌发，这表明茵草的萌发对于温度和光照的要求并不高。此外，茵草研究还发现同其他杂草相似，茵草也可以在较大的pH范围内萌发。而长江流域地区，如安徽、江苏等地的小麦田，田间土壤的pH从4到9不等，该研究发现所检测的茵草生物型均能很好地适应该pH环境。盐胁迫也对植物生长有着不利的影响，盐分中的钠离子可以在离子交换过程中取代钙和镁，从而改变土壤的肥力和结构，进而使得植物的生长受到影响。该研究中发现在大多数盐胁迫的条件下，7个茵草生物型最终萌发率和萌发时间均相似，这表明盐胁迫对茵草的萌发并无太大影响。

水势胁迫是影响许多杂草种子萌发的重要因素。在茵草研究中，不同抗性茵草生物型与其对应敏感生物型在不同的水势条件下萌发率也存在较大差异。当水势为-0.2 MPa和-0.3 MPa时，JYDX-1781SS生物型的最终萌发率高于JYDX-1781RR生物型。当水势为-0.4 MPa时，JYDX-1781SS生物型的最终萌发率显著高于JYDX-1781RR生物型的最终萌发率，而SHQP-2041SS生物型的最终萌发率则显著低于SHQP-2041RR生物型的最终萌发率。当水势为-0.5 MPa时，JYSC-2096SS生物型的最终萌发率显著高于JYSC-2096RR生物型的最终萌发率，而JYDX-1781RR生物型不能萌发。这表明带有1781RR突变和2096RR突变的抗性茵草种群对水势的耐受能力较差，萌发会受到抑制；而带有2041RR突变的抗性茵草种群则对水势的耐受能力明显强于其他种群。已知杂草中最为常见的靶标酶ACCase突变是I1781L突变，茵草中这一反常的结果很有可能是由于茵草中I2041A突变导致产生了较强的水势耐受能力及较快的萌发速率。

（3）抗性和敏感菵草生物型种子生物学特性差异机理研究。为探究 *EXP* 基因是否与菵草的萌发速率相关，从菵草中分离出 3 个 *EXP* 基因：*EXPA7*（NCBI 登录号为 KX859241），*EXPA10*（NCBI 登录号为 KX859242），*EXPB7*（NCBI 登录号为 KX859243）。对这 3 个基因的表达量进行研究发现，*EXPA7* 和 *EXPA10* 基因的表达在不同菵草生物型之间没有差异。而 *EXPB7* 基因在 AFCJ、JYDX－1781SS、SHQP－2041SS、JYSC－2096SS 生物型之间无显著性变化。但在 JYDX－1781RR 生物型中，*EXPB7* 基因的表达比在 JYDX－1781SS 生物型中低；在 SHQP－2041RR 生物型中，*EXPB7* 基因的表达比在 SHQP－2041SS 生物型中高 7.03 倍；在 JYSC－2096RR 生物型中，*EXPB7* 基因的表达比在 JYSC－2096SS 生物型中低，其模式与不同菵草生物型的萌发速率及在不同水势条件下的最终萌发率结果一致，这表明 *EXPB7* 基因的表达可能与这两者相关。

ACCase 基因与杂草对精噁唑禾草灵抗性相关，它在杂草脂肪酸合成途径中具有重要作用。因而在该基因上的突变可能会导致杂草一些功能的改变，如下游某些基因对种子萌发有影响。已有研究发现，杂草对除草剂的抗性与该杂草种子的萌发速率有关，但这种关联的原因尚不清楚。*EXP* 基因广泛分布于植物体内，并被认为在植物生命周期的各个方面都有功能。也有 *EXP* 基因被发现会受到高温或干旱胁迫的影响。Yan 等发现 *AtEXP2* 基因在拟南芥中的种子萌发过程中参与了其对水势渗透胁迫的响应。在菵草研究中首次鉴定出菵草的 3 个 *EXP* 基因（*EXPA7*、*EXPA10*、*EXPB7*），并对其在不同菵草生物型中的表达模式进行分析，发现：*EXPB7* 基因在 SHQP－2041RR 菵草生物型中的表达，比其在 SHQP－2041SS 中要高；而在 JYDX－1781RR 和 JYSC－2096RR 菵草生物型中，*EXPB7* 基因的表达则比其对应敏感生物型要低。*EXPB7* 基因在不同菵草中的表达模式，也与这些菵草种群在不同水势条件下的最终萌发率结果一致。这表明在菵草种子萌发过程中，*EXPB7* 基因可能与带有不同 ACCase 靶标酶基因突变的抗性菵草对水势胁迫的响应有关。

在抗 ACCase 抑制剂类除草剂杂草研究中，已发现带有 ACCase 1781－Leu 突变的种子萌发会较慢。该研究中同样发现带有 ACCase 1781－Leu 突变的菵草种子萌发比带有 ACCase 1781－Ile 的种子慢，且带有 ACCase 2096－Ala 突变菵草种子的萌发也会延迟，而带有 ACCase 2041－Asn 突变菵草种子的萌发则会加快。杂草种子的萌发延迟，可能会使该杂草在长势竞争上处于不利地位，因为萌发推迟会致其很难同正常生长的植物竞争足够的光照和营养。但是，萌发延迟也可以作为抗性杂草的一种优势，这一特性可帮助延迟萌发的杂草躲过田间早期的除草剂喷施，从而正常生长。

同样在拟南芥 *AtEXP2* 基因的研究中发现，该基因不仅与拟南芥种子在不同水势条件下的萌发率有关，还参与调控拟南芥种子萌发速率。而番茄种子萌发的快慢同样与其细胞壁的扩张有关。该研究中也发现带有不同 ACCase 靶标酶基因突变的抗性菵草的萌发速率也与其 *EXPB7* 基因的表达模式一致。这说明菵草的 *EXPB7* 基因不仅与菵草对水势胁迫的响应有关，也有可能参与调控菵草的萌发速率。

在菵草研究中发现，在不同的外界环境条件下，3 种带有不同 ACCase 靶标酶基因突变的抗性菵草具有不同的萌发特性，且其萌发速率有快有慢。特别是在水势胁迫下，这 3 种菵草生物型的最终萌发率差异明显。该研究对指导农户田间用药有着重要的意义，例如，发现带有 ACCase 1781 - Leu 突变和 2096 - Ala 突变的抗性茵草种子较普通敏感茵草种子萌发要慢，那么在治理带有该类靶标突变位点的抗性茵草种群时，农户应当注意用药时间稍晚些，待其种子均出苗后再喷施除草剂。

3. 抗精噁唑禾草灵鬼蜡烛的适合度代价

（1）非生物胁迫下鬼蜡烛种子生物学特性的研究。植物种子萌发受休眠和各种环境因子的共同控制。一个有生命力的种子在非休眠状态下，萌发需要的环境条件包括充足的水分、适宜的温度和必要的光照。

通过对鬼蜡烛种子休眠特性的研究表明，新采集的鬼蜡烛种子在室温干储 30 d 后萌发率超过 90%，即鬼蜡烛种子有 30 d 左右的短期休眠，不同存储方式导致解除休眠的时间不同。研究了温度、光照、酸碱度、水势、盐分对鬼蜡烛种子萌发以及播种深度对其出苗影响。在恒温条件下，鬼蜡烛种子在 10～25 ℃ 均可萌发，15～20 ℃ 最为适宜，低于 5 ℃ 或高于 30 ℃ 时不能萌发；在变温条件下，除 10/5 ℃ 和 30/20 ℃ 处理外，25/15 ℃、25/10 ℃、20/15 ℃、20/10 ℃、15/5 ℃ 处理萌发率均达到 88% 以上。光照刺激不是鬼蜡烛萌发过程的必要条件，且不同光照周期对其萌发率无显著影响。在 pH 为 4～10，鬼蜡烛萌发率均达到 95% 以上，表明 pH4～10 对鬼蜡烛种子萌发没有抑制作用。鬼蜡烛种子萌发对水势和盐胁迫具有一定耐受力，溶液水势下降至 −0.41 MPa 或 NaCl 浓度达到 113 mmol/L 时，萌发率仍可达到 50%。鬼蜡烛在土表时出苗率最高，随着播种深度的增加，出苗率逐渐降低，当播种深度达到 4 cm 时不能出苗，播种深度达 6 cm 处的种子仍能萌发但不能出苗。通过种子含水率的研究发现，新采集的鬼蜡烛种子含水率较低，平均含水率为 10.9%。通过结实调查可知，自然田间鬼蜡烛平均穗长为 (5.46±0.13) cm，每穗粒数 (474.30±16.55) 粒，平均株高 (58.83±1.81) cm，有效分蘖数 (4.20±0.34) 株，千粒重 0.166 5g，容易随风、水或人类活动传播到更大的范围。

（2）非生物胁迫下鬼蜡烛幼苗生物学特性的研究。植物并非总是生活在适宜的环境中，经常受到复杂多变的逆境胁迫。植物的抗氧化酶系、可溶性蛋白以及叶绿素会因逆境胁迫发生变化。例如，刘媛媛的研究发现在高温胁迫下，水稻剑叶的总叶绿素含量、光合速率和蒸腾速率等均有所下降，光合能力降低，可溶性蛋白含量升高，抗氧化酶 SOD、POD 等的活性显著降低，细胞清除活性氧能力被削弱；杨颖丽等对耐盐性不同的 2 种小麦幼苗做盐胁迫处理后，发现两者叶片的相对含水量、叶绿素 a、叶绿素 b 以及叶绿素总量均有所减少。

吴晗等通过鬼蜡烛幼苗对温度、水势和盐胁迫的适应性研究，相关指标变化情况为：在 35 ℃ 高温胁迫下，鬼蜡烛幼苗叶绿素含量一直下降，可溶性蛋白量先下降后升高，SOD、POD 活性会在前 3 d 内大量升高而后缓慢回落，SOD 变化先于 POD，CAT 活性变化不大，少量升高后呈下降趋势；在 0 ℃ 低温胁迫下，叶绿素含量先快速上升后略有下降，可溶性蛋白量先显著上升后恢复正常水平，SOD、POD 活性先大量升高而后逐渐回落至正常，POD 变化先于 SOD，CAT 活性先少量升高后下降，并且鬼蜡烛对低温胁迫的耐受力高于高温胁迫；在 200 mmol/LNaCl 盐胁迫下，鬼蜡烛叶绿素和可溶性蛋白含量随处理时间显著上升，SOD、POD、CAT 活性均会上升，SOD 活性前期较为稳定，至第五天后显著升高，POD 活性自第一天开始升高并一直保持，CAT 活性先升高后降低，但变化较小；－0.8 MPa水势胁迫下，鬼蜡烛叶绿素和可溶性蛋白含量会随着处理时间增加而升高，SOD活性先下降后逐渐升高而后又下降，POD、CAT活性均先增加后降低。

可溶性蛋白是植物体内重要的渗透调节物质，可以帮助植物细胞在面对逆境胁迫时维持适宜的渗透势，延缓植物细胞渗透压的改变。抗氧化酶系是清除植物体内活性氧的重要系统。当植物遭受环境胁迫时，抗氧化酶可通过清除体内多余活性氧、使细胞膜系统中的不饱和脂肪酸避免被过氧化，维持细胞膜的稳定性。可以说，可溶性蛋白的多少与抗氧化酶的活性可以作为衡量植物抗逆能力的指标。在试验中各种胁迫下，鬼蜡烛的可溶性蛋白含量均保持上升趋势；抗氧化酶SOD、POD的活性呈快速上升趋势，说明SOD、POD是决定鬼蜡烛抗逆能力的关键抗氧化酶。试验中也发现在水势和盐胁迫下，鬼蜡烛植株生长并未受到明显的抑制，植株大小与颜色无显著差异。这些都表明，鬼蜡烛幼苗对逆境胁迫的适应能力较强，在一定的低温、盐和水势的胁迫下依然能通过调节自身活性物质来抵抗逆境胁迫。

第五章
抗精噁唑禾草灵杂草治理

一、抗性杂草的治理原则

近年来，杂草抗药性问题已成为制约农田杂草治理的关键因子。抗药性杂草发生蔓延迅速，且多种杂草已产生了明显的交互抗性和多抗性，这对杂草的防除带来了严峻的挑战。抗性杂草的出现与单一作物连作、农田少免耕栽培技术推广、除草剂的长期单一使用等密切相关，制定和实施预防抗性杂草产生与控制抗性杂草发展的综合治理措施是一项急迫的任务。

杂草抗药性的治理要始终坚持"预防为主、综合治理"的方针和理念，要在科学、合理使用化学除草剂的基础上，贯彻综合治理的理念，将化学除草与物理措施、农艺措施、生物防治技术等有机结合，建立综合治理体系，减轻任何单一措施，尤其是化学除草所形成的选择压。一方面，要注重预防、延缓杂草抗药性的产生，这比抗药性杂草发生后再进行防除更容易，也更经济有效；另一方面，对于已经发生的抗药性杂草，要及早鉴定和控制抗药性杂草，防止其进一步蔓延。为此，必须把握以下原则。

1. 及时明确杂草的抗药性状况　在发现使用的除草剂对杂草防效降低或无效时，及时采用科学的方法鉴定杂草对所用除草剂的敏感性水平变化状况，评价其对所用除草剂的抗性水平。如果经过系统测定发现该杂草对所用除草剂已产生明显抗药性，则需要进一步测定该杂草种群对作用机理相同的除草剂品种的交互抗性及作用机理不同的除草剂品种的多抗性状况，进而解答"某杂草对哪些除草剂产生抗性，其抗性程度如何"的问题，为治理抗性提供理论基础。

2. 充分利用耕作栽培等农艺措施　耕翻和轮作等耕作栽培措施对杂草的发生具有不同的影响。合理的耕作可有效降低杂草发生量，但播种前耕翻也有促进杂草萌发的可能，可在播前耕翻后施用抗性风险低、灭生性除草剂而降低杂草基数，以达到有效治理抗耐性杂草的目的。另外，在不耽误播种的条件下进行播前浅耕结合除草剂灭草，免少耕与常规耕翻轮换，作物生长期间适当中耕，压低杂草密度，均可有效预防抗耐药性杂草发生危害。郭小刚等研究发现免耕田杂草密度比传统耕作田高 22.1%，而年年浅耕（15～20 cm）可有效降低杂草的发生量。高宗军等研究表明，与旋耕区相比，免耕区多年生杂草种类显著增多。目前，耕翻将鼠尾看麦娘籽实埋入土中，降低其萌发出苗率，已成功应用于欧洲抗性鼠尾看麦娘生物型的综合防治。耕翻可以增加埋入土层杂草种子数量，降低农田杂草的发生种类及发生量，有利于减少化学除草剂的使用量，减小除草剂的选择压力，有利于降低杂草种群中抗性生物型的比例，是预防抗药性杂草危害的基础。

许多恶性杂草与特定的作物和特定的种植模式有着密切的关系，合理轮作更换作物种类，改变其种植模式，发展更具竞争力的种植体系，降低杂草对环境的适应性和竞争力，可有效防治抗药性杂草的发生。作物轮作能避免栽培系统中使用单一除草剂，从而延缓抗性杂草的产生；合理轮作可降低伴生抗性杂草的适应性，控制其发生量，并为轮用作用靶标不同、残效期较短、选择压较低的除草剂创造前提条件；与竞争力强的作物轮作可降低抗性杂草的发生量。轮作的年限取决于土壤种子库中抗性和敏感性杂草种子的数量、寿命、两者的比例变化情况及与栽培方式间的关系。作物类型和种植模式的多样性可直接或间接降低杂草生物量。紫苜蓿与杂草的竞争及紫苜蓿生长中期收割制作牧草的农作特性可有效降低野燕麦的生物量，种植紫苜蓿3～6年后种植谷物类作物发现，野燕麦密度降低了96%。Pearce与Holmes研究发现，牧草田于杂草开花结籽期放牧后种植小麦，黑麦草生物量下降了88%～96%。1979—1998年春小麦田连续施用野燕畏18年后发现抗野燕畏的野燕麦生物型，而在相同时间内，休闲与小麦轮作的田中施用野燕畏10次后则无抗野燕畏的野燕麦生物型产生。2005年加拿大销售的除草剂50%以上标注可应用于抗性治理的商标及其使用说明，促进了作物的轮作及除草剂的轮用，降低了抗耐药性杂草生物型的危害。不同作物轮作还可通过改变伴生杂草种类，不用已产生抗性的除草剂，为轮用不同作用靶标的除草剂提供条件，达到治理抗性杂草的目的。

此外，通过作物的密度、空间分布、品种、播种时间的调整，尽早地使作物在生长季节对空间的占有率最大化，降低杂草对作物的竞争能力，也可有效抑制抗药性杂草的危害。5月初以12～192株/m²的密度盆钵种植红花（Carthamus tinctorius），狗尾草生物量随着作物密度的增加而逐渐下降。Lutman与Dixon（1986）研究发现随着播种期的推迟，自生大麦密度逐渐增加，而欧洲油菜（Brassica napus）产量逐渐下降。但也有部分作物的种植期适当延后可有效控制杂草危害，提高作物产量。Harvey与Mcnevin（1990）研究发现，于5月中旬种植玉米和甜玉米，作物产量及杂草稷（Panicum miliaceum）的控制率均显著高于4月下旬种植的作物田。不同的措施可对作物及杂草的竞争力产生不同的影响，田间实际操作时应视具体情况，采用特定的措施增加作物的竞争力，减少杂草的危害。

3. 正确轮用或混用除草剂 施用除草剂可以防除田间杂草，但长期单一施用除草剂，以及除草剂使用的剂量不合理或施用时气候条件不适宜等，既会加速抗药性杂草的产生和发展，也可能造成作物的药害，所以要科学合理地施用除草剂，在研究清楚杂草抗药性机理的基础上，明确抗性杂草的交互抗性和多抗性，科学界定针对该抗性杂草应禁用或限用的除草剂类别或产品，选择合适的除草剂，采取轮用或混用除草剂，避免抗性杂草进一步蔓延危害。另外，也要充分考虑在田间推荐剂量范围内喷施除草剂，根据杂草的防治经济阈值进行防除，避免见草就用药、加量用药和除草务尽等情况。

（1）除草剂的合理轮用。长期单一使用某一种除草剂或作用于同一靶标位点的除草剂是导致杂草抗药性产生的主要原因。因此，轮用作用靶标不同、选择压较低的除草剂是合理使用除草剂、延缓和预防杂草抗药性产生的重要环节之一。在一个地区使用某一种或某一类除草剂时，由于除草剂的选择作用，该地区杂草群落中抗药性杂草生物型的比例会逐渐上升，导致抗药性快速发展。年内或跨年交替轮换使用不同作用机理的除草剂时，由于抗药性杂草生物型的适合度通常低于敏感杂草生物型的适合度，杂草群落中稍有上升的抗性杂草生物型受不同作用机理除草剂的抑制而恢复到用药以前的水平，进而控制抗药性杂草的快速蔓延。轮用除草剂在特定除草剂停用的年份可以利用适合度的差异来抑制抗性个体的增长速率，从而延缓抗药性的产生。若轮用的作用靶标不同的除草剂防效良好，即使抗性杂草最初发生比例较高的除草剂，也可以长期有效。相反，连续使用单一除草剂较易发生抗药性杂草，即使在轮作条件下，在同一生长季节的轮作作物（如小麦、油菜）中使用作用靶标相同的单一除草剂也无助于延缓抗性。

目前，不同作用方式除草剂的合理轮用，已成功应用于延缓和治理多种靶标抗性机制形成的杂草生物型之中，如北美地区抗三嗪类除草剂杂草、印度抗异丙隆小花蘋草、加拿大抗 ACCase 抑制剂类除草剂野燕麦、澳大利亚抗 ACCase 抑制剂类除草剂瑞士黑麦草、美国南部抗 ALS 抑制剂类除草剂欧洲苍耳（*Xanthium marium* L.）、澳大利亚抗 ALS 抑制剂类除草剂野萝卜（*Raphanus raphanistrum* L.）、日本抗 ALS 抑制剂类除草剂母草属（*Lindernia*）杂草、欧洲作物田抗 ALS 抑制剂类除草剂杂草等。

除草剂轮用可有效降低杂草抗药性的发生频率，延缓抗药性杂草的产生。生产中，应避免长期单一使用某种除草剂，特别是发现当在其田间推荐用量下，对该除草剂的防治效果明显下降，并经测定证实了杂草对该种除草剂产生了抗药性，不应采用增加用药量的方法来提高防治效果，而应采用另一类作用方式除草剂进行交替轮换使用，且应注意交替轮换的除草剂品种间不应存在交互抗性及多抗性。

（2）除草剂的合理混用。由 2 种以上作用靶标不同、药效和持效期相似、对抗性具有不同选择压，但作用对象相似的除草剂混合使用可明显降低抗药性杂草生物型的发生频率，延缓或阻止抗性的发展，同时可达到扩大杀草谱、增加药效、提高对作物的安全性、降低对后茬作物的危害等目的。2001—2003 年在加拿大西部调查发现，施用复配剂有效地延缓和治理了抗 ALS 抑制剂类除草剂的阔叶杂草。在北美地区单用三嗪类除草剂，藜属和苋属杂草极易产生抗药性，但连续施用莠去津（三嗪类）和氯乙酰胺类除草剂的复配剂 20 年后仅发现有较少的抗性生物型产生。在美国中部稻田施用二甲戊灵与敌稗复配剂延缓了抗敌稗的光头稗生物型产生。

具有增效作用的除草剂复配也可有效地延缓和治理抗性杂草。氨基甲酸酯类除草剂和有机磷类除草剂可竞争抑制敌稗代谢酶芳基酰基酰胺酶（Ary acylamidase，EC 3.5.1.13）活性，其与敌稗复配可有效防治抗性稗。在哥斯达黎加和哥伦比亚，敌稗与哌草磷或莎稗磷的复配剂用于防治水稻田抗性稗已得到广泛应用和推广。

但是，除草剂不科学混用具有产生多抗性的风险，只有在明确不同作用方式除草剂的抗性风险基础上，加强杂草抗性基本规律的研究才有利于延缓或阻止多抗性的产生。

（3）除草剂的精确用量。为了降低成本或增加药效，田间施用除草剂的实际量常常低于或高于其田间推荐剂量，而如何合理选用除草剂施用剂量尚存在一定的争议。Neve 和 Powles 报道，低剂量处理导致了大量瑞士黑麦草的存活，促进了除草剂抗性的迅速发生。低剂量施用除草剂在杀死大部分杂草的同时，依然有部分杂草存活，从而促进了高抗性及低抗性靶标酶等位基因的选择，尤其是异花授粉杂草更易发生抗性。但是除草剂的高剂量施用虽然可以防除几乎所有靶标恶性杂草，却选择产生了高抗性的靶标等位基因。因此，不同地区田间防除杂草应根据当地具体草相情况，合理选择除草剂施用剂量，达到科学治理抗药性杂草的目的。

（4）准确运用除草经济阈值，控制除草剂的使用。敏感个体的存在会降低抗性种子所占比例，同时，也有利于抗性个体与其进行异交，产生杂交后代，该"异交种"会降低除草剂的选择压。因此，不同地区、不同田块何时进行除草以及需要除草的次数应根据生态经济阈值确定，只要在最佳经济阈值水平上使用，达到一定的控草增产效果即可，不求见草就除、除草务尽。

4. 谨慎使用耐除草剂的转基因作物品种或非转基因资源作物品种　耐除草剂作物拓宽了部分除草剂的使用范围，减少了作物药害，为杂草防治提供了新的手段。科学使用耐除草剂的转基因作物品种或非转基因资源作物品种可有效治理抗性杂草，但由于可能存在耐除草剂基因漂移、环境与生态潜在风险等问题，需要谨慎种植耐除草剂的转基因作物品种或非转基因资源作物品种。

5. 保持物种的多样性　保持物种的多样性，是科学治理抗药性杂草，保持生态平衡的重要措施。从生态经济学角度科学管理杂草，减少除草剂的使用，通过生态适应、作物与杂草及杂草物种间竞争等措施，降低抗药性杂草生物型的比例，达到防除抗药性杂草的目的。

杂草抗药性的产生受多种因素的影响，不同的防治措施可对不同因素进行调整，从而对杂草及作物产生不同的影响。多种防治措施的综合运用已成为当今应对杂草抗药性迅速发展的重点，农业生产中应综合运用多种防治措施，以达到农业及生态的可持续发展。

二、抗性杂草的检测方法

杂草的抗药性水平是衡量杂草抗药性发生程度的重要信息，通常通过剂量反应计算出除草剂抑制杂草生长 50% 的剂量（即 GR_{50}）。通过计算得到某种除草剂对疑似抗性杂草和敏感杂草的 GR_{50}，可进一步得到杂草的抗性指数（Resistance index RI），即抗性杂草生物型 GR_{50}/敏感杂草生物型 GR_{50}。抗性指数的大小可定量地表示出杂草的抗性水平。Beckie 等在 2012 年提出了杂草抗性的分级标准：敏感，RI<2；低水平抗性，2≤RI≤5；中等水平抗性，6≤RI≤10；高水平抗性，RI>10。南京农业大学除草剂毒理及抗药性实验室董立尧教授于 2005 年总结提出了适应于我国杂草抗药性研究的分级标准：敏感，RI≤2；敏感性水平下降，2<RI≤4；低水平抗性，4<RI≤10；中等水平抗性，10<RI≤30；高水平抗性，30<RI≤150；极高水平抗性，RI>150。本书抗性杂草分级标准照此执行。

1970 年美国学者 Ryan 首次公开报道了欧洲千里光对三氮苯类除草剂西玛津和莠去津产生了抗性，提出了整株植物测定方法，标志着杂草抗药性生物测定方法的诞生。随着科学研究的深入和科学技术的创新，杂草抗药性检测方法不断发展，常规鉴定杂草抗药性技术有如下几种。

1. 生物测定法 生物测定是目前应用最为广泛的抗药性杂草检测方法，无论是幼苗、成长植株等整株材料，还是种子、分蘖、花粉等杂草器官，均可用于抗药性检测。

（1）幼苗检测法。将除草剂设置为一系列梯度浓度，把预先催过芽的的杂草种子（胚根长 3～5 mm）置入放有除草剂的培养皿中，放入光照培养箱中培养，6 d 后测量幼苗根长、苗长和胚芽鞘长，计算杂草抗性水平。

（2）整株生物测定法。整株生物测定法是除草剂抗性治理委员会（Herbicide Resistance Action Committee，HRAC）推荐的一种主要检测方法，一般所使用的方法为 Ryan法。基本操作为：对采集的杂草种子进行温室盆栽，在播后苗前或苗后适宜时期进行药剂处理；药剂设置不同剂量或浓度梯度，药后适宜时间，调查合适指标计算抑制率，依据除草剂剂量与杂草抑制率的对应关系，进行抑制作用评价，并与敏感对照比较，以确定抗性水平。可用于抑制作用评价的指标有出苗率、药害指数、植物的鲜重、干重、株高和根长。测定中条件如一致，鲜重比干重更有意义，因为新死亡的和坏死的植株可能和绿色健康的植株干重相同。选择适当的评价指标至关重要，卢向阳等在测定甲草胺、乙草胺、丙草胺等 3 种酰胺类除草剂抑制作用时，发现根长与除草剂浓度的相关性不如茎长，因此，每一种检测方法的评价指标应该通过试验确定。该方法操作简单，经济实惠，具有普遍适用性，可大批量同时进行的优点，在实际研究中应用较为普遍。1970 年 Ryan 最早使用这一方法鉴定并证实了欧洲千里光对三氮苯类除草剂西玛津和阿特拉津的抗药性；1987 年，Moss 采用此方法证实英格兰 3 个鼠尾看麦娘种群对绿麦隆存在抗药性；1998 年，Lopez等用这种方法证实稗对敌稗产生了抗药性。2005 年南京农业大学除草剂毒理及抗药性实验室杨彩宏等利用整株植物测定法研究了江苏、安徽 11 个点油菜田日本看麦娘对高效氟吡甲禾灵的抗药性，并用同样的方法进行了相关药剂交互抗性的测定，发现句容点的日本看麦娘对此药剂产生了明显抗性，并对芳氧基苯氧基丙酸酯类其他药剂产生了不同程度的交互抗性。

通常采用"剂量反应曲线"进行毒力评价，这种评价方法要求设置多个浓度梯度，工作量大，费时费力，又要求足够的试验空间。为了更快速地检测杂草抗药性，并减少工作量，Beckie 等提出了甄别剂量，即用一个足以使 80% 敏感植株致死又能明显区分抗性和敏感种群的最低剂量检测抗性杂草。由于测试对象（杂草和除草剂）不同，检测方法不一，因此所用的甄别剂量也不同。

在此基础上，根据不同实际需求，科研工作者对生物测定方法进行改进，使其更方便快速。Cutulle 等用水培生测法来检测早熟禾对氟乐灵和二甲戊灵的抗药性，温室正常生长的植株剥分蘖，根和茎均留 3 cm，然后移入含不同浓度药液的营养液中培养，一定时间后测量根长以判断抗性水平。该方法可以用于检测杂草对根生长抑制剂的抗药性。Boutsalis 建立一种方法可以在作物生长季节不需要采集种子而进行抗药性检测，可以更方便地指导除草剂的使用。该方法的基本操作是：作物生长时从田间采集杂草幼苗，剥离分蘖后移入盆钵中，喷药后放入温室进行生长，药后调查结果评价抗性水平。

RISQ（Syngenta Resistance In-Season Quick）测定法：RISQ 是另外一种杂草抗药性检测方法，该方法的基本操作是在苗后除草剂施药前采集 1～3 叶龄疑似抗性的禾本科杂草幼苗，移栽到配有一定浓度除草剂的培养基中，移栽后 7～12 d，观察记录杂草是否长出新根新叶，与标准敏感杂草植株进行比较，评价抗性水平。该方法可以在季节前进行检测，在除草剂应用前预测抗药性，从而有效地指导除草剂的选择，具有简单、快速、成本低和应用广泛的优点。邹红梅等在此方法基础上进行改进，建立了茵草对 3 种 ACCase 抑制剂（精噁唑禾草灵、高效氟吡甲禾灵、炔草酯）抗药性的琼脂快速检测方法，通过观察新生根率变化来判断植株是否存活，只需 4 d，显著缩短检测时间，且该法实验结果与整株测定法结果有很好的相关性，田间应用可以及时指导农民科学选药，对有效治理茵草具有现实意义。

（3）种子生物测定法。种子生物测定法基本操作是将催芽的杂草种子放在加入药剂的琼脂平面或浸药的滤纸上培养，一定时间后，通过测定发芽数、主根长、芽长或胚芽鞘长、鲜重等指标诊断抗药性水平。具体采用的指标应根据预试验结果来确定，主要依据试验结果的稳定性和相关性，以及容易测定等。应用较多的是主根长测定法。2000 年 Tal 等用此方法证实了鼠尾看麦娘对 ACCase 抑制剂类除草剂存在抗性；野燕麦对精噁唑禾草灵、麦草伏及咪草酯产生抗药性也是通过此方法而鉴定的。2007 年杨彩宏等在研究油菜田日本看麦娘对高效氟吡甲禾灵的抗药性中使用了培养皿种子检测方法，结果与整株植物测定法趋势一致，结果相符。2008 年丁君等采用培养皿种子检测法测定了再生烟草种子对苯磺隆的抗性，以及对烟嘧磺隆、噻吩磺隆、嘧硫草醚和莠去津的交互抗性，发现经苯磺隆抗性选育的再生烟草抗性显著提高，并且对这 4 种除草剂存在不同程度的交互抗性。该方法具有经济实用、简单易操作和相对快速的优点，但并不适用于所有除草剂，它要求供试种子有较高的发芽率和发芽势。所以在实际应用中，应根据实验药剂的施药方式、药剂特性和作用机理等有选择性地使用该方法。

（4）分蘖检测法。将种子种植在粗沙和泥炭（1∶3，体积比）的混合物中，置于温室或光照培养箱中培养生长。选择 3 叶期（第三叶未充分展开）生长的分蘖，小心地除去根，把分蘖放在不同浓度的除草剂溶液中，48 h 后，通过比较第三叶坏死程度评价除草剂对其的影响，从而确定杂草的抗药性程度。2000 年 Kim 等在研究稗对敌稗和精噁唑禾草灵的抗药性时发现，根据分蘖的坏死程度可以快速检测抗性和敏感杂草生物型。

（5）花粉粒检测法。按照分蘖检测法种植杂草种子，剪取具花药的刚从颖片抽出的穗，将其转移到盛水的烧杯中，为了诱导释放足够的花粉量，把材料放在距冷光 20 cm 的地方，把花粉振摇到 0.25% 固体琼脂培养基上，该培养基含有一系列不同浓度的精噁唑禾草灵，然后把培养基倒入塑料培养皿中，在 30 ℃ 湿润环境下培养 2 h。用显微镜（200 倍）检查花粉萌发情况。萌发花粉计数以花粉管长度至少达半个花粉粒长度为准。在时间和剂量的最适选择下，根据萌发花粉数的多少来判定抗性和敏感性生物型。该方法耗时短，可以用于田间正在生长杂草的快速抗性检测。Letouze 等用此方法证实鼠尾看麦娘对 ACCase 抑制剂类除草剂存在抗药性。2007 年 Burke 等用花粉粒萌发法研究了石茅对 ACCase 抑制剂类除草剂的抗药性，发现用烯草酮处理 6 d 后，抗性和敏感生物型在 500 nm 处的吸光度存在差异。

（6）抗性及敏感植物组织或器官的形态结构比较鉴定法。Joseph 等通过观察除草剂处理后抗性与敏感杂草在长势、高度和叶片发育状况等方面的差异粗略鉴定杂草抗性；Vaughn 通过根尖、茎尖、花粉母细胞的压片、组织的石蜡切片和电镜技术鉴定杂草的抗药性。

2. 生理生化测定方法　很多除草剂可干扰植物的氨基酸和蛋白质的合成或其他生理生化反应，使植物在形态、生长、发育及代谢等方面发生变化，抑制生长或死亡、抗药性杂草在使用除草剂后的生理生化反应与敏感种群相比可能会有变化，应用这些变化可以进行抗药性杂草的检测，这就是抗药性杂草的生理生化测定方法，包括光合速率测定法、呼吸速率测定法、叶绿素荧光测定法、吸收和输导测定法以及酶活与代谢测定法等。

（1）希尔反应测定。离体叶绿体在光照下进行水解同时放出氧气的反应称为希尔反应。利用希尔反应进行氧的释放测定也可进行抗药性鉴定。Menendez 等从株龄为 4 周的鼠尾看麦娘植株分离出叶绿体，以 ferry‐cianide 作为氢受体，用 Clark 型氧电极测定氧的释放，并计算希尔反应抑制百分率和除草剂浓度的对数值，从而判定杂草是否产生抗性。

（2）叶片内叶绿素荧光测定法。在黑暗的条件下用闪光灯照射光合作用抑制剂类除草剂处理过的叶片时，叶绿素 a 吸收的光能在光合作用过程中进行的电子传递过程被中断，捕获的光能不能往下传递，叶绿素 a 处于激发态，以荧光的方式释放能量。通过测定叶绿素 a 发射荧光的强度，确定杂草抗药性和敏感生物型。目前，其主要方法有 Ducruet、Gasguea 氏法和 Ahrens 法。1992 年 Lehoczki 等用相同浓度的百草枯处理抗性和敏感性小蓬草生物型后，两者均快速表现出典型的百草枯药害症状，CO_2 固定和叶绿素荧光受到抑制、氧释放减少、己烷生成受到刺激，不同的是百草枯对敏感生物型的抑制不可逆转，而抗药性生物型植株在光照中得到恢复，而且光照强度的增加对叶绿素荧光的恢复作用非常明显。

（3）离体叶绿体技术测定法。抗药性杂草的类囊体膜上的光系统 Ⅱ 成分发生了改变，从而导致光系统 Ⅱ 还原端的电子传递反应发生改变。通过酶解法提取叶绿体，并测定离体叶绿体的光还原反应（希尔反应和荧光反应）来鉴定待测杂草的抗药性。叶绿体的提取采用的是酶解法，离体叶绿体光还原反应的测定包括希尔反应和荧光反应。希尔反应是将叶绿体提取，放入希尔反应介质中，有氧化剂二氯酚靛酚（DCPIC）存在时，在光照下会放出氧气，同时将氧化剂还原。荧光反应是通过测定叶片中荧光强度来鉴定光系统 Ⅱ 的功能。叶绿体荧光测定须在黑暗中进行，蓝色闪光照射叶绿体悬浮液，叶绿素发射荧光，用光电极管测定发射的荧光，并记录在记录仪上。此外，还可以通过测定叶绿素含量的变化检测抗药性。1990 年 Joseph 等研究表明，野燕麦对苯氧羧酸类除草剂禾草灵的抗药性生物型和敏感性生物型叶片内叶绿素 a 和叶绿素 b 的含量表现不同。

（4）叶圆片浸渍技术测定法。首先将叶圆片浸渍在含有一定浓度除草剂的磷酸缓冲溶液试管中，抽真空，待叶圆片下沉至试管底部后，解除真空，加入少量碳酸氢钠溶液，照光。对除草剂不敏感或产生抗药性的生物型，光合作用未被抑制，组织间产生足够多的氧气，叶圆片上浮；而对除草剂敏感的生物型，光合作用受抑制，不能产生足够多的氧气，叶圆片仍沉在试管底部。根据一定时间内上浮的叶圆片数或上浮需要的时间来比较光合作用的强弱程度，以此来确定是敏感生物型还是抗性生物型。

（5）光合速率测定法。由于抗药性杂草生物型在光合作用抑制剂类除草剂处理后其光合速率变化不大，而敏感杂草生物型会受到明显抑制，因此，通过直接测定光合速率的诱导变化研究除草剂对植物或叶片的影响，可以区分抗药性和敏感杂草生物型。常用的方法有氧电极测定法、红外线 CO_2 测定法、气流测定法、pH 比色法和改进的干重测定法等。Preston 等用百草枯处理敏感型大麦草，其体内光合作用氧气释放被抑制了 66％，而处理抗性大麦草生物型后，除草剂对光合作用氧气释放的抑制作用不明显。

（6）吸收和输导测定法。任何一种除草剂要发挥其除草活性，必须条件是这种除草剂能被杂草吸收并将足以发挥作用的剂量运输到作用部位。因此，除草剂在敏感杂草和抗性杂草体内的吸收和输导差异可用于检测杂草抗药性。Baerson 等和 Lorraine-Colwill 等通过比较抗草甘膦瑞士黑麦草和敏感瑞士黑麦草生物型对草甘膦的吸收和输导，发现草甘膦在两者体内的输导差异明显，敏感型体内的草甘膦汇聚在植物的根，而抗性生物型体内的草甘膦则汇聚在叶尖，他们认为草甘膦在植物体内随蒸腾流快速向上移动后被泵入木质部，不能泵到韧皮部汇聚到生长点，即输导方向的改变是产生抗药性的原因。

（7）酶联免疫法。酶联免疫法（Enzyme-linked immunosorbent assay，ELISA）始于20 世纪 70 年代，是把抗原或抗体在不损坏其免疫活性的条件下预先结合到某种固相载体表面。测定时，将受检样品和酶标抗原或抗体按一定程序与结合在固相载体上的抗原或抗体起反应形成抗原或抗体复合物。反应终止时，固相载体上酶标抗原或抗体被结合，其量与标本中待检抗体或抗原的量成一定比例。经洗涤去除反应液中其他物质，加入酶反应底物后，底物被固相载体上的酶催化变为有色产物，最后通过定性或定量分析有色产物量即可确定样品中待测物质含量。2002 年 Reade 等建立了田间酶联免疫测定看麦娘谷胱甘肽-S-转移酶丰度，检测看麦娘对绿麦隆、异丙隆和精噁唑禾草灵的抗药性。

3. 分子生物学测定方法　　目前，针对作用靶标突变导致的杂草对除草剂的抗药性检测已经建立了一系列快速、准确的分子检测技术，在靶标酶突变导致的抗药性杂草的检测以及杂草抗药性机理的研究中发挥重要作用。常用的分子生物学方法有靶标酶编码基因测序法、等位基因特异性 PCR 法、衍生酶切扩增多态性（dCAPS）法、环介导恒温扩增法（LAMP）等。

（1）靶标酶编码基因测序法。靶标酶编码基因测序法通过特异性 PCR 克隆靶标酶的编码基因，然后进行测序获其核酸序列，翻译为氨基酸序列后与敏感杂草的靶标酶序列比对，找出其中已知的可导致杂草抗性的氨基酸取代，以确定供试杂草是否产生了抗性。此法可用于检测特定基因突变而产生的抗药性，仅需少量活体或死亡组织就能快速获得检测结果，对隐性抗性基因的检测尤其重要，但需借助专门的仪器设备，成本较高。

（2）等位基因特异性 PCR。等位基因特异性 PCR 方法（Allele-specific PCR，AS-PCR）是一种通过设计特异性引物进行 PCR 扩增来检测已知位点的单核苷酸多态性（Single Nucle-otide Polymorphisms，SNP），其原理是 PCR 过程中引物延伸是 3' 端开始的，如果引物 3' 端的第一位和第二位碱基不能与模板碱基互补，则 Taq 酶无法进行延伸复制，PCR 反应失败，无扩增条带出现。因此，利用这一原理通过引物设计可以将特定突变的基因与正常基因区分出来。该方法快速、方便、结果直观、检测成本低，但其只能检测已知的等位基因突变。2009 年卢宗志等采用 PCR 技术，分别对抗药性和敏感性雨久花生物型的 ALS 基因片段进行扩增和基因克隆，并对获得的 DNA 序列片断进行测序比对，与敏感性雨久花生物型 ALS 相比，抗药性雨久花生物型的 ALS 基因共有 3 处发生突变。

（3）（衍生）酶切扩增多态性分析法。（衍生）酶切扩增多态性（Derived cleaved amplified polymorphic sequence，dCAPS）技术是一种通过等位基因检测快速准确诊断抗药性杂草的方法。dCAPS 技术在引物中导入错配碱基，使扩增的序列在一个生物型中具有限制性酶酶切位点，而在另一生物型中没有，PCR 产物利用限制性内切酶消化，通过限制性图谱分析可知单核苷酸多态性的存在与否，从而检测出某个位点的突变。与普通 PCR 测序法相比，dCAPS 检测方法具有快速、方便、准确、廉价等优点，且 dCAPS 方法可以在任何具有分子生物学基本设施的实验室中进行。该方法已被广泛应用于抗性鼠尾看麦娘、多花黑麦草、野燕麦等杂草的研究中。徐洪乐、董立尧针对发现的日本看麦娘对精噁唑禾草灵的抗药性，建立了 dCAPS 分子检测技术，该技术能够对 ACCase 氨基酸抗性突变的 I1781L、W2027C、I2014N、D2078G 突变进行快速、准确的检测，并应用其对多个抗精噁唑禾草灵日本看麦娘种群进行检测。潘浪、董立尧针对抗精噁唑禾草灵菵草的 ACCase 氨基酸抗性突变的 W2027C、I1781L、W2027C、I2041N、D2078G、G2096A 建立了 dCAPS 快速检测方法。

（4）环介导恒温扩增法。环介导等温扩增 PCR（Loop-mediated isothermal amplification，LAMP）方法是日本学者 Notomi 等在 2000 年发明的一种全新的核酸扩增技术。其基本原理是使用 4 条特异性引物（内引物、外引物各 2 条）分别识别靶基因的 6 个特定区域，采用具有链置换活性的 DNA 聚合酶，在 60~65 ℃恒温条件下进行快速扩增。该法反应灵敏度高、速度快，对设备要求较低，普通水浴或恒温箱保温 30~60 min 即可完成反应，且结果直观，反应完成后通过肉眼观察反应液的浊度或颜色变化即可判断。与传统的 PCR 测序和 dCAPS 方法相比，LAMP 方法优点众多。LAMP 反应仅需在恒温条件下进行，因此只需一个可以提供恒定温度的水浴锅或加热元件即可进行 LAMP 反应。LAMP 方法还可以通过添加显色剂（SYBR Green I）直接目测结果，无需凝胶电泳反应观察试验结果。LAMP 方法所用的试剂也均为普通且便宜的产品，它不需要 dCAPS 方法所需的昂贵的限制性内切酶，也不需要传统 PCR 测序方法所需的测序成本，这保证了该检测方法所用成本非常低。另外，LAMP 方法无需特殊的设备和方法，即使在田间，从未接触过分子生物学的人都可以使用该方法进行检测，这大大扩大了该检测方法的使用范围。该方法最值得称道的优点是整个实验过程从 DNA 提取到观察到 LAMP 检测结果总共仅需 110 min，这比传统的 PCR 测序或 dCAPS 方法所需的时间要短得多。潘浪、董立尧建立了菵草抗精噁唑禾草灵 I1781L、I2041A、G2096A 突变的 LAMP 检测技术，实现了 LAMP 技术首次应用于杂草抗药性突变的检测。

（5）Multiplex SNaPshot。Multiplex SNaPshot 方法是一种基于荧光标记单碱基延伸原理的分型技术，也称小测序，通常用于 10~30 个单核苷酸多态性位点分析。利用引物 PCR 扩增含有突变位点的片段，并在扩增产物中加入核酸外切酶 I（ExoI）和碱性磷酸酶（Shrimp Alkaline Phosphatase，SAP）消除 PCR 反应体系中的引物序列和剩余的 dNTPs，然后以经过纯化的扩增产物为模板，使用 DNA 聚合酶、4 种荧光标记 ddNTP 和 5'端紧邻单核苷酸多态性位点的延伸引物进行 PCR 反应，引物每延伸一个碱基都会发出相应的荧光信号，在测序仪上表现为相应颜色的峰。测序完成后根据峰的位置及颜色即可判断在特定位点的等位基因类型。

（6）TaqMan 测定法。TaqMan 测定法是一种高度特异的定量 PCR 技术，其原理是 TaqMan 探针的 5' 端标记有报告基团，3' 端标记有荧光淬灭基团，PCR 扩增时在加入 1 对引物的同时加入荧光探针，探针完整时，报告集团发射的荧光信号被淬灭集团吸收；探针进行 PCR 扩增时，Taq 酶的 5'～3' 外切酶活性将探针酶切降解，使报告基团和荧光淬灭基团分离，从而产生荧光信号。因此，通过设计特异性的荧光探针，TaqMan 可用来检测杂草靶标酶基因某一位点的单核苷酸多态性，如 ALS、ACCase 等位基因突变的检测。

（7）高通量测序技术。高通量测序技术又称为深度测序或下一代测序技术，其一次可以对几十万到几百万条 DNA 分子进行序列测定，可以对一个物种的转录组和基因组进行全面分析。目前，高通量测序技术已被广泛应用于解决一些生物学问题，如在基因组水平上对还没有参考序列的物种进行从头测序（de novo sequencing），获得该物种的参考序列，为后续研究和分子育种奠定基础；对有参考序列的物种，进行全基因组重测序（re-sequencing），在全基因组水平上检测突变位点，发现个体差异的分子基础。此外，该技术也被越来越多的应用于解决杂草抗药性的问题，比如明确抗药性与敏感杂草生物型在靶标酶基因序列和表达量方面的差异性，同时还可以筛选出与非靶标相关的抗性基因，从而更加全面地阐明杂草抗药性的机理。

从杂草抗药性检测快速、准确的要求考虑，可以选择分子水平测定方法。酶联免疫方法通过制备杂草产生抗药性过程中某些关键酶变化的单克隆抗体，可以灵敏、专一、微样、简单快速检测杂草的抗药性。该技术比其他检测方法表现出更多的优越性，灵敏度高、干扰小、安全性高、污染少，而且操作简便快捷。但它也存在一些缺陷，如不能同时分析多种成分，对试剂选择性高，对结构类似的化合物有一定程度的交叉反应，对仪器要求严格，耗资大。DNA 分析技术具有分析速度快、信息量大、准确度高等优点，但相对其他传统技术所需成本要高。因此，对于一些靶标已明确的除草剂，酶活与代谢检测方法能准确地检测出抗药性杂草生物型，同时还能进一步研究杂草抗药性机理的产生原因。

从杂草抗药性检测快速、经济的要求考虑，可以选择培养皿种子生物测定法，该法是幼苗生物测定法的改进，所需的植物培养时间较短，相对快速、廉价，尤其是对大量杂草种群的常规抗药性检测非常重要。但培养皿种子生物测定法要求供试的种子一定要有较高的发芽率和发芽势，否则会影响测定结果的可靠性。对田间正在生长的杂草，采用花粉粒萌发法可实现快速抗药性检测。

从杂草抗药性检测客观、经济的要求考虑，可采用整株植物测定法，该法操作简便，所需试验条件易于满足，田间和温室试验方法均易掌握，可用大批植株同时进行，但重复性较差，植物培养所需时间长。由于除草剂使用方式和作用机理的不同，检测方法也不相同。检测土壤处理的除草剂，可以采用幼苗生物测定法或培养皿种子生物测定法。检测茎叶处理的除草剂，可以采用整株植物生物测定法、分蘖检测法。检测内吸传导型除草剂，可以采用吸收和输导测定法。检测光合作用抑制剂类除草剂，可以采用叶片叶绿素荧光测定法、离体叶绿体测定法、叶圆片浸渍技术测定法或光合速率测定法。检测呼吸作用抑制剂类除草剂，可以采用呼吸速率测定法。

总之，杂草抗药性的检测方法各有利弊，实际应用中要综合分析除草剂的作用机理、杂草的基本属性、研究目的等因素选择抗性检测的方法。

三、除草剂复配联合评价方法

除草剂合理复配可以提高除草效果、扩大杀草谱、减少用药次数、降低成本，对抗性杂草的治理也具有特殊意义。

2 种或 2 种以上的除草剂混用后，与除草剂单用相比对杂草的防效可表现为加成、增效或拮抗 3 种不同的效果。加成作用是指 2 种或 2 种以上的除草剂混用后的药效表现为各单剂之和，生产中这类除草剂的混用主要目的是扩大杀草谱、减少用药次数；增效作用是指 2 种或几种除草剂混用后的药效大于各药剂单用效果之和，一般化学结构不同、作用机制不同的除草剂混用时，表现为增效作用的可能性比较大，生产中这类除草剂的混用，可以提高除草效果，降低除草剂用量；拮抗作用是指 2 种或几种除草剂混用后的药效低于各单剂单用效果之和。

目前，除草剂混用后的药效评价方法主要有等效线法、Gowing 法、Colby 法以及共毒系数法。不同除草剂混用配比筛选可根据如下原则确定评价方法。杀草谱相近型：原则上介绍的 4 种评价方法均可，但以等效线法和共毒系数法较好，既能测定出混用后的联合作用类型，还可筛选出相对较好的混用配比。杀草谱互补型：可用 Gowing 法或 Colby 法多剂量组合处理进行评价比较有效。三元复配：使用 Colby 法或共毒系数法。

1. 等效线法　等效线法最早常用于医学领域，测定步骤为：先进行 A 剂的系列浓度试验，求出 A 点的 GR_{50}；再进行 B 剂的系列浓度试验，求出 B 剂的 GR_{50}；然后分别在横轴和纵轴上确定 A、B 两点并划直线；最后进行 B 剂为一定剂量和 A 剂为一系列浓度的混用试验及 A 剂为一定剂量和 B 剂为一系列浓度的混用试验，求出各混用的 GR_{50}；如果混用后的 GR_{50} 各点均在 A、B 线之下则为增效，否则为减效（图 5-1）。本法比较准确，适于室内测定，不仅能评价二元除草剂混剂的联合作用类型，还能确定最适宜的配比。但该法试验规模较大，且只能对二元除草剂混用进行测定，同时要求被测定的组成混剂的各个单剂对同一靶标杂草均有较好的活性，否则会产生单边效应，不适用于评价杀草谱互补型的除草剂混配。

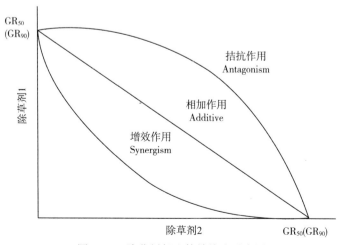

图 5-1　除草剂复配等效线法示意图

2. Gowing 法 Gowing 法最早适用于对 2 种除草剂混用进行初步评价。其做法是先分别测单剂 A、B 及 A+B 的混剂对靶标杂草的毒力，再通过单剂 A 和 B 的实测毒力计算 A+B 混剂的理论毒力，将理论毒力与混剂的实测毒力相比来评价联合作用类型。理论毒力计算公式为：

$$E_0 = X + Y - XY/100$$

式中，X：用量为 P 时 A 的杂草毒力；Y：用量为 Q 时 B 的杂草毒力；E_0：用量为 $(P+Q)$ 时 A+B 的理论毒力；E：各处理的实测毒力。

当 $E-E_0>10\%$ 时，说明混配产生增效作用；当 $E-E_0<-10\%$ 时，说明混配产生拮抗作用；当 $E-E_0$ 介于 $\pm 10\%$ 时，说明混配产生加成作用。

该方法试验设计和数据处理简单，尤其适合评价杀草谱互补型除草剂的联合作用类型，明确配比的合理性，但仅能对两种除草剂的混用进行配比的合理评价。

3. Colby 法 Colby（1976）法是 Gowing 法的公式变形。其理论毒力计算公式为：

$$E_0 = XY/100$$

式中，X：用量为 P 时 A 的杂草存活率；Y：用量为 Q 时 B 的杂草存活率；E_0：用量为 $(P+Q)$ 时 A+B 的理论杂草存活率；E：表示各处理的实际杂草存活率。

当 $E_0-E>10\%$ 时，说明产生增效作用；当 $E_0-E<-10\%$ 时，说明产生拮抗作用；当 E_0-E 介于 $\pm 10\%$ 时，说明产生加成作用。

Colby 法是评价除草剂混用效果的快速而实用的方法，尤其适合评价杀草谱互补型除草剂的联合作用类型，明确配比的合理性。且 2 种以上除草剂的混用测定也可应用该法进行评价，理论值计算公式为：

$$E_0 = X \times Y \times Z \cdots\cdots n/100 \ (n-1)$$

4. 共毒系数法 孙云沛的共毒系数法是经典的杀虫剂混配联合毒力评价方法。具体计算方法：先以常规方法测定组成混剂的各单剂及混剂的 GR_{50}（或 GR_{90}），再以其中的某个单剂为标准药剂计算各单剂的毒力指数（标准药剂的毒力指数为 100）、混剂的实测毒力指数及理论毒力指数，最后计算共毒系数。判断标准为共毒系数在 80～120 时为相加作用，明显＜80 时为拮抗作用，明显＞120 时为增效作用。共毒系数的计算公式如下（P 为单剂 A 和 B 在混剂中的含量）：

毒力指数 TI＝标准药剂 GR_{50}（或 GR_{90}）/供试药剂 GR_{50}（或 GR_{90}）$\times 100$；

混剂的实测毒力指数 ATI＝标准药剂 GR_{50}（或 GR_{90}）/混剂 GR_{50}（或 GR_{90}）$\times 100$；

混剂的理论毒力指数 $TTI = TI_A \times P_A + TI_B \times P_B$；

混剂的共毒系数＝$ATI/TTI \times 100$

共毒系数法可对二元及多元除草剂混用后的不同混用配比进行筛选，结果较为准确、可靠。但该方法的试验处理较多、规模较大，且需要在正式试验进行各单剂设计 3～5 个剂量的预试验，再以此为基础设计合理的剂量范围进行配方筛选测定。

四、抗精噁唑禾草灵杂草的交互抗性与多抗性

1. 抗精噁唑禾草灵杂草的交互抗性情况 目前，已有 43 种禾本科杂草对 ACCase 抑

制剂类除草剂产生了抗性。该类药剂在田间施用数次后，便可导致杂草对其产生抗药性，且多为靶标抗性，ACCase CT 区已有 7 个氨基酸位点的 13 种氨基酸被证明与杂草对 AC-Case 抑制剂类除草剂的抗性相关。而靶标抗性机理导致的杂草对 ACCase 抑制剂类除草剂产生的抗性水平，取决于其靶标突变的类型、突变杂合/纯合性、所用除草剂的种类和剂量等。

这些突变中，Ile-1781-Leu 突变是目前发现最多，交互抗性产生最为广泛。该突变可以对 ACCase 抑制剂类除草剂的芳氧基苯氧基丙酸酯类（APPs）、环己烯酮类（CHDs）和苯基吡唑啉类（PPZs）三个类别均产生高水平抗性；而带有 Ile-1781-Val 突变的小花蘸草种群的交互抗性则与之不同。Trp-1999-Cys 突变仅导致杂草对 APPs 类除草剂精噁唑禾草灵产生抗性；Trp-1999-Ser、Trp-2027-Cys、Ile-2041-Asn 突变可导致杂草对 APPs 类和 PPZs 类除草剂产生抗药性；Ile-2041-Val 突变导致杂草对 APPs 类除草剂产生抗药性。Asp-2078-Gly 突变和 Cys-2088-Arg 突变可以导致杂草对所有 ACCase 抑制剂类除草剂产生抗药性。Gly-2096-Ala 突变导致杂草仅对 APPs 类除草剂产生抗性；Gly-2096-Ser 突变导致杂草对所有 ACCase 抑制剂类除草剂产生抗药性（表5-1）。

表 5-1　ACCase 氨基酸突变导致的交互抗性

敏感植株氨基酸 Amino acid in S	抗性植株氨基酸 Amino acid in R	抗性情况 Resistance spectrum		
		APPs	CHDs	PPZs
Ile1781	Leu1781	R	R	R
Ile1781	Val1781	R	R	R
Ile1781	Thr1781	R	R	R
Trp1999	Cys1999	R	S	S
Trp1999	Ser1999	R	R/S	R
Trp1999	Leu1999	R	—	—
Trp2027	Cys2027	R	R/S	R
Ile2041	Asn2041	R	R/S	R/S
Ile2041	Val2041	R/S	S	R
Asp2078	Gly2078	R	R	R
Cys2088	Arg2088	R	R	R
Gly2096	Ala2096	R	R/S	S
Gly2096	Ser2096	R	R	R

PPZs 类除草剂唑啉草酯近几年才上市，但已有多种突变能导致杂草对其产生抗药性。CHDs 类除草剂，尤其是烯草酮，主要用于防除阔叶作物田杂草，仅有个别突变可以导致杂草对该类药剂产生交互抗性。这类药剂相对于其他 ACCase 抑制剂类除草剂的抗药性风险最低，目前，仍可防除由靶标酶 ACCase 1999、2027、2041、2096 突变导致抗性的杂草种群。在许多国家，农户仍倾向于优先使用 ACCase 抑制剂类除草剂来防除杂草，直到发现这些药剂再也无法控制抗性种群。这样的方式只会使抗 ACCase 抑制剂类除草剂杂草

的数目不断增加。因此，在疑似存在抗 ACCase 抑制剂类杂草的农田间，如果农户仍想使用 ACCase 抑制剂类除草剂防除杂草，应当将 CHDs 类药剂（特别是烯草酮）作为首选。

潘浪等对 2012 年采集的抗性水平最高的 3 个菵草种群（JYJD、JCJT、JCWL），采用整株生物测定法测定了其对与精噁唑禾草灵作用机理相同除草剂的敏感性。结果表明：JCWL 种群对检测的 APPs 类药剂高效氟吡甲禾灵、精吡氟禾草灵、精喹禾灵、炔草酯、噁唑酰草胺均产生了高水平抗性，对 PPZs 类除草剂唑啉草酯和 CHDs 类除草剂烯禾啶也产生了高水平交互抗性，而对 CHD 类除草剂烯草酮则是产生了低水平抗性；JCJT 种群对检测的 APPs 类药剂炔草酯、精吡氟禾草灵、氰氟草酯、噁唑酰草胺和 PPZs 类除草剂唑啉草酯产生了高水平抗性，而对另外 2 个 APPs 类药剂高效氟吡甲禾灵、精喹禾灵以及 CHDs 类除草剂烯禾啶产生低等水平抗性，对另一个 CHDs 类除草剂烯草酮是敏感的；JYJD 种群对检测的 2 个 APPs 类药剂炔草酯、噁唑酰草胺以及 PPZs 类除草剂唑啉草酯产生高水平抗性，对另外 4 个 APPs 类药剂高效氟吡甲禾灵、精喹禾灵、氰氟草酯、精吡氟禾草灵及 CHDs 类除草剂烯禾啶均产生低水平抗性，对 CHDs 类除草剂烯草酮同样也是敏感的（表 5-2）。因此，APPs 类除草剂、PPZs 类除草剂以及 CHDs 类除草剂的烯禾啶已经不能用于防除该抗精噁唑禾草灵菵草种群，而 CHDs 类除草剂中的烯草酮仍具有较好的毒力。

表 5-2　抗性菵草对与精噁唑禾草灵作用机理相同除草剂的敏感性

药剂 Herbicide	种群 Population	抑制中剂量 $GR_{50} \pm SE^{a}$ /（g a.i. /hm²）	抗性指数[b] Relative resistance factor	抗药性分级
高效氟吡甲禾灵 haloxyfop-P-methyl	JCWL	152.37±6.03	16.37	中抗
	JCJT	59.31±3.50	6.37	低抗
	JYJD	51.15±2.60	5.49	低抗
	AFCJ	9.31±0.53	1.00	敏感
精喹禾灵 quizalofop-P-ethyl	JCWL	111.08±0.89	18.64	中抗
	JCJT	57.46±0.44	9.64	低抗
	JYJD	32.01±0.50	5.37	低抗
	AFCJ	5.96±0.25	1.00	敏感
精吡氟禾草灵 fluazifop-P-butyl	JCWL	225.28±10.24	12.95	中抗
	JCJT	209.38±6.31	12.03	中抗
	JYJD	135.24±3.01	7.77	低抗
	AFCJ	17.40±0.02	1.00	敏感
炔草酯 clodinafop-propargyl	JCWL	890.00±60.33	85.09	高抗
	JCJT	309.75±23.86	29.61	中抗
	JYJD	378.62±18.75	36.20	高抗
	AFCJ	10.46±0.16	1.00	敏感
氰氟草酯 cyhalofop-butyl	JCWL	1 585.59±49.37	34.63	高抗
	JCJT	1 186.92±27.86	25.93	中抗
	JYJD	307.30±8.17	6.71	低抗
	AFCJ	45.78±1.59	1.00	敏感

（续）

药剂 Herbicide	种群 Population	抑制中剂量 $GR_{50} \pm SE^a$ /（g a.i./hm^2）	抗性指数[b] Relative resistance factor	抗药性分级
噁唑酰草胺 metamifop	JCWL	2 823.29±515.13	315.80	极高抗
	JCJT	2 087.06±609.40	233.45	极高抗
	JYJD	96.32±4.14	10.77	中抗
	AFCJ	8.94±0.07	1.00	敏感
烯禾啶 sethoxydim	JCWL	692.22±45.17	49.44	高抗
	JCJT	81.15±1.00	5.80	低抗
	JYJD	71.68±1.07	5.12	低抗
	AFCJ	14.00±0.37	1.00	敏感
烯草酮 clethodim	JCWL	63.76±0.98	5.04	低抗
	JCJT	15.46±0.08	1.22	敏感
	JYJD	24.87±0.24	1.96	敏感
	AFCJ	12.69±0.26	1.00	敏感
唑啉草酯 pinoxaden	JCWL	5 428.37±635.74	347.30	极高抗
	JCJT	1 549.13±95.68	99.11	高抗
	JYJD	205.75±9.77	13.16	中抗
	AFCJ	15.63±3.85	1.00	敏感

注：a 表示标准误差；b 表示抗性指数，抗性生物型 GR_{50} 相对于敏感生物型 GR_{50} 的比值。

徐洪乐等采用整株生物测定（茎叶处理）的方法测定了抗精噁唑禾草灵日本看麦娘 AHFD-1 种群的交互抗性情况（表5-3）。结果显示：AHFD-1 种群不仅对精噁唑禾草灵产生了抗性，还对 APPs 类除草剂高效氟吡甲禾灵、精吡氟禾草灵、精喹禾灵、炔草酯、噁唑酰草胺产生了不同程度的交互抗性，抗性指数依次为 7.50、4.73、6.70、3.32 和 4.41；也对 PPZs 类除草剂唑啉草酯产生了交互抗性，抗性指数为 4.88；但是 AHFD-1 种群并未对 CHDs 类除草剂烯草酮和烯禾啶产生交互抗性。其中产生抗性的药剂抗性水平依次为：高效氟吡甲禾灵＞精喹禾灵＞唑啉草酯＞精吡氟禾草灵＞噁唑酰草胺＞炔草酯。该抗性种群已经对 APPs 类和 PPZs 类除草剂产生了交互抗性，此 2 类药剂已经不能用于防除该抗精噁唑禾草灵日本看麦娘种群。但是该种群并未对 CHDs 类除草剂产生抗药性，这类药剂在抗性日本看麦娘的防除上具有一定的应用前景。

表5-3　抗性日本看麦娘的交互抗性情况

药剂 Herbicide	种群 Population	抑制中剂量 $GR_{50} \pm SE^a$ /（g a.i./hm^2）	抗性指数[b] Relative resistance factor	抗药性分级
高效氟吡甲禾灵 haloxyfop-P-methyl	抗性	121.49±9.39	7.50	低抗
	敏感	16.20±4.22	1.00	敏感

（续）

药剂 Herbicide	种群 Population	抑制中剂量 $GR_{50} \pm SE^a$ / (g a.i. /hm²)	抗性指数[b] Relative resistance factor	抗药性分级
精吡氟禾草灵 fluazifop-P-butyl	抗性	55.91±0.99	4.73	低抗
	敏感	11.83±0.89	1.00	敏感
精喹禾灵 quizalofop-P-ethyl	抗性	38.08±11.73	6.70	低抗
	敏感	5.68±0.54	1.00	敏感
炔草酯 clodinafop-propargyl	抗性	49.53±6.53	3.32	敏感性下降
	敏感	14.94±2.93	1.00	敏感
噁唑酰草胺 metamifop	抗性	986.80±88.04	4.41	低抗
	敏感	223.88±40.14	1.00	敏感
烯禾啶 sethoxydim	抗性	86.31±21.71	1.45	敏感
	敏感	59.52±12.97	1.00	敏感
烯草酮 clethodim	抗性	37.74±16.36	1.91	敏感
	敏感	19.74±6.59	1.00	敏感
唑啉草酯 pinoxaden	抗性	62.41±18.87	4.88	低抗
	敏感	12.78±0.12	1.00	敏感

注：a 表示标准误差；b 表示抗性指数，抗性生物型 GR_{50} 相对于敏感生物型 GR_{50} 的比值。

王凌越进一步测定抗精噁唑禾草灵日本看麦娘相同突变不同种群的交互抗性发现，存在 I1781L 突变的日本看麦娘 JCJT-2 种群和 JCJT-3 种群都对 APPs 类除草剂产生交互抗性，对 CHDs 类除草剂烯禾啶产生交互抗性，而不对烯草酮产生交互抗性。对 JCJT-2、JCJT-3 两种群的相对抗性倍数比较后可以发现，这两个种群的交互抗性水平虽然大体一致，其抗性水平却存在一定差异。相较于 JCJT-3 种群，对精噁唑禾草灵有更高抗性倍数的 JCJT-2 种群，对各个药剂的抗性水平也普遍要高（表 5-4）。存在 D2078G 突变的日本看麦娘 AHFD-3 种群和 JCWJ-3 种群都对 APPs 类、CHDs 类除草剂产生交互抗性，但其抗性水平却存在一定差异。JCWJ-3 种群对各个药剂产生中抗至高抗性，普遍高于 AHFD-3 种群对各个药剂的抗性水平，并且 JCWJ-3 种群对 PPZs 类除草剂唑啉草酯产生高抗性而 AHFD-3 种群对唑啉草酯敏感（表 5-5）。

表 5-4 存在 I1781L 突变抗精噁唑禾草灵日本看麦娘 JCJT-2 与 JCJT-3 种群的交互抗性差异比较

药剂 Herbicide	种群 Population	抑制中剂量 $GR_{50} \pm SE^a$ / (g a.i. /hm²)	相对抗性倍数[b] Relative resistance factor	抗药性分级
精噁唑禾草灵 fenoxaprop-P-ethyl	JCJT-2	405.24±50.11	63.92	高抗
	JCJT-3	314.30±39.74	49.57	高抗
	JNXW-2	6.34±2.15	1.00	敏感
高效氟吡甲禾灵 haloxyfop-P-methyl	JCJT-2	18.86±2.5	4.45	低抗
	JCJT-3	18.51±3.74	4.37	低抗
	JNXW-2	4.24±097	1.00	敏感

（续）

药剂 Herbicide	种群 Population	抑制中剂量 $GR_{50}\pm SE^{a}$ /（g a. i. /hm²）	相对抗性倍数[b] Relative resistance factor	抗药性分级
炔草酯 clodinafop-propargyl	JCJT - 2	663.46±20.10	47.99	高抗
	JCJT - 3	365.82 ±19.60	26.47	中抗
	JNXW - 2	13.82±0.33	1.00	敏感
精吡氟禾草灵 fluazifop-P-butyl	JCJT - 2	236.80±84.23	76.39	高抗
	JCJT - 3	157.99±43.15	50.96	高抗
	JNXW - 2	3.10±2.90	1.00	敏感
精喹禾灵 quizalofop-P-ethyl	JCJT - 2	54.13±13.48	24.38	中抗
	JCJT - 3	42.83±19.44	19.29	中抗
	JNXW - 2	2.22±1.11	1.00	敏感
烯草酮 clethodim	JCJT - 2	26.17±6.77	1.66	敏感
	JCJT - 3	21.66 ±1.24	1.38	敏感
	JNXW - 2	15.75±1.32	1.00	敏感
烯禾啶 sethoxydim	JCJT - 2	1 468.70±182.52	29.48	中抗
	JCJT - 3	286.15±12.23	5.74	低抗
	JNXW - 2	49.82±10.00	1.00	敏感
唑啉草酯 pinoxaden	JCJT - 2	72.82±22.14	2.73	敏感性下降
	JCJT - 3	18.07 ±7.66	0.68	敏感
	JNXW - 2	26.70±9.44	1.00	敏感

注：a 表示标准误差；b 表示相对抗性倍数，抗性生物型 GR_{50} 相对于敏感生物型 GR_{50} 的比值。

表 5 - 5 存在 D2078G 突变抗精噁唑禾草灵日本看麦娘 AHFD - 3 与 JCWJ - 3 种群的交互抗性差异比较

药剂 Herbicide	种群 Population	抑制中剂量 $GR_{50}\pm SE^{a}$ /（g a. i. /hm²）	相对抗性倍数[b] Relative resistance factor	抗药性分级
高效氟吡甲禾灵 haloxyfop - P - methyl	AHFD - 3	20.47±7.92	4.83	低抗
	JCWJ - 3	43.12 ±6.88	10.17	中抗
	JNXW - 2	4.24±097	1.00	敏感
炔草酯 clodinafop - propargyl	AHFD - 3	477.50±103.87	34.55	高抗
	JCWJ - 3	856.74±14.80	61.99	高抗
	JNXW - 2	13.82±0.33	1.00	敏感
精吡氟禾草灵 fluazifop - P - butyl	AHFD - 3	154.31±67.72	49.78	高抗
	JCWJ - 3	212.09 ±50.03	68.42	高抗
	JNXW - 2	3.10±2.90	1.00	敏感
精喹禾灵 quizalofop - P - ethyl	AHFD - 3	34.48±11.15	15.53	中抗
	JCWJ - 3	45.48 ±19.44	20.49	中抗
	JNXW - 2	2.22±1.11	1.00	敏感

（续）

药剂 Herbicide	种群 Population	抑制中剂量 $GR_{50} \pm SE^a$ / （g a. i. /hm^2）	相对抗性倍数[b] Relative resistance factor	抗药性分级
烯草酮 clethodim	AHFD - 3	64.06±13.12	4.07	低抗
	JCWJ - 3	1 765.00 ±10	112.06	高抗
	JNXW - 2	15.75±1.32	1.00	敏感
烯禾啶 sethoxydim	AHFD - 3	194.56±34.67	3.91	敏感性下降
	JCWJ - 3	2 102.06 ±238.17	42.19	高抗
	JNXW - 2	49.82±10.00	1.00	敏感
唑啉草酯 pinoxaden	AHFD - 3	46.04±14.41	1.72	敏感
	JCWJ - 3	663.33 ±50.44	24.84	中抗
	JNXW - 2	26.70±9.44	1.00	敏感

注：a 表示标准误差；b 表示相对抗性倍数，抗性生物型 GR_{50} 相对于敏感生物型 GR_{50} 的比值。

高海涛采用整株生物测定法测定了抗精噁唑禾草灵耿氏假硬草种群 JYJD - 2 及在同一地区的非耕地采集的敏感种群 JYJD - 1 对与精噁唑禾草灵作用机理相同的其他药剂的敏感性。结果发现，抗性耿氏假硬草种群 JYJD - 2 对精喹禾灵和唑啉草酯产生了轻微抗性，其相对抗性倍数分别为 4.50 倍和 3.36 倍。然而，该种群仍然对高效氟吡甲禾灵、精吡氟禾草灵、炔草酯、噁唑酰草胺、烯禾啶、烯草酮这些药剂敏感，其相对抗性倍数分别为 0.77 倍、0.93 倍、1.20 倍、1.34 倍、1.12 倍、1.48 倍。这也表明抗精噁唑禾草灵耿氏假硬草并未产生严重的交互抗性，仅对精喹禾灵与唑啉草酯产生较轻微的抗性，而对其他大部分 ACCase 类抑制剂类除草剂仍然敏感（表 5 - 6）。

表 5 - 6　抗精噁唑禾草灵耿氏假硬草种群（JYJD - 2）的交互抗性情况

药剂 Herbicide	种群 Population	抑制中剂量 $GR_{50} \pm SE^a$ / （g a. i. /hm^2）	相对抗性倍数[b] Relative resistance factor	抗药性分级
高效氟吡甲禾灵 haloxyfop-P-methyl	抗性	11.73±9.91	0.77	敏感
	敏感	15.15±7.48	1.00	敏感
精吡氟禾草灵 fluazifop-P-butyl	抗性	19.88±4.03	0.78	敏感
	敏感	25.46±4.20	1.00	敏感
精喹禾灵 quizalofop-P-ethyl	抗性	18.75±2.36	4.50	低抗
	敏感	4.17±4.44	1.00	敏感
炔草酯 clodinafop-propargyl	抗性	15.79±2.56	1.16	敏感
	敏感	13.62±1.25	1.00	敏感
噁唑酰草胺 metamifop	抗性	306.51±28.38	1.34	敏感
	敏感	229.29±29.16	1.00	敏感

（续）

药剂 Herbicide	种群 Population	抑制中剂量 $GR_{50} \pm SE^a$/（g a. i./hm²）	相对抗性倍数[b] Relative resistance factor	抗药性分级
烯禾啶 sethoxydim	抗性	34.45±1.70	1.12	敏感
	敏感	30.77±9.84	1.00	敏感
烯草酮 clethodim	抗性	27.99±3.31	1.48	敏感
	敏感	18.93±3.69	1.00	敏感
唑啉草酯 pinoxaden	抗性	45.07±1.17	3.36	敏感性下降
	敏感	13.43±3.44	1.00	敏感

注：a 表示标准误差；b 表示相对抗性倍数，抗性生物型 GR_{50} 相对于敏感生物型 GR_{50} 的比值。

　　袁国徽采用剂量反应曲线法研究了不同耿氏假硬草抗精噁唑禾草灵种群的交互抗性，发现抗药性种群 SD-12 和 SD-13 对精喹禾灵产生了高水平抗性，对炔草酯、高效氟吡甲禾灵产生了中等水平抗性，对精吡氟禾草灵、唑啉草酯产生了低水平抗性，而对烯禾啶、烯草酮敏感；JS-25、SD-4 和 SD-11 种群对炔草酯、精吡氟禾草灵产生高水平抗性，对烯禾啶、唑啉草酯产生了中等水平抗性，而未对烯草酮产生抗性；SD-32 种群对烯禾啶产生了中等水平抗性，对炔草酯产生了中等水平抗性，对烯草酮、唑啉草酯产生了低水平抗性；SD-23 种群对高效氟吡甲禾灵产生了高水平抗性，对炔草酯、精喹禾灵产生了中等水平抗性，对精吡氟禾草灵产生了低水平抗性，而对烯禾啶、烯草酮、唑啉草酯敏感。

　　张佩采用整株生物测定法测定抗精噁唑禾草灵多花黑麦草含有靶标突变的种群 HZYC-6、HZGX-2、HZYC-4、HZYC-5，靶标未突变的抗性种群 JLGY-6 和非耕地采集的敏感种群 JNXW-2 对与精噁唑禾草灵作用机理相同的其他药剂的敏感性。结果显示，抗性多花黑麦草种群 HZYC-6 对 APPs 类除草剂高效氟吡甲禾灵和精喹禾灵产生了中等水平抗性，其相对抗性倍数分别为 13.85 倍和 25.96 倍；该种群对炔草酯、烯禾啶这些药剂产生了中等水平抗性，其相对抗性倍数分别为 8.84 倍和 8.77 倍；对烯草酮和唑啉草酯产生了低水平抗性，抗性倍数分别为 3.25 倍和 3.65 倍。这表明抗精噁唑禾草灵的 HZYC-6 高抗种群已经对 ACCase 抑制剂类除草剂都产生了不同程度的抗性，这种 ACCase 抑制剂类除草剂已经不适合用于防除多花黑麦草。突变频率较高的抗性种群 HZYC-4、HZYC-5、HZYC-6 对 ACCase 抑制剂类除草剂中 APPs 抑制剂除草剂及烯禾啶均产生中等或较高水平的抗性；对烯草酮及唑啉草酯产生低水平抗性。突变频率较低的抗性种群 HZGX-2 对 APPs 类药剂抗性水平较低，对烯禾啶和唑啉草酯仍敏感。未突变抗性多花黑麦草种群 JLGY-6 对除了对精噁唑禾草灵有抗性以外，对其他 ACCase 抑制剂类除草剂精喹禾灵、高效氟吡甲禾灵、炔草酯、烯草酮、烯禾啶和唑啉草酯这些药剂敏感，其相对抗性倍数分别为 0.98 倍、1.05 倍、1.09 倍、1.39 倍、1.12 倍和 1.50 倍。这也表明，江苏未突变抗精噁唑禾草灵多花黑麦草 JLGY-6 并未产生交互抗性，仅对精噁唑禾草灵产生较高水平的抗性，而对其他大部分 ACCase 抑制剂类除草剂仍然敏感（表 5-7）。

表 5-7　抗精噁唑禾草灵性多花黑麦草种群的交互抗性情况

药剂 Herbicide	种群 Population	抑制中剂量 $GR_{50} \pm SE^a$ / (g a. i. /hm²)	相对抗性倍数	抗药性分级
高效氟吡甲禾灵 haloxyfop-P-methyl	HZGX-2	17.96±1.78	3.33	敏感性下降
	HZYC-4	247.63±15.59	46.02	高抗
	HZYC-5	52.34±6.77	9.73	低抗
	HZYC-6	74.50±3.22	13.85	中抗
	JLGY-6	5.63±0.52	1.05	敏感
	JNXW-2	5.38±0.48	1.00	敏感
精喹禾灵 quizalofop-P-ethyl	HZGX-2	25.82±2.61	3.53	敏感性下降
	HZYC-4	568.91±13.51	77.72	高抗
	HZYC-5	210.87±12.38	28.81	中抗
	HZYC-6	190.68±18.22	26.05	中抗
	JLGY-6	7.22±1.19	0.99	敏感
	JNXW-2	7.32±0.66	1.00	敏感
炔草酯 clodinafop-propargyl	HZGX-2	35.85±3.10	3.39	敏感性下降
	HZYC-4	203.50±16.85	19.25	中抗
	HZYC-5	210.12±18.56	19.88	中抗
	HZYC-6	93.48±6.16	8.84	低抗
	JLGY-6	11.05±1.56	1.05	敏感
	JNXW-2	10.57±0.82	1.00	敏感
烯禾啶 sethoxydim	HZGX-2	36.56±5.75	0.88	敏感
	HZYC-4	374.52±17.45	9.05	低抗
	HZYC-5	1 051.96±24.91	25.42	中抗
	HZYC-6	363.10±13.21	8.77	低抗
	JLGY-6	46.60±1.70	1.13	敏感
	JNXW-2	41.39±3.82	1.00	敏感
烯草酮 clethodim	HZGX-2	6.14±1.74	2.66	敏感性下降
	HZYC-4	7.82±1.09	3.39	敏感性下降
	HZYC-5	21.01±3.17	9.10	低抗
	HZYC-6	7.51±0.71	3.25	敏感性下降
	JLGY-6	3.22±0.42	1.39	敏感
	JNXW-2	2.31±0.66	1.00	敏感
唑啉草酯 pinoxaden	HZGX-2	16.57±3.02	1.97	敏感
	HZYC-4	18.75±0.93	2.23	敏感性下降
	HZYC-5	24.44±1.20	2.91	敏感性下降
	HZYC-6	30.69±2.63	3.65	敏感性下降
	JLGY-6	12.61±1.57	1.50	敏感
	JNXW-2	8.40±0.52	1.00	敏感

注：a 表示标准误差。

2. 抗精噁唑禾草灵杂草的多抗性情况　非靶标抗性机理容易产生多抗性。非靶标抗性中最常见的是代谢抗性，如果在田间连续多年使用作用机制单一的除草剂防治杂草，代谢抗性很快便会在该杂草种群中产生。甲嘧磺隆、甲基咪草烟和烯禾啶这 3 类药剂均很难被杂草代谢，因此，经常被用来鉴别靶标抗性种群和代谢抗性种群。代谢抗性在禾本科杂草中比在阔叶杂草中发生更为频繁。非靶标抗性可以对作用位点不同的除草剂产生抗性，其多抗性的不可预测性大大地增加了防治抗性杂草的难度。因此，确定每一种非靶标抗性机理的多抗性模式，可以有助于农户在防除田间抗性杂草时正确选药。

　　杂草中的非靶标抗性多由 ACCase 抑制剂、ALS 抑制剂和光合作用系统 II 抑制剂等除草剂长期使用筛选产生。而由 ALS 抑制剂和光合作用系统 II 抑制剂筛选出的代谢抗性机理，也极易对 ACCase 抑制剂产生抗性（表 5-8），所以在田间施用 ACCase 抑制剂类除草剂时更要慎重。代谢抗性机理所产生的交互抗性或多抗性模式在不同杂草中差别极大，需要对具体杂草进行具体分析。

表 5-8　代谢抗性机制导致的抗性杂草与 ACCase 抑制剂相关的交互或多抗性情况

杂草 Species	P450s 作用机理	GSTs 作用机理	抗性筛选时所用除草剂 Selecting herbicide	除草剂所属组别 Group	交互抗性或多抗性 Cross or multi-resistance
瑞士黑麦草 L. rigidum	√		禾草灵	ACCase 抑制剂	氯磺隆、二甲戊灵
	√		莠去津、敌草隆	PSII 抑制剂	禾草灵、氯磺隆、绿麦隆、西玛津
多花黑麦草 L. perenne L. perenne ssp. multiflorum	√		禾草灵	ACCase 抑制剂	氯磺隆
	√	√	禾草灵、绿麦隆	ACCase 抑制剂、PSII 抑制剂	三甲苯草酮、异丙隆
鼠尾看麦娘 A. myosuroides	√		绿麦隆	PSII 抑制剂	禾草灵、异丙隆
		√	绿麦隆	PSII 抑制剂	精噁唑禾草灵、炔草酯
			绿麦隆	PSII 抑制剂	精噁唑禾草灵、炔草酯
	√	√	精噁唑禾草灵	ACCase 抑制剂	高效氟吡甲禾灵、炔草酯、绿麦隆、异丙隆、氟啶磺隆
不实燕麦 A. sterilis	√		禾草灵	ACCase 抑制剂	唑啉草酯
野燕麦 A. fatua	√		精噁唑禾草灵、唑啉草酯	ACCase 抑制剂	咪唑乙烟酸、氟唑磺隆
棒头草 P. minor	√		异丙隆	PSI 抑制剂	禾草灵
水稗 E. phyllopogon		√	精噁唑禾草灵	ACCase 抑制剂	五氟磺草胺、苄嘧磺隆
马唐 D. sanguinalis	√		精吡氟禾草灵	ACCase 抑制剂	咪唑乙烟酸

ACCase 抑制剂类除草剂中的禾草灵和精噁唑禾草灵，已被发现可在 7 种杂草中导致代谢抗性（表 5-8）。此外，杂草对 ALS 抑制剂类除草剂产生的代谢抗性，大多为 ACCase 抑制剂类除草剂筛选而出（表 5-4）；由细胞色素 P450 代谢增强而导致的对二甲戊灵的抗性，也是 ACCase 抑制剂类除草剂筛选出的（表 5-8）。ACCase 抑制剂类除草剂使用后极易产生非靶标抗性并对其他药剂产生交互抗性，农户应当尽量减少该类药剂的使用。

而与 ACCase 抑制剂类除草剂不同，一些不易降解的除草剂很难筛选出带有代谢抗性的杂草。二硝基苯胺类除草剂氟乐灵，很难被目标杂草降解，因此目前还未发现能够对该类药剂产生代谢抗性的杂草种群。大多数具有代谢抗性的杂草种群多是由小麦田常用除草剂（如 ACCase 抑制剂类除草剂）筛选而出（表 5-8）。这是由于小麦体内的细胞色素 P450 氧化酶系可成功将该类型的除草剂代谢解毒，导致该类型除草剂对小麦并无伤害，但却可以对田间的杂草进行一轮又一轮的筛选，最终筛选出具有代谢抗性的杂草种群。因此，要想成功防治非靶标抗性机理产生的抗 ACCase 抑制剂类除草剂杂草，应当选择在小麦田无选择性的除草剂。

潘浪等选取 2012 年采集的对精噁唑禾草灵抗性水平最高的 3 个菵草种群（JYJD、JCJT、JCWL），采用整株生物测定的方法测定了其对与精噁唑禾草灵作用机理不同除草剂的敏感性（表 5-9）。这其中包括了磺酰脲类除草剂甲基二磺隆、三唑并嘧啶类除草剂啶磺草胺、咪唑啉酮类除草剂甲氧咪草烟、取代脲类除草剂异丙隆、二硝基苯胺类除草剂氟乐灵和有机磷类除草剂草甘膦异丙胺盐。结果显示：抗精噁唑禾草灵的菵草种群对所检测的茎叶处理剂，抗性指数均<2.0 倍，表明抗精噁唑禾草灵菵草种群并未对这些药剂产生抗药性；对所检测的土壤处理剂氟乐灵，抗精噁唑禾草灵的菵草种群 JCWL 和 JCJT 种群对其产生了低等程度的抗性（抗性指数>2.0），这表明抗精噁唑禾草灵菵草对该药剂可能产生了低水平的多抗性。因此，本研究中所用茎叶处理剂药剂均能够有效防除抗精噁唑禾草灵菵草种群，在抗性菵草的化学防除中可以发挥作用。

表 5-9　抗精噁唑禾草灵菵草种群对与精噁唑禾草灵作用机理不同除草剂的敏感性

药剂 Herbicide	种群 Population	抑制中剂量 GR$_{50}$±SE [a]/（g a. i. /hm^2）	抗性指数[b] Relative resistance factor	抗药性分级
甲基二磺隆 mesosulfuron-methyl	JCWL	7.47±1.53	1.62	敏感
	JCJT	4.40±1.28	0.95	敏感
	JYJD	3.53±1.78	0.77	敏感
	AFCJ	4.61±0.93	1.00	敏感
啶磺草胺 pyroxsulam	JCWL	8.53±1.71	0.73	敏感
	JCJT	14.67±4.75	1.26	敏感
	JYJD	7.89±3.91	0.68	敏感
	AFCJ	11.56±1.01	1.00	敏感
甲氧咪草烟 imazamox	JCWL	2.38±1.25	0.91	敏感
	JCJT	1.48±0.39	0.57	敏感
	JYJD	2.35±0.81	0.90	敏感
	AFCJ	2.61±0.47	1.00	敏感

（续）

药剂 Herbicide	种群 Population	抑制中剂量 $GR_{50} \pm SE$ [a] / (g a. i. /hm²)	抗性指数[b] Relative resistance factor	抗药性分级
异丙隆 isoproturon	JCWL	$4\ 861.26 \pm 78.89$	1.52	敏感
	JCJT	$2\ 150.16 \pm 154.35$	0.67	敏感
	JYJD	$3\ 018.35 \pm 216.42$	0.94	敏感
	AFCJ	$3\ 206.07 \pm 34.04$	1.00	敏感
草甘膦异丙胺盐 glyphosate-isopropylammonium	JCWL	295.71 ± 50.96	0.59	敏感
	JCJT	323.17 ± 26.03	0.64	敏感
	JYJD	460.88 ± 54.82	0.92	敏感
	AFCJ	501.59 ± 13.12	1.00	敏感
氟乐灵 trifluralin	JCWL	81.96 ± 6.76	2.73	敏感性下降
	JCJT	68.14 ± 3.38	2.27	敏感性下降
	JYJD	22.51 ± 2.58	0.75	敏感
	AFCJ	29.99 ± 1.20	1.00	敏感

注：a 表示标准误差；b 表示抗性指数，抗性生物型 GR_{50} 相对于敏感生物型 GR_{50} 的比值。

徐洪乐等采用整株生物测定（茎叶处理或土壤处理）的方法测定了抗精噁唑禾草灵日本看麦娘 AHFD-1 种群的多抗性（表 5-10）。这其中包括了磺酰脲类除草剂氟唑磺隆、甲基二磺隆、磺酰磺隆，三唑并嘧啶类除草剂啶磺草胺，酰胺类除草剂乙草胺，三氮苯类除草剂扑草净，取代脲类除草剂绿麦隆，二硝基苯胺类除草剂氟乐灵和有机磷类除草剂草甘膦异丙胺盐。结果显示：抗精噁唑禾草灵的日本看麦娘种群 AHFD-1 对这些药剂的抗性指数均＜2.0，并未对这些药剂产生多抗性。因此，这些药剂均能够有效防除抗精噁唑禾草灵日本看麦娘种群 AHFD-1，在抗性日本看麦娘的化学防除中可以发挥作用。

表 5-10 抗精噁唑禾草灵日本看麦娘种群（AHFD-1）的多抗性情况

药剂 Herbicide	种群 Population	抑制中剂量 $GR_{50} \pm SE$ [a] / (g a. i. /hm²)	抗性指数[b] Relative resistance factor	抗药性分级
氟唑磺隆 flucarbazone-sodium	抗性	110.23 ± 2.99	1.41	敏感
	敏感	78.20 ± 5.53	1.00	敏感
甲基二磺隆 mesosulfuron-methyl	抗性	2.29 ± 0.16	0.78	敏感
	敏感	2.95 ± 1.05	1.00	敏感
磺酰磺隆 sulfosulfuron	抗性	14.17 ± 3.81	0.71	敏感
	敏感	19.93 ± 0.6	1.00	敏感
啶磺草胺 pyroxsulam	抗性	6.07 ± 0.90	1.86	敏感
	敏感	3.26 ± 0.79	1.00	敏感
乙草胺 acetochlor	抗性	10.31 ± 2.19	0.65	敏感
	敏感	15.91 ± 2.83	1.00	敏感

（续）

药剂 Herbicide	种群 Population	抑制中剂量 $GR_{50} \pm SE^{a}$/（g a.i./hm²)	抗性指数[b] Relative resistance factor	抗药性分级
扑草净	抗性	971.01±88.38	1.02	敏感
prometryn	敏感	951.32±50.42	1.00	敏感
绿麦隆	抗性	405.86±81.39	1.06	敏感
chlorotoluron	敏感	382.02±47.90	1.00	敏感
氟乐灵	抗性	371.96±9.57	0.86	敏感
trifluralin	敏感	434.89±39.22	1.00	敏感
草甘膦异丙胺盐	抗性	824.53±24.50	1.33	敏感
glyphosate-isopropylammonium	敏感	618.40±20.15	1.00	敏感

注：a 表示标准误差；b 表示抗性指数，抗性生物型 GR_{50} 相对于敏感生物型 GR_{50} 的比值。

高海涛采用整株生物测定法测定抗精噁唑禾草灵耿氏假硬草种群 JYJD-2 及在同一地区的非耕地采集的敏感种群 JYJD-1 对与精噁唑禾草灵作用机理不同的药剂敏感性。结果表明，抗性和敏感耿氏假硬草种群都对所有供试药剂仍然敏感。JYJD-2 种群对 ALS 抑制剂类除草剂甲基二磺隆、甲咪唑烟酸和啶磺草胺的 GR_{50} 分别为 5.71 g a.i./hm²、45.41 g a.i./hm² 和 4.94 g a.i./hm²，均小于各自药剂的田间推荐剂量。对光合抑制剂扑草净和异丙隆的 GR_{50} 分别 241.81 g a.i./hm² 与 906.22 g a.i./hm²，相对抗性倍数为 1.42 倍与 2.01 倍。对有机磷类抑制剂草甘膦异丙胺盐的 GR_{50} 为 257.60 g a.i./hm²，相对抗性倍数为 1.01 倍。抗精噁唑禾草灵耿氏假硬草 JYJD-2 并未对 ALS 类、光合抑制剂类和有机磷类抑制剂除草剂产生多抗性，这些药剂仍可以防除耿氏假硬草（表 5-11）。

表 5-11　抗精噁唑禾草灵耿氏假硬草种群（JYJD-2）的多抗性情况

药剂 Herbicide	种群 Population	抑制中剂量 $GR_{50} \pm SE^{a}$/（g a.i./hm²)	相对抗性倍数[b] Relative resistance factor	抗药性分级
甲基二磺隆	抗性	5.71±6.70	1.08	敏感
mesosulfuron-methyl	敏感	5.28±3.71	1.00	敏感
甲咪唑烟酸	抗性	45.41±2.99	1.41	敏感
imazapic	敏感	32.26±6.63	1.00	敏感
啶磺草胺	抗性	4.94±2.99	1.23	敏感
pyroxsulam	敏感	4.03±4.84	1.00	敏感
扑草净	抗性	241.81±2.31	1.42	敏感
prometryne	敏感	170.57±2.31	1.00	敏感
异丙隆	抗性	906.22±63.31	2.01	敏感性下降
isoproturon	敏感	449.77±40.91	1.00	敏感
草甘膦异丙胺盐	抗性	257.60±3.81	1.01	敏感
glyphosate-isopropylammonium	敏感	256.97±2.28	1.00	敏感

注：a 表示标准误差；b 表示相对抗性倍数，抗性生物型 GR_{50} 相对于敏感生物型 GR_{50} 的比值。

　　张佩采用整株生物测定法测定 JNXW－2、HZYC－6、HZGX－2、HZYC－4、HZYC－5 靶标突变种群以及未突变的抗性种群 JLGY－6 种群对与精噁唑禾草灵作用机理不同的药剂敏感性。其结果表明，在选定的这些药剂中，抗性和敏感多花黑麦草种群都对甲基二磺隆、啶磺草胺、氟唑磺隆、双草醚、氨唑草酮、绿麦隆、甲氧咪草烟、咪唑乙烟酸、草甘膦异丙胺盐、异丙隆等药剂仍然敏感，不存在多抗性，但是抗性和敏感种群对喹草酮、甲基喹草酮、二氯喹啉草酮及氯氟吡啶酯都不敏感，很高的剂量也对多花黑麦草无效，所以无法计算出其 GR_{50} 或者 GR_{90}。抗性代表 HZYC－6 种群对 ALS 抑制剂类除草剂甲基二磺隆、啶磺草胺、氟唑磺隆、咪唑乙烟酸和甲氧咪草烟的 GR_{50} 分别为 8.06 g a.i./hm²、1.66 g a.i./hm²、5.81 g a.i./hm²、3.71 g a.i./hm² 和 2.67 g a.i./hm²，且其 GR_{90} 均小于各自药剂的田间推荐剂量，因此，这几种对于防除多花黑麦草还是效果很好的。对有机磷类抑制剂草甘膦异丙胺盐、取代脲类绿麦隆、氨唑草酮和氟噻草胺的 GR_{50} 分别597.26 g a.i./hm²、282.94 g a.i./hm²、21.77 g a.i./hm² 与 41.15 g a.i./hm²，相对抗性倍数为 1.82 倍、1.55 倍、1.26 倍与 0.91 倍，且 GR_{90} 均小于各自药剂的田间推荐剂量，对于防除多花黑麦草还是有比较好的效果。对双草醚、环吡氟草酮、丙草胺、异丙隆的 GR_{50} 为 30.77 g a.i./hm²、98.64 g a.i./hm²、275.21 g a.i./hm²、544.17 g a.i./hm²，相对抗性倍数为 2.13 倍、1.48 倍、0.74 倍和 0.96 倍，但是其 GR_{90} 要大于推荐剂量，所以这几个药不太适用于防除多花黑麦草。其他 4 个抗性种群得出类似的结果，都没有产生多抗性。由上述结果可知，抗精噁唑禾草灵多花黑麦草 HZYC－6、HZGX－2、HZYC－4、HZYC－5 以及靶标未突变的抗性种群 JLGY－6 并未对 ALS 类、光合抑制剂类、有机磷类抑制剂除草剂产生多抗性，大部分药剂仍可以防除多花黑麦草（表 5－12）。

表 5－12　抗性多花黑麦草的多抗性情况

药剂	种群	抑制中剂量 $GR_{50} \pm$ SE/（g a.i./hm²）	抑制杂草 90% 的剂量 $GR_{90} \pm$ SE/（g a.i./hm²）	相对抗性倍数 RI	抗药性分级
甲基二磺隆（13.5 g a.i./hm²）	HZYC－6	8.06±0.72	13.27±2.80	0.96	敏感
	HZGX－2	7.68±0.96	12.23±1.72	0.91	敏感
	HZYC－4	8.51±0.38	13.62±1.23	1.01	敏感
	HZYC－5	10.32±0.65	14.85±2.72	1.23	敏感
	JLGY－6	6.15±0.70	10.59±2.08	0.73	敏感
	JNXW－2	8.40±0.25	12.81±1.88	1.00	敏感
啶磺草胺（14 g a.i./hm²）	HZYC－6	1.66±0.13	4.31±0.23	2.05	敏感性下降
	HZGX－2	1.59±0.22	6.98±0.12	1.96	敏感
	HZYC－4	1.32±0.31	3.86±0.43	1.63	敏感
	HZYC－5	1.28±0.09	10.17±0.15	1.58	敏感
	JLGY－6	0.97±0.12	2.85±0.37	1.20	敏感
	JNXW－2	0.81±0.02	2.89±0.19	1.00	敏感

（续）

药剂	种群	抑制中剂量 GR$_{50}$± SE/ (g a. i. /hm^2)	抑制杂草 90% 的剂量 GR$_{90}$± SE/ (g a. i. /hm^2)	相对抗性倍数 RI	抗药性分级
氟唑磺隆 (32 g a. i. /hm^2)	HZYC－6	5.81±0.32	35.85±3.12	1.05	敏感
	HZGX－2	6.13±0.41	23.68±2.46	1.11	敏感
	HZYC－4	7.21±0.53	30.12±1.32	1.30	敏感
	HZYC－5	10.98±0.26	30.56±1.57	1.98	敏感
	JLGY－6	6.17±0.42	19.24±0.78	1.11	敏感
	JNXW－2	5.54±0.22	11.72±0.63	1.00	敏感
咪唑乙烟酸 (90 g a. i. /hm^2)	HZYC－6	3.71±1.51	34.50±3.48	1.63	敏感
	HZGX－2	4.23±0.63	45.89±5.01	1.86	敏感
	HZYC－4	4.01±0.72	37.62±3.23	1.77	敏感
	HZYC－5	4.46±0.96	41.93±3.05	1.96	敏感
	JLGY－6	4.17±1.85	40.36±4.71	1.84	敏感
	JNXW－2	2.27±1.32	33.27±2.26	1.00	敏感
甲氧咪草烟 (45 g a. i. /hm^2)	HZYC－6	2.67±0.31	13.49±1.31	1.99	敏感
	HZGX－2	2.13±0.54	25.63±1.23	1.59	敏感
	HZYC－4	2.05±0.43	32.57±1.78	1.53	敏感
	HZYC－5	2.46±0.29	45.12±3.21	1.84	敏感
	JLGY－6	1.86±0.45	23.89±4.56	1.39	敏感
	JNXW－2	1.34±0.32	12.82±1.29	1.00	敏感
草甘膦异丙胺盐 (1 230 g a. i. /hm^2)	HZYC－6	597.26±47.78	1 147.63±120.82	1.82	敏感
	HZGX－2	532.16±36.17	1 326.11±89.63	1.62	敏感
	HZYC－4	452.37±23.54	1 089.34±57.61	1.38	敏感
	HZYC－5	605.89±37.89	889.64±52.14	1.85	敏感
	JLGY－6	578.44±18.63	967.10±102.34	1.76	敏感
	JNXW－2	328.08±19.72	990.72±134.10	1.00	敏感
绿麦隆 (1 125 g a. i. /hm^2)	HZYC－6	282.94±23.72	1 301.57±35.36	1.57	敏感
	HZGX－2	301.45±33.98	1 235.06±32.68	1.67	敏感
	HZYC－4	235.89±14.56	1 028.97±21.97	1.31	敏感
	HZYC－5	324.52±19.73	980.65±13.45	1.80	敏感
	JLGY－6	259.81±18.59	1 124.62±22.41	1.44	敏感
	JNXW－2	180.12±11.74	1 081.51±39.72	1.00	敏感
氟唑草酮 (210 g a. i. /hm^2)	HZYC－6	21.77±2.70	157.71±13.60	1.26	敏感
	HZGX－2	15.23±1.62	143.69±23.64	0.88	敏感
	HZYC－4	22.06±3.89	152.08±17.36	1.28	敏感
	HZYC－5	18.54±2.06	113.25±10.06	1.07	敏感
	JLGY－6	16.17±1.52	126.73±11.89	0.94	敏感
	JNXW－2	17.26±2.14	118.41±10.74	1.00	敏感

（续）

药剂	种群	抑制中剂量 GR$_{50}$ ± SE/ (g a. i. /hm^2)	抑制杂草90%的 剂量 GR$_{90}$ ± SE/ (g a. i. /hm^2)	相对抗性 倍数 RI	抗药性 分级
氟噻草胺 (140 g a. i. /hm^2)	HZYC-6	41.15±4.55	150.47±12.82	0.92	敏感
	HZGX-2	45.63±3.71	132.56±22.13	1.02	敏感
	HZYC-4	50.79±2.56	112.71±17.33	1.13	敏感
	HZYC-5	62.31±2.88	150.14±10.87	1.39	敏感
	JLGY-6	55.87±3.75	180.69±16.93	1.25	敏感
	JNXW-2	44.80±3.50	160.60±15.10	1.00	敏感
双草醚 (30 g a. i. /hm^2)	HZYC-6	30.77±3.62	446.29±11.83	2.13	敏感性下降
	HZGX-2	25.89±2.11	332.15±20.63	1.79	敏感
	HZYC-4	18.63±3.08	169.31±14.75	1.29	敏感
	HZYC-5	15.48±2.69	223.98±13.62	1.07	敏感
	JLGY-6	17.96±1.87	450.69±21.74	1.24	敏感
	JNXW-2	14.45±2.64	534.41±12.88	1.00	敏感
环吡氟草酮 (90 g a. i. /hm^2)	HZYC-6	98.64±5.94	657.69±15.23	1.47	敏感
	HZGX-2	85.63±6.75	405.69±26.89	1.28	敏感
	HZYC-4	70.89±4.36	235.87±14.53	1.06	敏感
	HZYC-5	93.54±5.47	329.74±17.86	1.40	敏感
	JLGY-6	59.88±7.80	513.62±23.17	0.89	敏感
	JNXW-2	66.94±5.44	467.31±15.19	1.00	敏感
丙草胺 (500 g a. i. /hm^2)	HZYC-6	275.21±13.26	2 569.80±53.12	0.73	敏感
	HZGX-2	236.89±23.51	2 230.68±44.36	0.63	敏感
	HZYC-4	335.41±22.36	1 896.32±23.45	0.90	敏感
	HZYC-5	359.64±18.94	1 977.85±56.89	0.96	敏感
	JLGY-6	214.67±13.58	2 035.69±37.14	0.57	敏感
	JNXW-2	374.54±16.22	2 792.42±23.63	1.00	敏感
异丙隆 (1 050 g a. i. /hm^2)	HZYC-6	544.17±33.83	2 264.70±206.35	0.96	敏感
	HZGX-2	602.41±21.05	2 238.24±105.22	1.07	敏感
	HZYC-4	587.63±32.47	1 987.69±56.37	1.04	敏感
	HZYC-5	559.78±19.63	2 567.74±14.56	0.99	敏感
	JLGY-6	673.25±33.18	2 036.15±58.97	1.19	敏感
	JNXW-2	564.76±28.40	2 862.76±215.23	1.00	敏感

五、抗精噁唑禾草灵杂草的治理方法

研究发现抗性基因频率、抗性基因数量、抗性基因显隐性、抗性基因适合度、杂草花粉授粉类型、种子繁殖能力、种子寿命、种子/花粉移动能力、除草剂化学结构、除草剂作用位点、除草剂残留活性、除草剂应用剂量、除草剂施用技术、非化学的杂草治理措施、作物轮作和农业特性等因素均可影响抗药性杂草生物型的产生与发展。因此，抗药性杂草的治理应该是包括抗性杂草检疫、除草剂合理使用、作物合理轮作、耕作制度合理调整和生物除草技术科学应用等策略在内的多种措施的综合运用，以达到科学治理抗性杂草的目的。

1. 加强对疑似抗性杂草的监测与鉴定　加强对田间疑似抗性杂草的监测，尽早通过种子生物测定法或整株生物测定法明确杂草是否对精噁唑禾草灵产生了抗性及其抗性程度，并进一步通过环介导等温扩增 PCR（LAMP）法或（衍生）酶切扩增多态性（dCAPS）法快速诊断抗性种群的靶标突变位点，结合其他分子生物学和生物化学研究方法，明确抗性杂草的抗药性机理，进而为抗性杂草的可持续治理提供科学指导。

2. 利用耕作栽培等农艺措施

（1）物理方法减少杂草种子量，切断抗性传播链。田间杂草对精噁唑禾草灵产生抗药性后，可通过杂草种子成熟前人工剪穗、杂草种子成熟脱落后田间漫水诱萌等方法减少土壤种子库中杂草种子量，并通过清洁灌溉渠、清除农业机械携带种子等物理方法切断抗性种子传播蔓延链条，达到治理抗精噁唑禾草灵杂草的目的。

田间杂草对精噁唑禾草灵产生抗药性后，在杂草种子成熟前收割杂草种穗，集中焚烧，切断抗性杂草繁衍途径。此外，在小麦收割后，尽早在田间漫大水，通过人工打捞的方法可清除田间茵草、日本看麦娘等种子飘浮性强的杂草种子，减少土壤种子库种子量，降低杂草发生基数。

抗性杂草生物型产生后，应尽最大努力将其控制在原发区，防止其种子产生和传播蔓延。杂草可通过基因的交流或种子的扩散而导致其抗性蔓延。杂草基因漂流率通常高于其基因的突变率。瑞士黑麦草抗性生物型的花粉可在作物田和非作物田 10 m 左右范围内飘移，造成抗性蔓延。通过花粉飘移而导致除草剂抗药性蔓延较难控制，尤其是单基因显性或半显性基因导致抗药性。因此，田间抗性杂草的防除应尽量防止其花粉、籽实的形成。及时清理沟渠边杂草，清洁灌溉水，避免由于灌溉而导致抗药性杂草蔓延。所有农业器械在离开该区域前必须清除所携带的杂草种子，保证杂草种子不会经过农业器械、青贮饲料、粪肥和作物种子传播。

（2）深翻耕（或深旋耕）改变抗性杂草种子在土层中的位置。根据杂草的出苗特性，在小麦播种前通过深翻耕或深旋耕，将大部分土表杂草种子埋入深土层中（10 cm 以下），改变抗性杂草种子在土层中位置，利用位于深土层杂草种子无法正常出苗的特性，降低杂草出苗率，控制抗精噁唑禾草灵杂草的蔓延。

饶娜室内测定茵草种子在不同深度土壤中的出苗率发现，茵草种子的出苗率随着播种深度的增加而下降，位于土表层的种子出苗率最高，5 cm 土层出苗率很低。在所设的 6

个处理中，以处于土表层的茵草种子出苗率最高，达 90.71%；当播种深度从 0 cm 增加至 2 cm 时，茵草种子出苗率下降到 65%；但当播种深度为 3 cm 时，出苗率迅速下降至 18.75%；播种深度在 5 cm 时，茵草出苗率仅为 2.5%，很难出苗（图 5-2）。随着播种深度的增加，出苗率逐渐降低的这种特性在许多杂草上都曾被报道。日本的 Morita（1994）研究认为茵草胚轴的伸长限于约 1 cm 以内，这些可能是茵草种子随播种深度的增加出苗率下降的原因。由此结果可看出，茵草的发生量与茵草种子在田间土壤中的垂直分布有密切联系。因此，在稻麦/油轮作制度下，不同的耕作方式会导致茵草的发生量产生差异。褚建君（2000）对 4 种不同耕作措施下茵草种子库的数量进行研究发现，在稻/油轮作条件下，实行春季免耕-秋季免耕、春季免耕-秋季翻耕、春季翻耕-秋季免耕和春季翻耕-秋季翻耕，油菜种植时土壤 0～5 cm 表土层的种子数依次占 82.3%、20.3%、30.1%和 33.2%，说明连续免耕可导致茵草的发生量加大。由于茵草种子在 5 cm 以下土层中出苗率低，故减少表土层的种子数量在防除实践中具有重要意义。近几年，少免耕耕作方式的推广使得茵草在长江流域发生严重，因此，在水稻免耕种植的情况下，在小麦种植前对土壤进行翻耕，可有效降低茵草的危害。

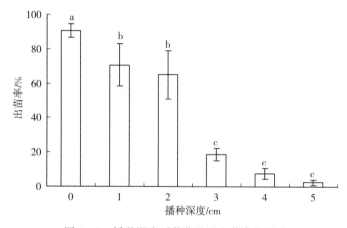

图 5-2 播种深度对茵草种子出苗率的影响

王红春研究发现，随着埋土深度的增加，早熟禾籽实出苗率逐渐下降（图 5-3）。埋土深度为 0～2.0 cm 时，早熟禾籽实出苗率较高，均达到了 55%以上。当埋土深度为 3.5 cm 时，其出苗率为 0。随着埋土深度的增加，杂草出苗率逐渐降低的现象已在多种杂草中发现。深土层光照不足可能是造成光敏性杂草籽实萌发率下降的原因之一；随埋土深度增加杂草籽实体积太小，难以提供从深层土壤出苗所需的破土能力，可能是出苗率逐渐下降的原因之一。近年来，少免耕田面积的扩大，可能是早熟禾发生危害蔓延的原因之一。随着埋土深度的增加早熟禾籽实出苗率逐渐下降的特性可有效地应用于杂草的防治体系中。在小麦播种前对土壤进行合理的耕翻，可有效降低早熟禾的危害。

日本看麦娘的发生与种子在土层内的分布深度、耕作方式密切相关，当日本看麦娘种子分布在 0～3 cm 表土层最易发生并造成危害。根据该特性，合理耕翻可将茵草、日本看麦娘、早熟禾等抗（耐）精噁唑禾草灵的杂草种子埋入 10 cm 以下土层，降低杂草萌发出

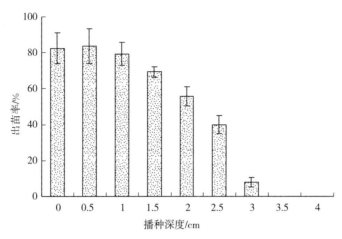

图 5-3 不同埋土深度对早熟禾籽实出苗的影响

苗率，进而控制抗性杂草的蔓延。

由于菵草、日本看麦娘、早熟禾等杂草种子分布于土壤表层时，种子萌发出苗率高，播种前耕翻也有促进杂草萌发的可能。生产中，可在茬口时间允许的情况下，播前适当提早耕翻促进杂草萌发，待杂草出苗后施用抗性风险低、灭生性除草剂降低杂草基数，以达到有效治理抗（耐）性杂草的目的。另外，在不耽误播种的条件下进行播前浅耕结合除草剂灭草，免少耕与常规耕翻轮换，作物生长期间适当中耕，压低杂草密度，均可有效减少抗（耐）精噁唑禾草灵杂草发生危害。

（3）增强作物的竞争力。竞争是塑造植物体形态和生活史的主要动力之一，也是决定群落组成、结构与动态的重要因素。从竞争作用的对象来看，竞争可以发生在同种植物的不同个体之间，即种内竞争；也可以发生在不同植物之间，即种间竞争。通过调整作物的密度、空间分布、品种和播种时间等因素，充分利用杂草和小麦的种间竞争及杂草种群内部的种内竞争，尽早地最大化作物在生长季节对空间的占有率，采用生态措施降低杂草对作物的竞争能力，是控制抗精噁唑禾草灵杂草危害的关键措施之一。

①适期施肥和化学防除，降低菵草竞争力，控制抗性蔓延。饶娜等研究发现，菵草种群内部对其出苗存在着一定的制约机制。稻茬麦田菵草的田间出草动态表明，菵草在田间有冬前和春后 2 个出草高峰。每周人工拔草处理，整个小麦生育期内菵草的总出草量达197 株/0.11m²；调查后不拔草的处理，总出草量为 96 株/0.11m²（图 5-4）。小麦于 11 月 4 日播种，调查后不拔草的处理中，播种后 7 d 未见有草出苗；播后 14 d（11 月 18 日），出草数 31 株/0.11m²，占总出草量的 32.4%；播后 35 d（12 月 9 日），出草数为 79 株/0.11m²，占总出草量的 82.5%；播种 105 d 以后，出草量逐渐下降，但在播后 119 d（1 月 27 日），菵草进入春季出草高峰，再经过 6 周的出苗后，总出草量趋于稳定，田间不再出苗。调查后人工拔草的处理中，播后 14 d（11 月 18 日），出草数 31 株/0.11m²，占总出草量的 15.7%；播后 35 d（12 月 9 日），出草数为 120 株/0.11m²，占总出草量的61.1%，之后出草量逐渐下降；在播后 119 d（1 月 27 日）出草数为 179 株/0.11m²，占总出草量的 90.7%，此时冬季出草基本结束；2 月 9 日开始出现一个较小的春季出草高

峰，至播后 161 d（3 月 10 日），田间茵草停止出苗。不论是调查后拔草的处理还是不拔草的处理，茵草都有冬前和春后 2 个出草高峰，但冬前出草量大致占总出草量的 80%～90%，春后出草量只占总量较小的比重，因此，如果天气、温度适宜，田间化学防除应在冬前杂草基本出齐后进行。调查后不拔草的处理总出草量占拔草处理总量的 48.7%，茵草种群内部对其出苗存在着制约机制。

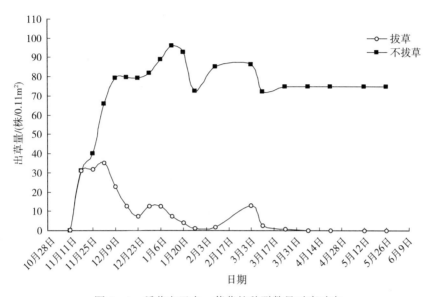

图 5-4　稻茬麦田中，茵草的种群数量时序动态

调查茵草与小麦的种间竞争时发现，播后 1 周小麦开始出苗，2 周后茵草开始大量出苗（图 5-5）。茵草和小麦的株高（y）与播后时间（周数，x）的关系式分别为：$y = 0.235\,3x^2 - 4.372\,8x + 20.348$（$R^2 = 0.972$）和 $y = 0.219\,1x^2 - 3.290\,7x + 20.415$（$R^2 = 0.973$），整个生育期内，小麦株高始终高于茵草。小麦播后第 3 周时平均株高为 10.12 cm，随后的 3 个月内增长缓慢，于播后第 15 周开始进入株高的快速增长期，但茵草于播后第 18 周开始快速增长，比小麦晚 3 周。至最终收获时（播后第 27 周），小麦平

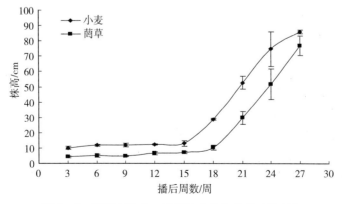

图 5-5　稻茬麦田中，茵草和小麦的株高时序变化

均株高为 86.04 cm，茵草为 76.79 cm，仅比小麦低 10 cm。茵草与小麦的株高增长趋势基本相同。播后第 18 周，茵草开始进入株高的快速增长期，即与小麦进行肥、水、光照的激烈竞争期，比小麦推迟 3 周。

在鲜重的变化动态方面，茵草与小麦表现出相同的趋势（图 5-6），茵草平均株鲜重（y）与播后时间（x）的关系式为 $y=0.038\ 1x^2-0.735\ 7x+2.657\ 7$（$R^2=0.892$）；小麦的关系式为：$y=0.046\ 3x^2-0.591\ 8x+1.398\ 5$（$R^2=0.908$）。播后第 3 周，小麦的平均株鲜重为 0.076 1 g，茵草仅为 0.004 7 g。在播后的前 15 周内，小麦鲜重增加极其缓慢，播后 15 周至第 21 周，小麦处于鲜重的快速增加期，第 21 周后鲜重增幅开始下降。茵草在播后第 18 周才开始进入鲜重的快速增长期，比小麦晚 3 周。在第 24 周至第 27 周，因为采样时部分茵草先成熟的种子脱落，茵草的株高持续增长但鲜重却趋于平稳。整个试验过程中，小麦的鲜重始终大于茵草。最终收获时（播后第 27 周），小麦和茵草的平均株鲜重分别为 16.82 g 和 9.80 g，两者的比例也从第 3 周的 16.19 下降到 1.72。

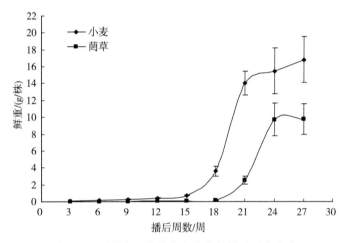

图 5-6　稻茬麦田中茵草和小麦的鲜重时序变化

茵草与小麦在株高增长、鲜重积累方面表现出相似的变化规律。不论株高增长还是鲜重积累，茵草均比小麦推迟 3 周进入快速增长期，这在田间对茵草进行适时防除具有指导意义。茵草在小麦播后第 18 周株高、鲜重才开始快速增长，在第 17 周冬前出草结束，因此，田间防除应尽量在播后 18 周之前进行，此时杂草基本出齐且植株尚小，对药剂敏感。返春后再防除不仅因植株长大导致药效降低，还会因加大用药量而增加成本，加重了杂草产生抗药性的选择压。此外，田间施肥可在小麦播后第 15 周前进行，因为此时是小麦开始快速生长的时期，而茵草比其晚 3 周，此时施肥大部分能被小麦吸收从而减少了被茵草吸收，不利于茵草生物量的积累，使茵草竞争力降低。

不同茵草发生密度对小麦产量及其构成的影响不同。由表 5-13 可看出，随着田间茵草密度的增加，小麦有效穗数、每穗粒数和产量都呈明显下降趋势，但千粒重变化不明显。经计算机拟合，茵草密度（x）和每平方米有效穗数（y）、每穗粒数损失率（y）间的关系式分别为：$y=-2.8x+316$（$R^2=0.85$），$y=-0.16x+29.3$（$R^2=0.84$）。当茵草从低密度（3 株/m²）增加至高密度（50 株/m²）时，小麦产量损失率从 6.7% 显著增

加至 56.6%。经 SPSS 拟合并检验可看出（表 5-14），适合菵草密度与小麦产量损失率的 4 种方程在 1% 水平上均具有显著性，但二次曲线的 R^2 最大，因此二次曲线方程 $y=-0.026\,5x^2+2.409\,4x+1.574$（$R^2=0.957$）最适合本试验。结果表明，菵草对小麦的竞争主要是通过影响小麦的有效穗数和每穗粒数进而影响小麦产量，而对千粒重这个性状影响不明显。

表 5-13　菵草不同密度对小麦产量及其组成的影响

密度/（株/m²）	有效穗数/（穗/m²）	损失率/%	每穗粒数/（粒/穗）	损失率/%	千粒重/（g/1 000 粒）	损失率/%	亩产量/kg	损失率/%
0	327 a	—	30.8 a	—	44 a	—	295.7 a	—
3	325 a	0.6	29.29 ab	4.79	43.5 a	1.1	276 a	6.7
6	310.3 ab	5.1	28.2 ab	8.4	43.9 a	0.2	257.1 ab	13.1
9	279 ab	14.7	26.6 bc	13.6	43.1 a	2.0	212.5 bc	28.1
15	253.7 bcd	22.4	27.5 b	10.7	41.7 a	5.2	197.1 bcd	33.4
20	248.3 bcd	24.1	24.6 cd	20.1	41.6 a	5.5	170.4 cde	42.4
25	263 bc	19.6	23.9 cd	22.4	44 a	0	184.9 cde	37.5
30	205.7 cd	37.1	24.7 cd	19.8	43.4 a	1.4	146.7 de	50.4
50	198.3 d	39.4	22.2 d	27.9	43.8 a	0.5	128.2 e	56.6

注：不同字母表示 5% 水平上差异显著。

表 5-14　菵草密度（x）与小麦产量损失率（y）方程的检验

曲线模型	方程	R^2	F 值	P 值
线性方程	$y=9.856\,6+1.135\,6x$	0.838	36.19	0.001
二次曲线	$y=1.574+2.409\,4x-0.026\,5x^2$	0.957	66.17	0.000
对数曲线	$y=-15.241+18.292\,9\ln x$	0.956	129.77	0.000
幂函数	$y=3.669\,7x^{0.761\,5}$	0.914	63.96	0.000

种间竞争方面，菵草不论在株高上还是在鲜重上都与小麦存在竞争，但其快速增长期在小麦播后第 18 周之后，比小麦推迟 3 周。随着菵草植株密度的增加，小麦有效穗数、每穗粒数和小麦产量均显著下降，但千粒重变化不明显。

②适期施肥和化学防除，抑制早熟禾生长，增强小麦竞争力。王红春等在以早熟禾为优势草种的稻茬小麦田调查早熟禾田间发生动态时发现，早熟禾具有明显的冬前出苗高峰（图 5-7）。在调查后不拔草的处理中，小麦播后 14 d，出草数为 118.4 株/0.11m²，占总出草量的 65.60%；播后 28 d，出草数为 142.6 株/0.11m²，占总出草量的 78.87%；播后 98 d，出草数为 180.8 株/0.11m²，出草量达到最大值；播后 112 d、126 d 时，早熟禾出苗量略有下降，分别为 174.6 株/0.11m²、171.8 株/0.11m²；播后 140 d 早熟禾出草量又略有上升，为 176.7 株/0.11m²；此后，总出草量逐渐趋于稳定，田间不再出苗。对于调查后人工拔除的处理，播种后 14 d，出草数为 129.8 株/0.11m²，占总出草量的

34.35%；播种后 28 d，出草数为 251.5 株/0.11m²，占总出草量的 66.55%；播种后 72 d，出草数为 330.90 株/0.11m²，占总出草量的 87.56%；播后 84～126 d 早熟禾出苗量逐渐下降；播后 140 d 早熟禾出苗率略有上升。此后，总出草量逐渐趋于稳定。调查后不拔草的处理中的总出草量为 198.6 株/0.11m²，仅占拔草处理总出草量（385.8 株/0.11m²）的 47.84%，说明早熟禾种群内部存在着竞争，而该竞争制约了早熟禾种群的出苗量。田间调查结果表明，早熟禾在冬前具有一个出草高峰，冬后出草量相对较小，因此田间化学防除可在冬前杂草基本出齐后进行。

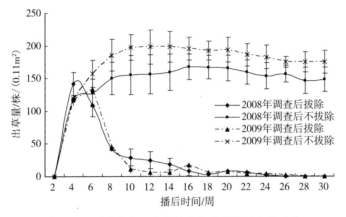

图 5-7　稻茬小麦田中早熟禾的种群数量变化动态

在小麦整个生育期内，小麦株高始终高于早熟禾（图 5-8）。小麦在其播种后第 3 周时平均株高为 19.55 cm，早熟禾的快速增长也比小麦晚 3 周。小麦播种后第 24 周早熟禾株高开始稳定，抽穗期结束，开始进入成熟期。播种后第 27 周小麦株高趋于稳定，进入成熟期。最终收获时，小麦平均株高为 107.45 cm，早熟禾为 51.55 cm，比小麦低 55.90 cm。小麦播后第 18 周早熟禾开始进入株高的快速增长期，即与小麦进行水、肥、光照的激烈竞争期，比小麦推迟 3 周。

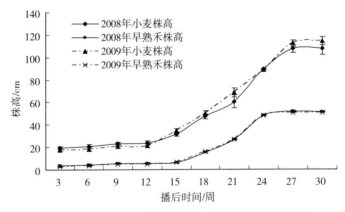

图 5-8　稻茬小麦田中早熟禾与小麦的株高时序变化

早熟禾与小麦的鲜重积累表现出不同的趋势（图 5-9）。但是同它们各自的株高趋势一致。小麦的鲜重始终大于早熟禾。最终收获时，小麦和早熟禾的平均株鲜重分别为 36.06 g 和 0.80 g。

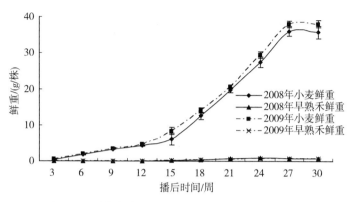

图 5-9 稻茬小麦田中早熟禾与小麦的鲜重时序变化

早熟禾的株高增长、鲜重积累均比小麦推迟 3 周进入快速增长期，这对田间适时防治早熟禾具有重要的指导意义。田间防除应尽量在播后 15 周之前进行，此时杂草基本出齐且杂草叶龄尚小，对除草剂相对敏感，而返春后防除时杂草叶龄相对较大，除草剂防效较差。春后化学除草时为达到理想防效需要加大用药量，不仅增加了成本，还加重了除草剂对杂草的选择压及对环境的污染。适当提前用药可提高除草剂的防效，但具体用药时间需与气温及除草剂性能等因素结合起来考虑。另外，田间施肥可于小麦播后第 12～15 周进行，该段时间内小麦增长快速，而早熟禾尚未进入快速增长期，所施肥料可大部分被小麦吸收，早熟禾对养分的吸收量相对较少，可降低早熟禾生物量的积累，增强小麦的相对竞争力，从而抑制早熟禾的危害。

3. 科学使用除草剂

（1）禁用或限用相同作用机理除草剂。抗精噁唑禾草灵杂草可能对 ACCase 抑制剂类除草剂有明显的交互抗性。在治理抗精噁唑禾草灵杂草时，应结合抗精噁唑禾草灵杂草对 ACCase 抑制剂类除草剂的交互抗性状况，限制使用相同作用机理的除草剂。

根据潘浪等研究抗精噁唑禾草灵茵草的交互抗性结果，抗性种群 JCWL 对 APPs 类除草剂高效氟吡甲禾灵、精吡氟禾草灵、精喹禾灵、炔草酯、噁唑酰草胺均产生了高水平抗性，对 PPZs 类除草剂唑啉草酯和 CHDs 类除草剂烯禾啶也产生了高水平交互抗性，而对 CHDs 类除草剂烯草酮则是产生了低水平抗性；抗性种群 JCJT 对炔草酯、精吡氟禾草灵、氰氟草酯、噁唑酰草胺和唑啉草酯产生了高水平抗性，而对高效氟吡甲禾灵、精喹禾灵以及烯禾啶产生了低水平抗性，对烯草酮敏感；抗性种群 JYJD 对炔草酯、噁唑酰草胺以及唑啉草酯产生了高水平抗性，对高效氟吡甲禾灵、精喹禾灵、氰氟草酯、精吡氟禾草灵及烯禾啶均产生了低水平抗性，对烯草酮敏感。因此，APPs 类除草剂、PPZs 类除草剂以及 CHDs 类除草剂的烯禾啶已经不能用于防除抗精噁唑禾草灵茵草种群，应予以禁用，而 CHDs 类除草剂中的烯草酮仍具有一定的防控效果，可以使用或限制使用。

徐洪乐测定抗精噁唑禾草灵日本看麦娘 AHFD-1 种群的交互抗性情况发现，AHFD-1 种群不仅对精噁唑禾草灵产生了抗性，还对高效氟吡甲禾灵、精吡氟禾草灵、精喹禾灵、炔草酯、噁唑酰草胺及唑啉草酯产生了交互抗性，但并未对烯草酮和烯禾啶产生交互抗性。该抗性种群已经对 APPs 类和 PPZs 类除草剂产生了交互抗性，此 2 类药剂已经不能用于防除该抗精噁唑禾草灵日本看麦娘种群。但是该种群并未对 CHDs 类除草剂产生抗药性，这类药剂在防除抗性日本看麦娘上具有一定的应用前景。

袁国徽研究了不同耿氏假硬草抗精噁唑禾草灵种群的交互抗性，发现抗药性种群 SD-12 和 SD-13 对精喹禾灵产生了高水平抗性，对炔草酯、高效氟吡甲禾灵产生了中等水平抗性，对精吡氟禾草灵、唑啉草酯产生了低水平抗性，而对烯禾啶、烯草酮敏感；JS-25、SD-4 和 SD-11 种群对炔草酯、精吡氟禾草灵产生高水平抗性，对烯禾啶、唑啉草酯产生了中等水平抗性，而未对烯草酮产生抗性；SD-32 种群对烯禾啶产生了高水平抗性，对炔草酯产生了中等水平抗性，对烯草酮、唑啉草酯产生了低水平抗性；SD-23 种群对高效氟吡甲禾灵产生了高水平抗性，对炔草酯、精喹禾灵产生了中等水平抗性，对精吡氟禾草灵产生了低水平抗性，而对烯禾啶、烯草酮、唑啉草酯敏感。不同种群耿氏假硬草对 ACCase 抑制剂类除草剂的敏感性存在差异，所以防治抗精噁唑禾草灵耿氏假硬草要注意回避相关除草剂。

（2）轮用或混用不同作用机理除草剂。轮用或混用作用靶标不同、选择压较低的除草剂是延缓、预防和治理抗精噁唑禾草灵杂草抗性的重要措施之一。目前研究发现，抗精噁唑禾草灵的菵草种群对磺酰脲类除草剂甲基二磺隆、三唑并嘧啶类除草剂啶磺草胺、取代脲类除草剂异丙隆、有机磷类除草剂草甘膦异丙胺盐敏感；抗精噁唑禾草灵的日本看麦娘种群对氟唑磺隆、甲基二磺隆、磺酰磺隆、啶磺草胺、乙草胺、扑草净、绿麦隆、氟乐灵和草甘膦异丙胺盐敏感；抗精噁唑禾草灵的多花黑麦草种群对甲基二磺隆、啶磺草胺、氟唑磺隆、绿麦隆、氟噻草胺、草甘膦异丙胺盐和氨唑草酮敏感；耐精噁唑禾草灵的早熟禾对播后苗前处理除草剂胺苯磺隆、磺酰磺隆、吡氟草胺、氟噻草胺和茎叶处理除草剂甲基二磺隆、胺苯磺隆、草甘膦异丙胺盐、草铵膦敏感。精噁唑禾草灵是乙酰辅酶 A 羧化酶类除草剂，抗精噁唑禾草灵杂草基本没有多抗性发生。所以在生产上，可以针对不同草相，选择非乙酰辅酶 A 羧化酶类除草剂品种轮用、混用进行抗（耐）药性杂草的治理。

为了筛选出能够用于小麦田防除抗精噁唑禾草灵菵草的适宜除草剂，南京农业大学除草剂毒理及抗药性实验室张健等采用整株生物测定法测定了 12 种土壤处理剂、2 种早期茎叶处理剂、15 种茎叶处理剂对抗精噁唑禾草灵菵草的毒力，结果是：对敏感和抗精噁唑禾草灵菵草均有较高的毒力、对供试小麦安全的土壤处理除草剂有绿麦隆、异丙隆、丙草胺、乙草胺和氟噻草胺；对敏感和抗精噁唑禾草灵菵草均有较高的毒力、对供试小麦安全的茎叶处理除草剂有绿麦隆、异丙隆、甲基二磺隆和啶磺草胺。丙草胺和氟噻草胺在相同剂量下对敏感和抗精噁唑禾草灵菵草的鲜重抑制率土壤处理明显好于早期茎叶处理，说明丙草胺和氟噻草胺具有一定的早期茎叶处理效果，但是土壤处理才是其最佳施药方式。

为了筛选出能够用于小麦田防除抗精噁唑禾草灵日本看麦娘的适宜除草剂，南京农业大学除草剂毒理及抗药性实验室白从强等采用整株生物测定法研究了不同位点突变的抗性日本看麦娘种群对相关除草剂（包括小麦田常用的防除禾本科杂草除草剂、非小麦田常用的防除禾本科杂草除草剂和新型防除禾本科杂草除草剂）的敏感性，同时研究了非小麦田除草剂对小麦（镇麦 9 号）的安全性。结果是：小麦田常用的茎叶处理药剂异丙隆、绿麦隆、啶磺草胺、甲基二磺隆，土壤处理药剂异丙隆、绿麦隆，新型的茎叶处理药剂环吡氟草酮和土壤处理药剂氟噻草胺、特丁净（以上均为小麦田除草剂）对5种位点突变的抗性日本看麦娘均具有较好的抑制效果，土壤处理药剂吡氟酰草胺对 Ile - 2041 - Asn 位点突变的抗性日本看麦娘具有较好的抑制效果；而在非小麦田除草剂中，吡唑草胺、丙草胺、噁草酮、氟乐灵、乙氧氟草醚5个土壤处理药剂对5种位点突变抗性日本看麦娘均具有较好的抑制效果，除丙草胺对小麦安全性略高外，其余4个非小麦田除草剂对供试小麦选择性指数低，都不能应用于小麦田中防除抗性日本看麦娘。

根据不同作用机理混用、增效混用、扩大杀草谱混用、降低成本混用等不同目的和原则，可以对相关除草剂进行系列不同混用组合物的筛选。如氟噻草胺、丙草胺、异丙隆、绿麦隆、啶磺草胺、甲基二磺隆、环吡氟草酮等。

（3）适期定量使用除草剂。目前，小麦田禾本科杂草主要对部分茎叶处理除草剂产生了明显的抗药性，对土壤封闭除草剂产生抗药性的种群尚不多见，适当提前杂草的防治时期，可有效防除抗精噁唑禾草灵杂草，控制其抗药性的快速蔓延。杂草生长早期，杂草未萌发或叶龄小，对药剂敏感性高，使用适量的除草剂就可以有效控制杂草危害，除草剂选择压低；杂草生长中后期，杂草叶龄大，对药剂敏感性低，使用高剂量的除草剂才能够控制杂草危害，增大了除草剂的选择压，不利于抗性杂草的可持续治理。

近年来，国内上市了多个小麦生长早期使用的除草剂复配品种，为抗精噁唑禾草灵杂草的防除提供了选择。如33%呋草酮·氟噻草胺·吡氟酰草胺悬浮剂、47%异丙隆·丙草胺·氯吡嘧磺隆可湿性粉剂等。其中，33%呋草酮·氟噻草胺·吡氟酰草胺悬浮剂可在小麦播后苗前使用，防除抗精噁唑禾草灵的菵草、日本看麦娘、早熟禾、棒头草等多种禾本科杂草和部分阔叶杂草；47%异丙隆·丙草胺·氯吡嘧磺隆可湿性粉剂可在小麦播后苗前至小麦2叶期前使用，防除抗精噁唑禾草灵的菵草、日本看麦娘、早熟禾、棒头草等多种禾本科杂草和部分阔叶杂草。

4. 谨慎使用耐除草剂的转基因作物品种或非转基因资源作物品种　受杂草对除草剂产生抗性的启发，科学家发明了耐除草剂的作物，大大改变了化学除草的作业方式。耐除草剂作物可以分为转基因和非转基因两类。目前，有关转基因作物虽然存在很多的争议，但开放转基因作物种植应该是大势所趋，2020年1月，我国在玉米和大豆上有3个耐草甘膦品种进入公示。

目前国际上除加拿大外，非转基因耐除草剂作物的种植均不受管制。科学家们广泛使用非转基因技术来改善作物对除草剂的抗性。目前，通过非转基因手段培育的抗除草剂作物有玉米、大豆、水稻、菜豆和烟草等20余种，抗除草剂种类包括 ALS 类（如咪唑啉酮类、磺酰脲类）、ACCase 类（如环己烯酮类）、草甘膦类、草铵膦类和合成生长素类等。第一个商业化的非转基因抗除草剂作物是具烯禾啶抗性的墨西哥甜玉米 $B_{50}S$ 品系，它是通过组织培养筛选获得的，其 ACCase 活性提高了2.6倍。第二个被商业化的非转基因抗除草剂作物是抗 ACCase 抑制剂类除草剂的高粱，是通过传统育种方法将野生型高粱中抗ACCase 抑制剂类除草剂基因转移而成。为了防除旱直播稻田杂草稻，我国有关单位育成了耐咪唑乙烟酸或甲氧咪草烟的水稻金粳818和津稻372等品种。

通过组织培养筛选、花粉诱变、小孢子筛选、种子诱变及近缘物种间基因转移等方法获得的抗 ALS 抑制剂类除草剂作物被部分农民，特别是被一些种田大户所接受。但由于耐除草剂的作物品种也可能存在潜在的生态、环境风险需要在生产过程中谨慎使用。咪唑乙烟酸等相关除草剂还未在水稻田登记、它对常规栽培稻具有同等杀伤能力，咪唑乙烟酸等除草剂在土壤中的长残效可能伤害后茬作物以及它本身对杂草稻等杂草存在高抗性风险等问题，都需要在认真研究及田间试验的基础上有条件地谨慎使用。

此外，杂草抗药性的产生受多种因素的影响，不同的管理措施调整不同的因素，对杂草和作物产生不同的影响。适当保持物种的多样性，从生态经济学角度科学管理杂草，通过生态适应、作物与杂草及杂草物种间竞争等措施，降低抗药性杂草生物型的比例，减少除草剂的使用，也是可持续治理精噁唑禾草灵抗性的有效途径之一。

参 考 文 献

董立尧，高原，房加鹏，等，2018. 我国水稻田杂草抗药性研究进展 [J]. 植物保护，44（5）：74-81.

董立尧，吕波，徐江艳，等，2011. 农田杂草抗药性检测方法研究进展 [J]. 杂草科学，29（2）：1-4，9.

付仲文，2000. 稻田稗草对丁草胺的抗性测定及机理初步研究 [D]. 北京：中国农业科学院.

付仲文，张朝贤，钱益新，等，1999. 几种抗药性杂草的检测方法 [J]. 植物保护，25（4）：40-42.

高宗军，李美，高兴祥，等，2011. 不同耕作方式对冬小麦田杂草群落的影响 [J]. 草业学报，20：15-21.

郭小刚，刘景辉，李立军，等，2010. 不同耕作方式对杂草控制及燕麦产量的影响 [J]. 中国农学通报，26：111-115.

洪华珠，喻子牛，李增智，等，2010. 生物农药 [M]. 武汉：华中师范大学出版社.

黄炳球，林韶湘，肖整玉，1995. 我国稻区稗草对丁草胺抗药性现状 [J]. 植物保护学报，22（3）：281-286.

黄春艳，1997. 杂草抗药性研究概况 [J]. 黑龙江农业科学，6：45-47.

黄付根，娄金贵，张伟星，等，2015. 稻茬麦田主要杂草种群对氯吡·丙·异的敏感性 [J]. 杂草科学，33（1）：17-20.

黄建中，褚建军，叶建强，1995. 抗药性杂草的管理 [J]. 杂草科学，4：4-7.

黄世霞，2004. 油菜田看麦娘的生物学特性及其对三种除草剂抗药性的研究 [D]. 南京：南京农业大学.

黄世霞，王庆亚，张守栋，2006. 油菜田看麦娘对高效盖草能产生抗药性的现状研究 [J]. 安徽农业科学，34（9）：1913-1914，1916.

李健，李美，高兴祥，等，2016. 杂草抗药性及其机理研究进展 [J]. 山东农业科学，12：171-176.

李敏，2017. 黑龙江省稻稗对丁草胺的抗药性研究 [D]. 哈尔滨：东北农业大学.

李扬汉，1982. 田园草害和杂草的概念、防除与检疫 [J]. 植物保护，8（1）：5-6.

李扬汉，1998. 中国杂草志 [M]. 北京：中国农业出版社.

李宜慰，梅传生，李永丰，等，1996. 麦田菵草和日本看麦娘对绿黄隆抗性的初步研究 [J]. 江苏农业学报（2）：34-38.

刘长令，2002. 世界农药大全：除草剂卷 [M]. 北京：化学工业出版社.

娄金贵，黄付根，张伟星，等，2015. 不同时期使用47%氯吡·丙·异WP对稻茬麦田杂草的防效及小麦的安全性 [J]. 杂草科学，33（4）：40-43.

卢宗志，张朝贤，傅俊范，等，2009. 稻田雨久花对苄嘧磺隆的抗药性 [J]. 植物保护学报，36（4）：354-358.

陆志华，1986. 农田杂草的概念、作用及其生物学特性 [J]. 江苏杂草科学（1）：33-36.

潘浪，2018. 麦田菵草（*Beckmannia syzigachne*）对精噁唑禾草灵抗药性及其机理研究 [D]. 南京：南京农业大学.

彭学岗，王金信，段敏，等，2008. 中国北方部分冬麦区猪殃殃对苯磺隆的抗性水平 [J]. 植物保护学报，5：458-462.

彭学岗，王金信，吴翠霞，等，2008. 麦田猪殃殃对苯磺隆抗药性的快速检测［J］. 农药学学报，10
　　（3）：311-314.

钱希，1997. 杂草抗药性研究的进展［J］. 生态学杂志，3：58-62.

强胜，2009. 杂草学［M］. 北京：中国农业出版社.

强胜，2010. 我国杂草学研究现状及其发展策略［J］. 植物保护，36（4）：1-5.

苏少泉，1985. 杂草抗药性问题［J］. 世界农业，6：39-41.

苏少泉，姚顺祖，1996. 中国农田杂草化学防治［M］. 北京：中国农业出版社.

隋标峰，2010. 节节麦（*Aegilops tauschii* Coss.）不同种群对甲基二磺隆的敏感性差异研究［D］. 北
　　京：中国农业科学院.

汤怀武，2012. 日本看麦娘（*Alopecurus japonicus*）对高效氟吡甲禾灵靶标酶与代谢酶抗性机理研究
　　［D］. 南京：南京农业大学.

唐建明，朱锦磊，石旭旭，等，2018. 47％异隆·丙·氯吡可湿性粉剂与常用茎叶处理药剂混用对晚播
　　麦田杂草防效及小麦的安全性［J］. 杂草学报，36（3）：53-57.

唐正辉，姚建仁，1993. 国外控制和延缓杂草抗药性的对策与措施［J］. 世界农业，4：33-35.

万方浩，王韧，1991. 世界杂草生防的历史成就及我国杂草生防的现状与建议［J］. 生物防治通报，7：
　　81-87.

王红春，2020. 早熟禾（*Poa annua* L.）生物学生态学特性及对精噁唑禾草灵耐药性的研究［D］. 南
　　京：南京农业大学.

王琼，2015. 水稻田3种主要稗属（*Echinochloa* spp.）杂草对五氟磺草胺的抗药性研究［D］. 南京：
　　南京农业大学.

王忠武，2016. 农田杂草抗药性研究进展［J］. 园艺与种苗，26（2）：130-132.

王忠武，2016. 我国稻田稗草抗药性研究进展［J］. 辽宁农业科学，5：45-47.

吴晶，王谦玉，张继英，等，1995. 杂草抗药性的研究现状与抗性控制［J］. 中国植保导刊，1：30-31.

吴声敢，2006. 我国长江中下游稻田稗草对二氯喹啉酸的抗药性研究［D］. 南京：南京农业大学.

吴声敢，王强，赵学平，等，2006. 浙江省稻田稗草对二氯喹啉酸的抗药性［J］. 农药，45（12）：859-861.

吴小虎，刘君良，张晓芳，等，2010. 杂草抗药性的研究进展［J］. 现代农药，9（2）：13-17.

夏文文，2015. 看麦娘（*Alopecurus aequalis*）对甲基二磺隆的抗药性及其靶标酶抗性机理研究［D］.
　　南京：南京农业大学.

徐洪乐，2015. 小麦田日本看麦娘（*Alopecurus japonicus*）对精噁唑禾草灵抗药性及靶标酶抗性机理研
　　究［D］. 南京：南京农业大学.

徐江艳，2013. 稻田西来稗（*Echinochloa crusgalli* var. *zelayensis*）对二氯喹啉酸的抗药性及其机理研究
　　［D］. 南京：南京农业大学.

杨彩宏，2007. 油菜田日本看麦娘对高效氟吡甲禾灵抗药性的初步研究［D］. 南京：南京农业大学.

杨彩宏，董立尧，李俊，等，2007. 油菜田日本看麦娘对高效氟吡甲禾灵抗药性的研究［J］. 中国农业
　　科学，12：2759-2765.

杨彩宏，田兴山，岳茂峰，等，2009. 农田杂草抗药性概述［J］. 中国农学通报，25（22）：236-240.

杨健源，杨贤智，1998. 我国杂草科学的研究与应用进展［J］. 广东农业科学，5：26-29.

于佳星，2017. 水稻田千金子（*Leptochloa chinensis*）对氰氟草酯抗药性及其靶标酶机理研究［D］. 南
　　京：南京农业大学.

张朝贤，黄红娟，崔海兰，等，2013. 抗药性杂草与治理［J］. 植物保护，39（5）：99-102.

张朝贤，倪汉文，魏守辉，等，2009. 杂草抗药性研究进展［J］. 中国农业科学，4：1274-1289.

张伟星，刘永忠，徐建伟，等，2017. 40％三甲苯草酮水分散粒剂对稻茬麦田杂草的防效及小麦的安全性［J］. 杂草学报，35（4）：30-35.

张武，2011. 抗药性杂草产生原因及治理策略［J］. 黑龙江农业科学，5：52-54.

张希福，熊建伟，尹健，1997. 杂草生物防治的现状与展望［J］. 河南职业技术师范学院学报，25：8-14.

张一宾，张怿，2007. 世界农药新进展［M］. 北京：化学工业出版社.

张一宾，张怿，伍贤英，2010. 世界农药新进展（二）［M］. 北京：化学工业出版社.

张泽溥，1990. 农田抗药性杂草种群的发展值得重视［J］. 植物保护，5：41.

周小刚，2000. 我国杂草科学研究现状及展望［J］. 四川农业科技，4：27.

邹红梅，李香菊，崔海兰，等，2015. 菵草对3种ACCase抑制剂抗性的琼脂快速检测方法建立［J］. 杂草科学，3：24-28.

左平春，2017. 稗草对噁唑酰草胺的抗药性研究［D］. 沈阳：沈阳农业大学.

Ahmad-Hamdani M S，Owen M J，Yu Q，et al.，2012. ACCase-inhibiting herbicide-resistant *Avena* spp. populations from the Western Australian Grain Belt［J］. Weed Technology，26（1）：130-136.

Ahmad-Hamdani M S，Yu Q，Han H，et al.，2013. Herbicide resistance endowed by enhanced rates of herbicide metabolism in wild oat（*Avena* spp.）［J］. Weed Science，61（1）：55-62.

Alcocerruthling M，Thill D C，Mallorysmith C，1992. Monitoring the occurrence of sulfonylurea-resistant prickly lettuce（*Lactuca serriola*）［J］. Weed Technology，6（2）：437-440.

Ashigh J，Tardif F J，2007. An Ala（205）Val substitution in acetohydroxyacid synthase of eastern black nightshade（*Solanum ptychanthum*）reduces sensitivity to herbicides and feedback inhibition［J］. Weed Science，55（6）：558-565.

Axarli I，Dhavala P，Papageorgiou A C，et al.，2009. Crystallographic and functional characterization of the fluorodifen-inducible glutathione transferase from *Glycine max* reveals an active site topography suited for diphenylether herbicides and a novel L-site［J］. Journal of Molecular Biology，385（3）：984-1002.

Bakkali Y，Ruiz-Santaella J P，Osuna M D，et al.，2007. Late Watergrass（*Echinochloa phyllopogon*）：mechanisms involved in the resistance to fenoxaprop-p-ethyl［J］. Journal of Agricultural and Food Chemistry，55（10）：4052-4058.

Baldwin I T，Gorham D，Schmelz E A，et al.，1998. Allocation of nitrogen to an inducible defense and seed production in *Nicotiana attenuata*［J］. Oecologia，115（4）：541-552.

Barreto R W，2008. Latin American weed biological control science at the crossroads［M］//Julien M H，Sforza R，Bon M C，et al. Proceedings of the XII International Symposium on Biological Control of Weeds. UK：CAB International Wallingford.

Beckie H J，2006. Herbicide-resistant weeds：Management tactics and practices［J］. Weed Technology，20：793-814.

Beckie H J，Gill G S，2006. Strategies for managing herbicide-resistant weeds［M］//Singh H P，Batish D R，Kohli R K. Handbook of Sustainable Weed Management. Binghamton. NY：The Haworth Press.

Beckie H J，Heap I M，Smeda R J，et al.，2000. Screening for herbicide resistance in weeds［J］. Weed Technology，14（2）：428-445.

Beckie H J，Jana S，2000. Selecting for triallate resistance in wild oat［J］. Canadian Journal of Plant Science，80（3）：665-667.

Beckie H J，Tardif F J，2012. Herbicide cross resistance in weeds［J］. Crop Protection，35：15-28.

Beckie H J，Warwick S I，Sauder C A，2012. Basis for herbicide resistance in canadian populations of wild oat (*Avena fatua*) [J] . Weed Science, 60: 10 – 18.

Blackshaw R E, 1993. Safflower (*Carthamus tinctorius*) density and row spacing effects on competition with green foxtail (*Setaria viridis*) [J] . Weed Science, 41: 403 – 408.

Boivin T, Bouvier J C, Chadoeuf J, 2003. Constraints on adaptive mutations in the codling moth *Cydia pomonella* (L.): Measuring fitness trade-offs and natural selection [J] . Heredity, 90 (1): 107 – 113.

Bourdot G W, Saville D J, Hurrell G A, 1996. Ecological fitness and the decline of resistance to the herbicide MCPA in a population of *Ranunculus acris* [J] . Journal of Applied Ecology, 33 (1): 151 – 160.

Boutsalis P, 2001. Syngenta Quick-Test: A rapid whole-plant test for herbicide resistance [J] . Weed Technology, 15 (2): 257 – 263.

Boutsalis P, Karotam J, Powles S B, 1999. Molecular basis of resistance to acetolactate synthase-inhibiting herbicides in *Sisymbrium orientale* and *Brassica tournefortii* [J] . Pesticide Science, 55 (5): 507 – 516.

Boutsalis P, Powles S B, 1995. Resistance of dicot weeds to acetolactate synthase (ALS) -inhibiting herbicides in Australia [J] . Weed Research, 35: 149 – 155.

Bowles D, Isayenkova J, Lim E K, 2005. Poppenberger B. Glycosyltransferases: managers of small molecules [J] . Current Opinion in Plant Biology, 8: 254 – 263.

Bowles D, Lim E K, Poppenberger B, et al., 2006. Glycosyltransferases of lipophilic small molecules [J] . Annual Review of Plant Biology, 57: 567 – 597.

Bradley K W, Wu J R, Hatzios K K, et al., 2001. The mechanism of resistance to aryloxyphenoxypropionate and cyclohexanedione herbicides in a johnsongrass biotype [J] . Weed Science, 49 (4): 477 – 484.

Brazier M, Cole D J, Edwards R, 2002. O-Glucosyltransferase activities toward phenolic natural products and xenobiotics in wheat and herbicide-resistant and herbicide-susceptible black-grass (*Alopecurus myosuroides*) [J] . Phytochemistry, 59: 149 – 156.

Brown J, 2003. A cost of disease resistance: Paradigm or peculiarity? [J] . Trends in Genetics, 19 (12): 667 – 671.

Burd M, Ashman T L, Campbell D R, et al., 2009. Ovule number per flower in a world of unpredictable pollination [J] . American Journal of Botany, 96 (6): 1159 – 1167.

Busi R, Neve P, Powles S, 2013. Evolved polygenic herbicide resistance in *Lolium rigidum* by low-dose herbicide selection within standing genetic variation [J] . Evolutionary Applications, 6: 231 – 242.

Busi R, Vila-Aiub M M, Powles S B, 2011. Genetic control of a cytochrome P450 metabolism-based herbicide resistance mechanism in *Lolium rigidum* [J] . Heredity, 106: 817 – 824.

Caesar A J, Kremer R J, 2008. Biomass reduction of *Euphorbia esula/virgata* by insect/bacterial combinations [M] //Julien M H, Sforza R, Bon M C, et al., Proceedings of the XII International Symposium on Biological Control of Weeds. UK: CAB International Wallingford: 7 – 12.

Chapin F S, Autumn K, Pugnaire F, 1993. Evolution of suites of traits in response to environmental-stress [J] . American Naruralist, 142: S78 – S92.

Cha T S, Najihah M G, Bin-Sahid I, et al., 2014. Molecular basis for resistance to ACCase-inhibiting fluazifop in *Eleusine indica* from Malaysia [J] . Pesticide Biochemistry and Physiology, 111: 7 – 13.

Chevillon C, Pasteur N, Marquine M, 1995. Population-structure and dynamics of selected genes in the mosquito culex-pipiens [J] . Evolution, 49 (5): 997 – 1007.

Chong C K, Shin H J, Chang S I, 1999. Role of tryptophanyl residues in tobacco acetolactate synthase

［J］. Biochemsical and Biophysical Research Communications，259（1）：136 – 140.

Christoffers M J，Berg M L，Messersmith C G，2002. An isoleucine to leucine mutation in acetyl-CoA car-
boxylase confers herbicide resistance in wild oat［J］. Genome，45（6）：1049 – 1056.

Cohan F M，King E C，Zawadzki P，1994. Amelioration of the deleterious pleiotropic effects of an adaptive
mutation in *Bacillus-subtilis*［J］. Evolution，48（3）：930 – 930.

Coley P D，Bryant J P，Chapin F S，1985. Resource availability and plant antiherbivore defense［J］. Sci-
ence，230（4728）：895 – 899.

Collavo A，Panozzo S，Lucchesi G，et al.，2011. Characterisation and management of *Phalaris paradoxa*
resistant to ACCase-inhibitors［J］. Crop Protection，30（3）：293 – 299.

Cousens R D，Gill G S，Speijers E J，1997. Comment：Number of sample populations required to deter-
mine the effects of herbicide resistance on plant growth and fitness［J］. Weed Research，37（1）：1 – 4.

Cruz-Hipolito H，Dominguez-Valenzuela J A，Osuna M D，et al.，2012. Resistance mechanism to acetyl
coenzyme A carboxylase inhibiting herbicides in *Phalaris paradoxa* collected in Mexican wheat fields
［J］. Plant and Soil，355（1 – 2）：121 – 130.

Cummins I，Bryant D N，Edwards R，2009. Safener responsiveness and multiple herbicide resistance in the
weed black-grass（*Alopecurus myosuroides*）［J］. Plant Biotechnology Journal，7：807 – 820.

Cummins I，Cole D J，Edwards R，1999. A role for glutathione transferases functioning as glutathione
peroxidases in resistance to multiple herbicides in black-grass［J］. The Plant Journal，18：285 – 292.

Cummins I，Dixon D P，Freitag-Pohl S，et al.，2011. Multiple roles for plant glutathione transferases in
xenobiotic detoxification［J］. Drug Metabolism Reviews，43：266 – 280.

Cummins I，Edwards R，2004. Purification and cloning of an esterase from the weed black-grass（*Alopecu-
rus myosuroides*），which bioactivates aryloxyphenoxypropionate herbicides［J］. The Plant Journal，39：
894 – 904.

Cummins I，Moss S，Cole D J，et al.，1997. Glutathione transferases in herbicide-resistant and herbicide-
susceptible black-grass（*Alopecurus myosuroides*）［J］. Pesticide Science，51：244 – 250.

Cummins I，Wortley D J，Sabbadin F，et al.，2013. Key role for a glutathione transferase in multiple-her-
bicide resistance in grass weeds［J］. Proceedings of the National Academy of Sciences of the United
States of America，110：5812 – 5817.

Cutulle M A，Mcelroy J S，Millwood R W，et al.，2009. Selection of Bioassay Method Influences Detec-
tion of Annual Bluegrass Resistance to Mitotic-Inhibiting Herbicides［J］. Crop Science，49（3）：1088 –
1095.

Delph L F，Weinig C，Sullivan K，1998. Why fast-growing pollen tubes give rise to vigorous progeny：the
test of a new mechanism［J］. Proceeding of The Royal Society B-Biological Sciences，265
（1399）：935 – 939.

DePrado J L，DeProde R A，Shimabukuro R H，1999. The effect of diclofop on membrane potential，eth-
ylene induction，and herbicide phytotoxicity in resistant and susceptible biotypes of grasses［J］. Pesti-
cide Biochemistry and Physiology，63：1 – 14.

DePrado J L，Osuna M D，Heredia A，et al.，2005. *Lolium rigidum*，a pool of resistance mechanisms to
ACCase inhibitor herbicides［J］. Journal of Agricultural and Food Chemistry，53：2185 – 2191.

De Prado R A，Franco A R，2004. Cross-resistance and herbicide metabolism in grass weeds in Europe：
Biochemical and physiological aspects［J］. Weed Science，52：441 – 447.

Deprado R，Osuna M D，Fischer A J，2004. Resistance to ACCase inhibitor herbicides in a green foxtail

(*Setaria viridis*) biotype in Europe [J]. Weed Science，52：506－512.

Derr J E，2002. Detection of fenoxaprop-resistant smooth crabgrass (*Digitaria isohaemum*) in turf [J]. Weed Technology，16：396－400.

Deshpande S，Hall J C，2000. Auxinic herbicide resistance may be modulated at the auxin-binding site in wild mustard (*Sinapis arvensis* L.)：A light scattering study [J]. Pesticide Biochemistry and Physiology，66 (1)：41－48.

Didierjean L，Gondet L，Perkins R，et al.，2002. Engineering herbicide metabolism in *Tobacco* and *Arabidopsis* with *CYP76B1*，a cytochrome P450 enzyme from *Jerusalem Artichoke* [J]. Plant Physiology，130：179－189.

Dinelli G，Bonetti A，Marotti I，et al.，2005. Possible involvement of herbicide sequestration in the resistance to diclofop-methyl in Italian biotypes of *Lolium* spp [J]. Pesticide Biochemistry and Physiology，81：1－12.

Dixon D P，McEwen A G，Lapthorn A J，et al.，2003. Forced evolution of a herbicide detoxifying glutathione transferase [J]. Journal of Biological Chemistry，278：23930－23935.

Délye C，2005. Weed resistance to acetyl coenzyme A carboxylase inhibitors：an update [J]. Weed Science，53 (5)：728－746.

Délye C，Deulvot C，Chauvel B，2013. DNA Analysis of herbarium specimens of the grass weed *Alopecurus myosuroides* reveals herbicide resistance pre-dated herbicides [J]. Plos One，8 (10)：75117.

Délye C，Gardin J A C，Boucansaud K，et al.，2011. Non-target-site-based resistance should be the centre of attention for herbicide resistance research：*Alopecurus myosuroides* as an illustration [J]. Weed Research，51：433－437.

Délye C，Jasieniuk M，Le Corre V，2013. Deciphering the evolution of herbicide resistance in weeds [J]. Trends in Genetics，29 (11)：649－658.

Délye C，Menchari Y，Guillemin J P，et al.，2007. Status of black grass (*Alopecurus myosuroides*) resistance to acetyl-coenzyme A carboxylase inhibitors in France [J]. Weed Research，47：95－105.

Délye C，Michel S，Bérard A，et al.，2010. Geographical variation in resistance to acetyl-coenzyme A carboxylase-inhibiting herbicides across the range of the arable weed *Alopecurus myosuroides* (black-grass) [J]. New Phytologist，186 (4)：1005－1017.

Délye C，Pernin F，Michel S，2011. 'Universal' PCR assays detecting mutations in acetyl-coenzyme A carboxylase or acetolactate synthase that endow herbicide resistance in grass weeds [J]. Weed Research，51 (4)：353－362.

Délye，C，Wang T Y，Darmency H，2002. An isoleucine-leucine substitution in chloroplastic acetyl-CoA carboxylase from green foxtail (*Setaria viridis* L. Beauv.) is responsible for resistance to the cyclohexanedione herbicide sethoxydim [J]. Planta，214 (3)：421－427.

Délye C，Zhang X Q，Chalopin C，et al.，2003. An isoleucine residue within the carboxyl-transferase domain of multidomain acetyl-coenzyme A carboxylase is a major determinant of sensitivity to aryloxyphenoxypropionate but not to cyclohexanedione inhibitors [J]. Plant Physiology，132 (3)：1716－1723.

Duggleby R G，Pang S S，Yu H，2003. Systematic characterization of mutations in yeast acetohydroxyacid synthase-interpretation of herbicide-resistance data [J]. European Journal of Biochemistry，270 (13)：2895－2904.

Duke S O，Powles S B，2008. Glyphosate：A once-in-a-century herbicide [J]. Pest Management Science，64 (4)：319－325.

Eberlein C V, Guttieri M J, Berger P H. 1999. Physiological consequences of mutation for ALS-inhibitor resistance [J]. Weed Science, 47 (4): 383 – 392.

Friesen L F, Jones T L, Van A R C, et al., 2000. Identification of *Avena fatua* populations resistant to imazamethabenz, flamprop, and fenoxaprop-P [J]. Weed Science, 48 (5): 532 – 540.

Gassmann A J, 2005. Resistance to herbicide and susceptibility to herbivores: Environmental variation in the magnitude of an ecological trade-off [J]. Oecologia, 145 (4): 575 – 585.

Gill G S, 1995. Development of herbicide resistance in annual ryegrass populations (*Lolium rigidum* Gaud.) in the cropping belt of Western Australia [J]. Australian Journal of Experimental Agricultural, 35: 67 – 72.

Glawe G A, Zavala J A, Kessler A, 2003. Ecological costs and benefits correlated with trypsin protease inhibitor production in *Nicotiana attenuata* [J]. Ecology, 84 (1): 79 – 90.

Goeden R D, 1977. Biological control of weeds [M] //B T. Research methods in weed science, Second edition. Alabama: Southern Weed Science Society: 43.

Gorddard R J, Pannell D J, Hertzler G, 1996. Economic evaluation of strategies for management of herbicide resistance [J]. Agricultural Systems, 51: 281 – 298.

Gotoh O, 1992. Substrate recognition sites in cytochrome P450 family 2 (CYP2) proteins inferred from comparative analyses of amino acid and coding nucleotide sequences [J]. Journal of Biological Chemistry, 267: 83 – 90.

Gould F W, Shaw R B, 1983. Grass systematics [M]. Texas: Texas A&M University Press.

Hall J C, Romano M L, 1995. Morphological and physiological differences between the auxinic herbicide-susceptible (s) and herbicide-resistant (r) wild mustard (*Sinapis arvensis* L.) biotypes [J]. Pesticide Biochemistry and Physiology, 52 (2): 149 – 155.

Hall L M, Moss S R, Powles S B, 1997. Mechanisms of resistance to aryloxyphenoxypropionate herbicides in two resistant biotypes of *Alopecurus myosuroides* (blackgrass): herbicide metabolism as a cross-resistance mechanism [J]. Pesticide Biochemistry and Physiology, 57: 87 – 98.

Han H, Yu Q, Owen M J, et al., 2015. Widespread occurrence of both metabolic and target-site herbicide resistance mechanisms in *Lolium rigidum* populations [J]. Pest Management Science, 72: 255 – 263.

Hanley M E, 1998. Seedling herbivory, community composition and plant life history traits [J]. Perspectives in Plant Ecology Evolution and Systematics, 1 (2): 191 – 205.

Hardstone M C, Lazzaro B P, Scott J G, 2009. The effect of three environmental conditions on the fitness of cytochrome P450 monooxygenase-mediated permethrin resistance in *Culex pipiens quinquefasciatus* [J]. BMC Evolutionary Biology, 9: 42.

Hartmann F, Lánszki I, Szentey L, et al., 2000. Resistant weed biotypes in Hungary [M] //Rea L G. Third International Weed Science Congress. Foz do Iguassu, Brazil. Corvallis, OR: International Weed Science Society. 138.

Harvcy R G, Mcnevin G R, 1990. Combining cultural practices and herbicides to control wild-proso millet (*Panicum miliaceum*) [J]. Weed Technology, 4: 433 – 439.

Harwood J L, 1988. Fatty-acid metabolism [J]. Annual Review Of Plant Physiology And Plant Molecular Biology, 39: 101 – 138.

Hashem A, Bowran D, Piper T, et al., 2001. Resistance of wild radish (*Raphanus raphanistrum*) to acetolactate synthase-inhibiting herbicides in the Western Australia Wheat Belt [J]. Weed Technology, 15: 68 – 74.

Hawthorn-Jackson D, Davidson R, Preston C, 2003. The spread of herbicide resistant annual ryegrass pollen [J]. Weed Science Society of American Abstracts, 43: 76.

Heap I. International survey of herbicide resistant weeds [OB]. Available: http://www.weedscience.org.

Heap I, Knight R, 1986. The occurrence of herbicide cross resistance in a population of annual ryegrass (*Lolium rigidum*) resistant to diclofop-methyl [J]. Australian Journal of Aeicultural Research, 37: 149 – 156.

Hedin P A, 黄润秋, 程天恩, 1983. 农药化学的新概念和新趋势（上）[J]. 世界农药 (4): 3 – 7, 32.

Hedin P A, 黄润秋, 程天恩, 1983. 农药化学的新概念和新趋势（下）[J]. 农药译丛 (5): 16 – 21.

Heidel A J, Clarke J D, Antonovics J, et al., 2004. Fitness costs of mutations affecting the systemic acquired resistance pathway in *Arabidopsis thaliana* [J]. Genetics, 168 (4): 2197 – 2206.

Hidayat I, Preston C, 2001. Cross-resistance to imazethapyr in a fluazifop-P-butyl-resistant population of *Digitaria sanguinalis* [J]. Pesticide Biochemistry and Physiology, 71: 190 – 195.

Holt J S, Powles S B, Holtum J A M, 1993. Mechanisms and agronomic aspects of herbicide resistance [J]. Annual Review of Plant Physiology and Plant Molecular Biology, 44: 203 – 229.

Holtum J A M, Häusler R E, Devine M D, et al., 1994. Recovery of transmembrane potentials in plants resistant to aryloxyphenoxypropanoate herbicides: a phenomenon awaiting explanation [J]. Weed Science, 42: 293 – 301.

Incledon B J, Hall J C, 1997. Acetyl-coenzyme A carboxylase quaternary structure and inhibition by graminicidal herbicides [J]. Pesticide Biochemistry and Physiology, 57 (3): 255 – 271.

In-Kuk Y, Burgos N R, Scott R C, 2008. Resistance profile of diclofop-resistant Italian Ryegrass (*Lolium multiflorum*) to ACCase-and ALS-inhibiting herbicides in Arkansas, USA [J]. Weed Science, 56: 614 – 23.

Ismail B S, Chuah T S, Salmijah S, et al., 2002. Germination and seedling emergence of glyphosate-resistant and susceptible biotypes of goosegrass (*Eleusine indica* (L.) Gaertn.) [J]. Weed Biology and Management, 2 (4): 177 – 185.

Itoh K, Wang G, Ohba S, 1999. Sulfonylurea resistance in *Lindernia micrantha*, an annual paddy weed in Japan [J]. Weed Research, 39: 413 – 423.

Iwakami S, Uchino A, Kataoka Y, et al., 2014. Cytochrome P450 genes induced by bispyribac-sodium treatment in a multiple-herbicide-resistant biotype of *Echinochloa phyllopogon* [J]. Pest Management Science, 70 (4): 549 – 558.

Iwakami S, Uchino A, Watanabe H, et al., 2012. Isolation and expression of genes for acetolactate synthase and acetyl-CoA carboxylase in *Echinochloa phyllopogon*, a polyploid weed species [J]. Pest Management Science, 68 (7): 1098 – 1106.

Jang S R, Marjanovic J, Gornicki P, 2013. Resistance to herbicides caused by single amino acid mutations in acetyl-CoA carboxylase in resistant populations of grassy weeds [J]. New Phytologist, 197 (4): 1110 – 1116.

Jasieniuk M, Brûlé-Babel A, Morrison I, 1996. The evolution and genetics of herbicide resistance in weeds [J]. Weed Science, 44: 176 – 193.

Jessup C M, Bohannan B J M, 2008. The shape of an ecological trade-off varies with environment [J]. Ecology Letters, 11 (9): 947 – 959.

Joseph O O, Hobbs S L A, Jana S, 1990. Diclofop resistance in wild oat (*Avena fatua*) [J]. Weed Science, 38: 475 – 479.

Karavangeli M, Labrou N E, Clonis Y D, et al., 2005. Development of transgenic tobacco plants overexpressing maize glutathione S-transferase I for chloroacetanilide herbicides phytoremediation [J]. Biomolecular Engineering, 22: 121 – 128.

Kaundun S S, 2010. An aspartate to glycine change in the carboxyl transferase domain of acetyl CoA carboxylase and non-target-site mechanism (s) confer resistance to ACCase inhibitor herbicides in a *Lolium multiflorum* population [J]. Pest Management Science, 66 (11): 1249 – 1256.

Kaundun S S, 2014. Resistance to acetyl-CoA carboxylase-inhibiting herbicides [J]. Pest Management Science, 70 (9): 1405 – 1417.

Kaundun S S, Bailly GC, Dale RP, et al., 2013. A novel W1999S mutation and non-target site resistance impact on Acetyl-CoA carboxylase inhibiting herbicides to varying degrees in a UK *Lolium multiflorum* population [J]. PloS One, 8: 580122.

Kaundun S S, Hutchings S, Dale R P, et al., 2011. Syngenta 'RISQ' test: a novel in-season method for detecting resistance to post-emergence ACCase and ALS inhibitor herbicides in grass weeds [J]. Weed Research, 51 (3): 284 – 293.

Kaundun S S, Hutchings S, Dale R P, et al., 2013. Role of a novel I1781T mutation and other mechanisms in conferring resistance to acetyl-CoA carboxylase inhibiting herbicides in a black-grass population [J]. PLoS One, 8 (7): 69568.

Keller M, Kollmann J, 1999. Effects of seed provenance on germination of herbs for agricultural compensation sites [J]. Agriculture Ecosystems and Environment, 72 (1): 87 – 99.

Khorommbi G, 2000. The key to herbicide resistance management [J]. SA-Grain, 11: 68 – 70.

Klein M, Burla B, Martinoia E, 2006. The multidrug resistance-associated protein (MRP/ABCC) subfamily of ATP-binding cassette transporters in plants [J]. FEBS Letters, 580: 1112 – 1122.

Lerdau M, Gershenzon J, 1997. Allocation theory and chemical defense [M] //Bazzaz F A, Grace J, Bazzaz F A, et al., Plant Resource Allocation: 265 – 277.

Letouze A, Gasquez J, 1999. A rapid reliable test for screening aryloxyphenoxypropionic acid resistance within *Alopecurus myosuroides* and *Lolium* spp. population [J]. Weed Research, 39 (1): 37 – 48.

Letouze A, Gasquez J, 2000. A pollen test to detect ACCase target-site resistance within *Alopecurus myosuroides* populations [J]. Weed Research, 40 (2): 151 – 162.

Légère A, Beckie H J, Stevenson F C, et al., 2000. Survey of management practices affecting the occurrence of wild oat (*Avena fatua*) resistance to acetyl-CoA carboxylase inhibitors [J]. Weed Technology, 14: 366 – 376.

Liebman M, Mohler C L, Staver C P, 2001. Ecological management of agricultural weeds [M]. Cambridge: Cambridge University Press.

Liu G S, Sanchez-Fernandez R, Li Z S, et al., 2001. Enhanced multispecificity of *Arabidopsis* vacuolar multidrug resistance-associated protein-type ATP-binding cassette transporter, *AtMRP2* [J]. Journal of Biological Chemistry, 276: 8648 – 8656.

Liu W J, Harrison D K, Chalupska D, et al., 2007. Single-site mutations in the carboxyltransferase domain of plastid acetyl-CoA carboxylase confer resistance to grass-specific herbicides [J]. Proceedings of the National Academy of Sciences of the United States of America, 104 (9): 3627 – 3632.

Lopez M N, Prado R, 1998. Comparison of three propanil-resistant biotypes of *Echinochloa* spp. [C] // Mededelingen Faculteit Landbouwkundige en Toeqepaste ioloqische Wetenschappen Universiteit Gent, 63: 691 – 696

Luo Y C，Zhou H，Li Y，et al.，2006. Rice embryogenic calli express a unique set of microRNAs，suggesting regulatory roles of microRNAs in plant post-embryogenic development [J] . FEBS Letters，580：5111 – 5116.

Lutman P J W，Dixon F L，1986. The effect of drilling date on competition between volunteer barley and oilseed rape [M] //Proceedings of the European weed research symposium：Economic weed control. Wageningen：European Weed Research Society：145 – 152.

Maisnier-Patin S，Andersson D I，2004. Adaptation to the deleterious effects of antimicrobial drug resistance mutations by compensatory evolution [J] . Research in Microbiology，155（5）：360 – 369.

Maneechore C，Samanwong S，Zhang X Q，et al.，2005. Resistance to ACCase-inhibiting herbicides in Spragnktop (*Leptochloa chinensis*) [J] . Weed Science，53：290 – 295.

Martin G，Lenormand T，2015. The fitness effect of mutations across environments：Fisher's geometrical model with multiple optima [J] . Evolution，69（6）：1433 – 1447.

Menchari Y，Chauvel B，Darmency H，et al.，2008. Fitness costs associated with three mutant acetyl-coenzyme A carboxylase alleles endowing herbicide resistance in black-grass *Alopecurus myosuroides* [J]. Journal of Applied Ecology，45（3）：939 – 947.

Menendez J，Jorrin J，Romera E，et al.，1994. Resistance to chlorotoluron of a Slender Foxtail (*Alopecurus myosuroides*) biotype [J] . Weed Science，42：340 – 344.

Menendez J，Prado R D，1996. Diclofop-methyl cross-resistance in a chlorotoluron-resistant biotype of *Alopecurus myosuroides* [J] . Pesticide Biochemistry and Physiology，56：123 – 133.

Mengistu L W，Messersmith C G，2003. Christoffers MJ. Diversity of herbicide resistance among wild oat simpled 36 yr apart [J] . Weed Science，51：764 – 773.

Milligan A S，Daly A，Parry M A J，et al.，2001. The expression of a maize glutathione S-transferase gene in transgenic wheat confers herbicide tolerance，both in planta and in vitro [J] . Molecular Breeding，7：301 – 315.

Mohler C L，2007. Enhancing the competitive ability of crops [M] //Liebman M，Mohler C L，Staver C P. Ecological management of agricultural weeds. Cambridge：Cambridge University Press：269 – 321.

Moss S R，1987. Herbicide resistance in black-grass (*Alopecurus myosuroides*) [C] . Brit. Crop Prot. Conf. Weeds：879 – 886.

Moss S R，1997. Strategies for the prevention and control of herbicide re-sistance in annual grass weeds [M] //Deprado R，Jorr N J，Garc A，et al. Weed and crop resistance to herbicides. London：Kluwer Academic：283 – 290.

Murry B G，Friesen L F，Beaulieu K J，1996. A seed bioassay to identify acetyl-CoA carboxylase inhibitor resistant wild oat (*Avena fatua*) populations [J] . Weed Technology，10：85 – 89.

Myers J H，Quinn H，Jackson C，et al.，2008. Successful biological control of diffuse knapweed in British Columbia，Canada [M] //Julien M H，Sforza R，Bon M C，et al. Proceedings of the XII International Symposium on Biological Control of Weeds. UK：CAB International Wallingford.

Neve P，Diggle A J，Smith F P，2003. Simulating evolution of glyphosate resistance in *Lolium rigidum* I：Population biology of a rare resistance trait [J] . Weed Research，43（6）：404 – 417.

Neve P，Powles S，2005. Recurrent selection with reduced herbicide rates results in the rapid evolution of herbicide resistance in *Lolium rigidum* [J] . Theoretical and Applied Genetics，110：1154 – 1166.

Neve P，Powles S B，2005. High survival frequencies at low herbicide use rates in populations of *Lolium rigidum* result in rapid evolution of herbicide resistance [J] . Heredity，95：485 – 492.

Oerke E C, 2006. Crop losses to pests [J]. The Journal of Agricultural Science, 144 (1): 31.

Ominski P D, Entz M H, Kenkel N, 1999. Weed suppression by Medicago sativa in subsequent cereal crops: A comparative survey [J]. Weed Science, 47: 282 - 290.

Orson J H, Livingston D B F, 1987. Field trials on the efficacy of herbicides on resistant black-grass (*Alopecurus myosuroides*) in different cultivation regimes [C]. Proceedings of the Brighton Crop Protection Conference-Weeds.

Pan G, Zhang X, Liu K, et al., 2006. Map-based cloning of a novel rice cytochrome P450 gene *CYP81A6* that confers resistance to two different classes of herbicides [J]. Plant Molecular Biology, 61: 933 - 943.

Pan L, Li J, Xia W, et al., 2015. An effective method, composed of LAMP and dCAPS, to detect different mutations in fenoxaprop-P-ethyl-resistant American sloughgrass (*Beckmannia syzigachne* Steud.) populations [J]. Pesticide Biochemistry Physiology, 117: 1 - 8.

Paris M, Roux F, Bérard A, 2008. The effects of the genetic background on herbicide resistance fitness cost and its associated dominance in *Arabidopsis thaliana* [J]. Heredity, 101 (6): 499 - 506.

Park K W, Mallory-Smith C A, Ball D A, et al., 2004. Ecological fitness of acetolactate synthase inhibitor-resistant and-susceptible downy brome (*Bromus tectorum*) biotypes [J]. Weed Science, 52 (5): 768 - 773.

Paulander W, Maisnier-Patin S, Andersson D I, 2007. Multiple mechanisms to ameliorate the fitness burden of mupirocin resistance in *Salmonella typhimurium* [J]. Molecular Microbiology, 64 (4): 1038 - 1048.

Pearce G A, Holmes J E, 1976. The control of annual ryegrass [J]. Journal of Agricultural of Western Australia, 17: 77 - 81.

Pedersen B P, Neve P, Andreasen C, 2007. Ecological fitness of a glyphosate-resistant *Lolium rigidum* population: Growth and seed production along a competition gradient [J]. Basic and Applied Ecology, 8 (3): 258 - 268.

Petit C, Bay G, Pernin F, et al., 2010. Prevalence of cross-or multiple resistance to the acetyl-coenzyme A carboxylase inhibitors fenoxaprop, clodinafop and pinoxaden in black-grass (*Alopecurus myosuroides* Huds.) in France [J]. Pest Management Science, 66 (2): 168 - 177.

Petit C, Duhieu B, Boucansaud K, et al., 2010. Complex genetic control of non-target-site-based resistance to herbicides inhibiting acetyl-coenzyme A carboxylase and acetolactate-synthase in *Alopecurus myosuroides* Huds [J]. Plant Science, 178: 501 - 509.

Petit C, Pernin F, Heydel J M, et al., 2012. Validation of a set of reference genes to study response to herbicide stress in grasses [J]. BMC Research Nsotes, 5: 18.

Powles S B, Preston C, 2006. Evolved glyphosate resistance in plants: Biochemical and genetic basis of resistance [J]. Weed Technology, 20 (2): 282 - 289.

Powles S B, Yu Q, 2010. Evolution in action: Plants resistant to herbicides [J]. Annual Review of Plant Biology, 61: 317 - 347.

Preston C, 2003. Inheritance and linkage of metabolism-based herbicide cross-resistance in rigid ryegrass (*Lolium rigidum*) [J]. Weed Science, 51: 4 - 12.

Preston C, 2004. Herbicide resistance in weeds endowed by enhanced detoxification: complications for management [J]. Weed Science, 52: 448 - 453.

Preston C, Powles S B, 1998. Amitrole inhibits diclofop metabolism and synergises diclofop-methyl in a diclofop-methyl-resistant biotype of *Lolium rigidum* [J]. Pesticide Biochemistry and Physiology,

62：179 – 89.

Preston C，Powles S B，2001. Mechanisms of multiple herbicide resistance in *Lolium rigidum* ［M］. Agrochemical resistance：American chemical society.

Preston C，Stone L M，Rieger M A，2006. Multiple effects of a naturally occurring proline to threonine substitution within acetolactate synthase in two herbicide-resistant populations of *Lactuca serriola* ［J］. Pesticide Biochemistry and Physiology，84（3）：227 – 235.

Preston C，Tardif F J，Christopher J T，et al.，1996. Multiple resistance to dissimilar herbicide chemistries in a biotype of *Lolium rigidum* due to enhanced activity of several herbicide degrading enzymes ［J］. Pesticide Biochemistry and Physiology，54：123 – 134.

Preston C，Wakelin A M，2008. Resistance to glyphosate from altered herbicide translocation patterns ［J］. Pest Management Science，64（4）：372 – 376.

Primack R B，Kang H，1989. Measuring fitness and natural-selection in wild plant-populations ［J］. Annual Review of Ecology and Systematics，20：367 – 396.

Purrington C B，2000. Costs of resistance ［J］. Current Opinion in Plant Biology，3（4）：305 – 308.

Ransom C V，Kells J J，Wax L M，1998. Morphological variation among hemp dogbane (*Apocynum cannabinum*) populations ［J］. Weed Science，46（1）：71 – 75.

Reade J，Milner L J，Cobb A H，2004. A role for glutathione S-transferases in resistance to herbicides in grasses ［J］. Weed Science，52（3）：468 – 474.

Reade J P H，Cobb A H，1999. Purification，characterization and comparison of glutathione S-transferases from black-grass (*Alopecurus myosuroides* Huds) biotypes ［J］. Pesticide Science，55：993 – 999.

Reade J P H，Cobb A H，2002. New，quick tests for herbicide resistance in black-grass (*Alopecurus myosuroides* Huds) based on increased glutathione S-transferase activity and abundance ［J］. Pest Management Science，58：26 – 32.

Reboud X，Tillbottraud I，1991. The cost of herbicide resistance measured by a competition experiment ［J］. Theoretical and Applied Genetics，82（6）：690 – 696.

Renault S，Shuklra A，Giblin E M，et al.，1997. Plasma membrane lipid composition and herbicide effects on lipoxygenase activity do not contribute to differential membrane responses in herbicide-resistant and-susceptible Wild Oat (*Avena fatua* L.) biotypes ［J］. Journal of Agricultural and Food Chemistry，45：3269 – 3275.

Riches C R，Knights J S，Chaves L，et al.，1997. The role of pendimethalin in the integrated management of propanil-resistant *Echinochloa colona* in Central America ［J］. Pesticide Science，51：341 – 346.

Richter J，Powles S B，1993. Pollen expression of herbicide target site resistance genes in annual ryegrass (*Lolium rigidum*) ［J］. Plant Physiology，102：1037 – 1041.

Ritter R L，1991. Management tactics for herbicide resistant weeds ［J］. Proceedings of the Annual Meeting of Northeastern Weed Society，45：160 – 162.

Roux F，Camilleri C，Berard A，2005. Multigenerational versus single generation studies to estimate herbicide resistance fitness cost in *Arabidopsis thaliana* ［J］. Evolution，59（10）：2264 – 2269.

Roux F，Gasquez J，Reboud X，2004. The dominance of the herbicide resistance cost in several A*rabidopsis thaliana* mutant lines ［J］. Genetics，166（1）：449 – 460.

Roux F，Giancola S，Durand S，2006. Building of an experimental cline with *Arabidopsis thaliana* to estimate herbicide fitness cost ［J］. Genetics，173（2）：1023 – 1031.

Ryan G F，1970. Resistance of common groundsel to simazine and atrazine ［J］. Weed Science，

18：614 - 616.

Salzmann D，Handley R J，Muller-schaerer H，2008. Functional significance of triazine-herbicide resistance in defence of *Senecio vulgaris* against a rust fungus [J] . Basic and Apllied Ecology，9 (5)：577 - 587.

Scarabel L，Panozzo S，Varotto S，et al. ，2011. Allelic variation of the ACCase gene and response to ACCase-inhibiting herbicides in pinoxaden-resistant *Lolium* spp. [J] . Pest Management Science，67 (8)：932 - 941.

Schmidt L，Talbert R，Mcclelland M，2004. Management of acetolactate synthase (ALS) -resistant common cockebur (*Xanthium strumarium*) in soybean [J] . Weed Technology，18：665 - 674.

Schuler M A，Werck-Reichhart D，2003. Functional genomics of P450s [J] . Annual Review of Plant Biology，54：629 - 667.

Schulz B，Kolukisaoglu H，2006. Genomics of plant ABC transporters：The alphabet of photosynthetic life forms or just holes in membranes [J] . FEBS Letters，580：1010 - 1016.

Shaner D L，2009. Role of translocation as a mechanism of resistance to glyphosate [J] . Weed Science，57 (1)：118 - 123.

Sha X Y，Linscombe S D，Groth D E，2007. Field evaluation of imidazolinone-tolerant clearfield rice (*Oryza sativa* L.) at nine Louisiana locations [J] . Crop Science，47 (3)：1177 - 1185.

Siminszky B，2006. Plant cytochrome P450-mediated herbicide metabolism [J] . Phytochemistry Reviews，5 (2 - 3)：445 - 458.

Siminszky B，Corbin F T，Ward E R，et al. ，1999. Expression of a soybean cytochrome P450 monooxygenase cDNA in yeast and tobacco enhances the metabolism of phenylurea herbicides [J] . Proceedings of the National Academy of Sciences of the United States of America，96：1750 - 1755.

Singh H P，Batish D R，Kohli R K，2005. Handbook of sustainable weed management [M] . New York/ London/Oxford：An Imprint of The Haworth Press.

Singh S，Kirkwood R C，Marshall G，1999. Biology and control of *Phalaris minor* Retz. (littleseed canarygrass) in wheat [J] . Crop Protection，18：1 - 16.

Skipsey M，Cummins I，Andrews C J，et al. ，2005. Manipulation of plant tolerance to herbicides through co-ordinated metabolic engineering of a detoxifying glutathione transferase and thiol cosubstrate [J]. Plant Biotechnology Journal，3：409 - 420.

Stephenson G，Dykstra M，Mclaren R，et al. ，1990. Agronomic practices influencing triazine-resistant weed distribution in Ontario [J] . Weed Technology，4：199 - 207.

Strachan S D，Hess F D，1983. The biochemical mechanism of action of the dinitroaniline herbicide oryzlin [J] . Pesticide Biochemistry and Physiology，20：141 - 150.

Strauss S Y，Rudgers J A，Lau J A，et al. ，2002. Direct and ecological costs of resistance to herbivory [J]. Trends in Ecology and Evolution，17 (6)：278 - 285.

Tal A，Kotouil-Syka E，Rubin B，2000. Seed-bioassay to detect grass weeds resistant to acetyl coenzyme A carboxylase inhibiting herbicides [J] . Crop Protection，19：467 - 472

Tal A，Zarka S，Rubin B，1996. Fenoxaprop-p resistance in *Phalaris minor* conferred by an insensitive acetyl-coenzyme A carboxylase [J] . Pesticide Biochemistry and Physiology，56：134 - 140.

Tang W，Zhou F，Zhang Y，et al. ，2015. Resistance of American sloughgrass (*Bechmannia syzigachne*) populations to ACCase-inhibiting herbicides involves three different target site mutations from China [J]. Pesticide Biochemistry and Physiology，124：93 - 96.

Tardif F J，Rajcan I，Costea M，2006. A mutation in the herbicide target site acetohydroxyacid synthase produces morphological and structural alterations and reduces fitness in *Amaranthus powellii* [J]. New Phytologist，169（2）：251-264.

Thom R，Cummins I，Dixon D P，et al.，2002. Structure of a Tau class glutathione S-transferase from wheat active in herbicide detoxification [J]. Biochemistry，41：7008-7020.

Tian D，Traw M B，Chen J Q，et al.，2003. Fitness costs of R-gene-mediated resistance in *Arabidopsis thaliana* [J]. Nature，423（6935）：74-77.

Uludag A，Namli Y，Tal A，et al.，2007. Fenoxaprop resistance in sterile wild oat（*Avena sterilis*）in wheat fields in Turkey [J]. Crop Protection，26：930-935.

Uludag A，Park K W，Cannon J，et al.，2008. Cross resistance of acetyl-CoA carboxylase inhibitor-resistant wild oat（*Avena fatua*）biotypes in the Pacific Northwesr [J]. Weed Technology，22：142-145.

Valverde B E，Riches C R，Caseley J C，2000. Prevention and management of herbicide resistant weeds in rice：Experiences from central America with *Echinochloa colona* [M]. San José/Costa Rica：Cámara de Insumos Agropecuarios.

Van Dam N M，Baldwin I T，2001. Competition mediates costs of jasmonate-induced defences，nitrogen acquisition and transgenerational plasticity in *Nicotiana attenuate* [J]. Functional Ecology，15（3）：406-415.

Vaughn K C，1986. Characterization of Triazine-resistant and susceptible isolines of canola（*Brassica napus* L.）[J]. Plant Physiology，82：859-863.

Vaughn K C，Gossett B J，1990. A biotype of goosegrass（*Eleusine indica*）with an intermediate level of dinitroaniline herbicide resistance [J]. Weed Technology，4：157-162.

Vila-Aiub M M，Neve P，Powles S B，2005. Resistance cost of a cytochrome P450 herbicide metabolism mechanism but not an ACCase target site mutation in a multiple resistant Lolium rigidum population [J]. New Phytologist，167（3）：787-796.

Vila-Aiub M M，Neve P，Powles S B，2009. Evidence for an ecological cost of enhanced herbicide metabolism in *Lolium rigidum* [J]. Journal of Ecology，97（4）：772-780.

Vila-Aiub M M，Neve P，Powles S B，2009. Fitness costs associated with evolved herbicide resistance alleles in plants [J]. New Phytologist，184（4）：751-767.

Vila-Aiub M M，Neve P，Steadman K J，et al.，2005. Ecological fitness of a multiple herbicide-resistant Lolium rigidum population：dynamics of seed germination and seedling emergence of resistant and susceptible phenotypes [J]. Journal of Applied Ecology，42（2）：288-298.

Wang H C，Guo Z J，Shen W B，et al.，2019. Glutathione homeostasis is involved in the contrasting responses to bispyribac-sodium in *indica* and *japonica* rice [J]. Pesticide Biochemistry and Physiology，153：28-35.

Wang H C，Li J，Lv B，et al.，2013. The role of cytochrome P450 monooxygenase in the different responses to fenoxaprop-P-ethyl in annual bluegrass（*Poa annua* L.）and short awned foxtail（*Alopecurus aequalis* Sobol.）[J]. Pesticide Biochemistry and Physiology，107（3）：334-342.

Wang H C，Li J，Lv B，et al.，2014. Target-site mechanisms involved in annual bluegrass（*Poa annua* L.）tolerance to fenoxaprop-P-ethyl [J]. Agricultural Science and Technology，15（9）：1457-1465.

Wang H C，Zhang B，Dong L Y，et al.，2016. Seed germination ecology of catchweed bedstraw（*Galium aparine*）[J]. Weed Science，64：634-641.

Wang T, Picard J C, Tian X, et al., 2010. A herbicide-resistant ACCase 1781 Setaria mutant shows higher fitness than wild type [J]. Heredity, 105 (4): 394 – 400.

Weiner J, 1990. Asymmetric competition in plant-populations [J]. Trends in Ecology and Evolution, 5 (11): 360 – 364.

Werck-Reichhart D, Feyereisen R, 2000. Cytochromes P450: A success story [J]. Genome Biology, 1: 1 – 9.

Werck-Reichhart D, Hehn A, Didierjean L, 2000. Cytochromes P450 for engineering herbicide tolerance [J]. Trends in Plant Science, 5: 116 – 123.

White G M, Moss S R, Karp A, 2005. Differences in the molecular basis of resistance to the cyclohexanedione herbicide sethoxydim in *Lolium multiflorum* [J]. Weed Research, 45 (6): 440 – 448.

Wright S J, 1989. Advantages in plant material and revegetation technology in Alaska [C]. Proceedings of the conference: Reclamation, a global perspective.

Wrubel R P, Gressel J, 1994. Are herbicide mixtures useful for delaying the rapid evolution of resistance? A case study [J]. Weed Technology, 8: 635 – 648.

Xiang S, Callaghan M M, Watson K G, et al., 2009. A different mechanism for the inhibition of the carboxyltransferase domain of acetyl-coenzyme A carboxylase by tepraloxydim [J]. Proceedings of the National Academy of Sciences of the United States of America, 106 (49): 20723 – 20727.

Xiang W, Wang X, Ren T, 2006. Expression of a wheat cytochrome P450 monooxygenase cDNA in yeast catalyzes the metabolism of sulfonylurea herbicides [J]. Pesticide Biochemistry and Physiology, 85: 1 – 6.

Xu H, Li J, Zhang D, et al., 2014. Mutations at codon position 1999 of acetyl-CoA carboxylase confer resistance to ACCase-inhibiting herbicides in Japanese foxtail (*Alopecurus japonicus*) [J]. Pest Management Science, 70 (12): 1894 – 901.

Xu H, Zhu X, Wang H, et al., 2013. Mechanism of resistance to fenoxaprop in Japanese foxtail (*Alopecurus japonicus*) from China [J]. Pesticide Biochemistry and Physiology, 107 (1): 25 – 31.

Yuan G, Liu W, Bi Y, et al., 2015. Molecular basis for resistance to ACCase-inhibiting herbicides in *Pseudosclerochloa kengiana* populations [J]. Pesticide Biochemistry Physiology, 119: 9 – 15.

Yu L, Kim Y S, Tong L A, 2010. Mechanism for the inhibition of the carboxyltransferase domain of acetyl-coenzyme A carboxylase by pinoxaden [J]. Proceedings of the National Academy of Sciences of the United States of America, 107 (51): 22072 – 22077.

Yu Q, Abdallah I, Han H, et al., 2009. Distinct non-target site mechanisms endow resistance to glyphosate, ACCase and ALS-inhibiting herbicides in multiple herbicide-resistant *Lolium rigidum* [J]. Planta, 230: 713 – 723.

Yu Q, Ahmad-Hamdani M, Han H, 2013. Herbicide resistance-endowing ACCase gene mutations in hexaploid wild oat (*Avena fatua*): Insights into resistance evolution in a hexaploid species [J]. Heredity, 110 (3): 220 – 231.

Yu Q, Collavo A, Zheng M Q, et al., 2007. Diversity of acetyl-coenzyme a carboxylase mutations in resistant *Lolium* populations: Evaluation using clethodim [J]. Plant Physiology, 145 (2): 547 – 558.

Yu Q, Nelson J K, Zheng M Q, et al., 2007. Molecular characterisation of resistance to ALS-inhibiting herbicides in *Hordeum leporinum* biotypes [J]. Pest Management Science, 63 (9): 918 – 927.

Yu Q, Powles S B, 2014. Metabolism-based herbicide resistance and cross-resistance in crop weeds: A threat to herbicide sustainability and global crop production [J]. Plant Physiology, 166: 1106 – 1118.

Yu Q，Zhang X Q，Hashem A，et al.，2003. ALS gene proline (197) mutations confer ALS herbicide resistance in eight separated wild radish (*Raphanus raphanistrum*) populations [J] . Weed Science，51 (6)：831 – 838.

Zhang H L，Tweel B，Tong L，2004. Molecular basis for the inhibition of the carboxyltransferase domain of acetyl-coenzyme-A carboxylase by haloxyfop and diclofop [J] . Proceedings of the National Academy of Sciences of the United States of America，101 (16)：5910 – 5915.

Zhang H L，Yang Z R，Shen Y，et al.，2003. Crystal structure of the carboxyltransferase domain of acetyl-coenzyme a carboxylase [J] . Science，299 (5615)：2064 – 2067.

Zhang X Q，Powles S B，2006. The molecular bases for resistance to acetyl co-enzyme A carboxylase (ACCase) inhibiting herbicides in two target-based resistant biotypes of annual ryegrass (*Lolium rigidum*) [J] . Planta，223 (3)：550 – 557.

Zhu X L，Hao G F，Zhan C G，et al.，2009. Computational simulations of the interactions between Acetyl-Coenzyme-A carboxylase and clodinafop：resistance mechanism due to active and nonactive site mutations [J] . Journal of Chemical Information and Modeling，49 (8)：1936 – 1943.

附表 1 氨基酸中文与简录语检索表

中文名称	英文名称	三字符号	单字符号
丙氨酸	Alanine	Ala	A
精氨酸	Arginine	Arg	R
天冬氨酸	Aspartic acid	Asp	D
半胱氨酸	Cysteine	Cys	C
谷氨酰胺	Glutamine	Gln	Q
谷氨酸	Glutamic acid	Glu	E
组氨酸	Histidine	His	H
异亮氨酸	Isoleucine	Ile	I
甘氨酸	Glycine	Gly	G
天冬酰胺	Asparagine	Asn	N
亮氨酸	Leucine	Leu	L
赖氨酸	Lysine	Lys	K
甲硫氨酸	Methionine	Met	M
苯丙氨酸	Phenylalanine	Phe	F
脯氨酸	Proline	Pro	P
丝氨酸	Serine	Ser	S
苏氨酸	Threonine	Thr	T
色氨酸	Tryptophan	Trp	W
酪氨酸	Tyrosine	Tyr	Y
缬氨酸	Valine	Val	V

附表 2　其他简录语与中文检索表

英文缩写	英文全称	中文全称
ABT	1 – Aminobenzotriazole	1 –氨基苯并三唑
ACCase	Acetyl – CoA carboxylase	乙酰辅酶 A 羧化酶
a. i.	Active ingredient	有效成分
ALS	Acetolactate synthase	乙酰乳酸合酶
APPs	Aryloxyphenoxypropionate	芳氧苯氧基丙酸酯类
ATP	Adenosine triphosphate	三磷酸腺苷
BC	Biotin – carboxylase	生物素羧化酶
BCCP	Biotin carboxyl carrier protein	生物素羧基载体蛋白
cDNA	Complementary DNA	互补 DNA
CDNB	1 – chloro – 2,4 – dinitrobenzene	1 –氯– 2,4 –二硝基苯
CT	Carboxyl – transferase	羧基转移酶
CHDs	Cyclohexanedione	环己烯酮类
CYP450	Cytochrome P450	细胞色素 P450 氧化酶系
CK	Check	对照
d	Day	天
dCAP	Derived cleaved amplified polymorphic sequence	衍生酶切扩增多态性
DNA	Deoxyribonucleic acid	脱氧核糖核酸
dNTP	Deoxyribonucleoside triphosphate	脱氧核苷三磷酸
ED_{50}	Effective dose of 50% inhibition in plant growth	抑制植物生长的有效中剂量
EC_{50}	Effective concentration of 50% inhibition in plant growth	抑制植物生长的有效中浓度
EPSPS	5 – enol – pyruvylshikimate – 3 – phosphate synthase	5 –烯醇式丙酮酰莽草酸– 3 –磷酸合酶
GR_{50}	Effective dose that caused 50% growth reduction	生长抑制中剂量
GR_{90}	Effective dose that caused 90% growth reduction	抑制 90% 生长量的剂量
GST	Glutathione – S – transferases	谷胱甘肽硫转移酶
GSH	Reduced Glutathione	还原型谷胱甘肽
h	Hour	小时
IC_{50}	50% inhibiting concentration	抑制中浓度
LAMP	Loop – mediated isothermal amplification	环介导恒温扩增
LC_{50}	50% lethal concentration	致死中浓度

（续）

英文缩写	英文全称	中文全称
min	Minute	分钟
NADPH	Reduced Coenzyme II	还原型辅酶 II
NTSR	Non‐target‐site resistance	非靶标抗性
PBO	Piperonyl butoxide	胡椒基丁醚
PPZs	Phenylpyrazolin	苯基吡唑啉类
R	Resistant	抗性
RNA	Ribonucleic acid	核糖核酸
S	Sensitive	敏感
TSR	Target‐site resistance	靶标抗性

图书在版编目（CIP）数据

杂草对精噁唑禾草灵的抗药性及其治理 / 董立尧等
编著 . —北京：中国农业出版社，2020.7
ISBN 978-7-109-27081-7

Ⅰ.①杂…　Ⅱ.①董…　Ⅲ.①除草剂－研究　Ⅳ.
①TQ457

中国版本图书馆 CIP 数据核字（2020）第 126266 号

中国农业出版社出版

地址：北京市朝阳区麦子店街 18 号楼
邮编：100125
责任编辑：刁乾超　王　凯　　文字编辑：王庆敏
版式设计：李　文　　责任校对：吴丽婷
印刷：北京印刷一厂
版次：2020 年 7 月第 1 版
印次：2020 年 7 月北京第 1 次印刷
发行：新华书店北京发行所
开本：787mm×1092mm　1/16
印张：13.25　　插页：2
字数：290 千字
定价：50.00 元
